버스운전 자격시험 안내
응시자격기준 및 시험절차

▌▌ 버스운전 자격

1. 자격 취득 절차

응시조건 및 시험일정 확인 → 시험 접수 → 시험 응시 → 응시 확인 → 자격증 교부

2. 응시자격 (여객자동차 운수사업법 부칙 제3조 제3항 및 시행규칙 제49조)

(1) 응시대상자

■ 2012년 2월 2일부터 8월 1일까지 기간에 취업하여 현재까지 여객자동차 운송사업의 운송 사업용 버스운전 업무에 종사하고 있는 운전자

■ 2012년 8월 2일부터 2013년 2월 1일 사이의 기간에 시험에 합격하고 자격증을 교부받아야 여객자동차 사업용 버스운전 업무에 종사할 수 있음.

■ 2012년 8월 2일 이후 여객자동차 사업용 버스운전 업무에 종사하고자 하는 운전자

(2) 응시자의 자격요건 (시험접수 마감일 기준)

■ 운전면허 : 제 1종 대형 또는 제1종 보통면허 소지자에 한한다.

■ 연령 : 만 20세 이상

■ 운전경력 : 운전 경력이 1년 이상 (운전면허 보유기간 기준이며, 취소 및 정지기간은 보유기간에서 제외됨)

■ 운전적성정밀검사 규정에 따른 신규검사 기준에 적합한 자

(3) 운전자격을 취득할 수 없는 사람

1. 다음 각 목의 어느 하나에 해당하는 죄를 범하여 금고(禁錮) 이상의 실형을 선고받고 그 집행이 끝나거나(집행이 끝난 것으로 보는 경우를 포함한다) 면제된 날부터 2년이 지나지 아니한 사람

   ㉮ 「특정강력범죄의 처벌에 관한 특례법」 제2조 제1항 각 호에 따른 죄(살인, 약취, 유인, 강간과 추행죄, 성폭력 범죄, 아동·청소년의 성보호 관련죄)

   ㉯ 「특정범죄 가중처벌 등에 관한 특례법」 제5조의 2부터 제5조의 5까지, 제5조의 8, 제5조의 9 및 제11조에 따른 죄

   ㉰ 마약류 관리에 관한 법률에 따른 죄

2. 제1호 각 목의 어느 하나에 해당하는 죄를 범하여 금고 이상의 형의 집행유예를 선고받고 그 집행유예기간 중에 있는 사람

3. 자격시험 공고일 전 5년간 「도로교통법」 제44조 제1항(음주운전)을 3회 이상 위반한 사람

▌▌ 버스운전 자격시험 시행일정

1. 컴퓨터(CBT) 방식 자격시험(공휴일·토요일 제외)

(1) 자격시험 접수

① 인터넷 접수(방문접수 불가) : 버스(http://bus.ts2020.kr) 자격시험 홈페이지

② 인터넷 접수 시작일 : 2014년 12월 22일(월) 09:00~ (매월 시험접수는 전월 10일 전부터 접수 시작)

※ 접수인원 초과(선착순)로 불가능 시 : 타 지역 또는 다음차수 접수 가능

(2) 자격시험 시작일 : 2015년 1월 2일(금)부터

(3) 자격시험 장소(주차시설 없으므로 대중교통 이용 필수)

① 시험당일 준비물 : 운전면허증, 시험응시 수수료, 결격사유 확인 동의서 및 서약서(시험장에 양식 비치)

② 버스운전 자격별 응시 인원 고려 탄력적 운영(매월 상시 CBT 필기시험일 인터넷 홈페이지 안내)

자격시험 종목	시험 등록	시험 기간	상시 CBT 필기시험일(공휴일·토요일 제외)	
			전용 CBT 상설 시험장 (서울·대전·광주)	기타 CBT 시험장 (11개 지역)
버스운전 자격	시작 30분전	80분	매일 4회 (오전 2회·오후 2회)	매주 화요일, 목요일 오후 각 2회

(4) 합격자 발표 : 시험 종료 후 시험접수 장소에서 합격자 발표

2. 종이(PBT) 방식 자격시험(일요일 실시)

(1) 자격시험 접수

1) 인터넷 접수 : 버스(http://bus.ts2020.kr) 자격시험 홈페이지

2) 우편 원서접수

① 원서접수 시간 : 원서접수일 09:00~ 원서접수 마감일 18:00(토, 일요일, 법정 공휴일 제외)

② 우편으로 원서접수를 하는 경우에는 응시 원서, 수수료 11,500원(소액환), 반송용 봉투 및 우표를 동봉하여 제출하여야만 시험 접수 가능

3) 방문 원서접수

① 운전적성정밀검사를 받은지 3년이 경과되지 않은 사람(응시원서만 제출)

② 신분증(운전면허증 필수 지참)

③ 사진 2매(6개월 이내 촬영한 3×4cm 컬러사진)

※ 운전적성정밀 신규 검사를 수검하여 적합판정을 받고 3년이 경과한 사람 중 수검일로부터 3년 이내에 사업용 운전경력이 있고, 수검일로부터 현재까지 무사고로 운전한 사람에 한하여 전체기간 운전경력증명서 제출

※ 전체기간 운전경력증명서는 시험 접수 기간 내 경찰서장 발행분 제출(단, 발행일로부터 향후 접수 당일까지의 기간에 교통사고 발견 시에는 자격증이 취소됨)

(2) 자격시험 일정

구 분	인터넷·방문 접수기간	시험일자	합격자 발표
1회	3.1 ~ 3. 31	4. 19(일)	4. 22(수)
2회	9. 1 ~ 9. 30	10. 18(일)	10. 21(수)

3. 시험시행 예정지역

서울지역본부, 부산경남지역본부, 경인지역본부, 대구경북지역본부, 호남지역본부, 중부지역본부, 강원지사, 전북지사, 인천지사, 충북지사, 제주지사, 경기북부지사, 울산지사

4. 시험시간 및 시험과목

■ 1교시 교통관련 법규, 교통사고유형(25문항) 자동차 관리 요령(15문항)

■ 2교시 안전운행(25문항), 운송 서비스(15문항)

※ 버스운전 자격시험 필기시험 수험용 가이드북은 '12년 6월 25일부터 버스운전 자격시험 홈페이지(bus.ts2020.kr)에서 다운로드(무료 제공)

5. 합격자 결정 : 총점의 60% 이상(총 80문항 중 48문항 이상)을 얻은 사람

6. 합격자 발표

■ 시험 종료 후 시험접수 장소에서 합격자 발표

■ 버스운전 자격시험 홈페이지(http://bus.ts2020.kr) 조회 또는 SNS 문자 안내

▌▌ 자격시험(필기시험) 합격자 버스운전 자격증 교부 안내

1. 발급신청 대상 및 기간

■ 발급신청 대상 : 버스운전 자격시험 필기시험에 합격한 사람

■ 기간 : 합격자 발표일로부터 30일 이내에 버스운전 자격증 발급을 신청

※ 30일 경과자는 추가로 결격사유를 확인한 후 발급(약 30일 소요)

2. 발급신청 서류

■ 버스운전 자격증 발급 신청서 1분

■ 칼라사진 1매 (3cm X 4cm)

■ 자격증 교부 수수료

3. 발급신청 및 교부

■ 발급신청 : 교통안전공단 전국 13개 지역별 신청

■ 교부 : 교부장소

(4) 응시원서 교부 및 접수처

지사명	우편번호	주소	안내전화
서울지역본부 (성산)	121-850	서울 마포구 월드컵로 220 (성산동 436-1)	02)3725-1271
서울지역본부 (구로)	120-100	서울 구로구 경인로 113	02)372-5347
서울지역본부 (노원)	139-872	서울 노원구 공능로 62길 41 (하계동 252)	02)973-0586
경기북부지부 (수원)	441-853	경기 수원시 권선구 수인로 24 (서둔동 9-19)	031)297-6581
경기북부지사 (의정부)	480-856	경기 의정부시 평화로 285 (호원동 441-2)	031)837-7602
인천지사 (인천)	405-801	인천 남동구 백범로 357(간석동 172-1) (한국교직원공제회관 3층)	032)831-6704
강원지사 (춘천)	200-933	강원 춘천시 동내로 10(석사동 123-1)	033)261-3386
부산, 경남 지역본부(부산)	617-838	부산 사상구 학장로 256 (주례3동 1287)	051) 315-1421
울산지사 (울산)	680-804	울산 남구 번영로 90-1(달동 1296-2) 항사랑 병원 빌딩 8F	052)256-9372
대구, 경북 지역본부(대구)	706-230	대구 수성구 노변로 33(노변동 435)	053)794-3819
호남지역본부 (광주)	503-820	광주 남구 송임로 96(송하동 251-4)	062)674-2882
전북지사 (전주)	561-203	전북 전주시 덕진구 신행로 44 (팔복동 3가 211-5)	063)212-4743
제주지사 (제주)	690-082	제주시 삼봉로 79(도련2동 568-1)	064)723-3111
중부지역본부 (대전)	306-220	대전 대덕구 대덕대로 1417번길 31 (문평동 83-1)	042)933-4328
충북지사 (청주)	361-839	충북 청주시 흥덕구 시운로 386번길 21 (신봉동 260-6)	043)266-5400
경남지사 (진주)	660-031	경남 진주시 동진로 415길(충무공동 8) 진주종합경기장 6번출구	065)758-5948

※ 기타 자세한 사항은 2012년 6월 25일부터 버스운전 자격시험 홈페이지 (http://bus.ts2020.kr)를 참조하시거나, 고객 콜센타(1577-0990) 또는 해당 지역별 접수·교부장소로 문의

 **버스운전 자격시험 응시원서**

※ 굵은 선 [   ] 안에만 작성하여 주시기 바랍니다.

버스운전 자격시험 응시원서

성명	(한글)	(한자)	반명함판 사진 (3cm X 4cm)
주소			
주민등록번호			
연락처	(휴대전화)	(집)	
운전면허증	면허번호	면허종류 1종 대형 ☐ 1종 보통 ☐	

응시자 제출서류	없음(다만, 시험시행기관의 확인사항에 대하여 동의하지 않는 경우는 이하 1~3 서류 첨부)
시험시행기관의 확인사항	1. 운전면허증 2. 운전경력증명서(경찰서장이 발행한 것) 3. 범죄 및 수사경력 조회 회보서(경찰서장이 발행한 것)

여객자동차 운수사업법 시행규칙 제50조에 따라 자격시험에 응시하기 위하여 원서를 제출하며, 만일 시험에 합격 후 거짓으로 기재한 사실이 판명되는 경우에는 합격취소처분을 받더라도 이의를 제기하지 아니하겠습니다.

년   월   일

응시자   (서명 또는 인)

교통안전공단 이사장 귀하

--- 자르는 선 ---

버스운전 자격시험 응시표

수험번호		시험 일시		시험 장소		반명함판 사진 (3cm X 4cm)
성명						
생년월일						
			년 월 일			

※ 시험장소 :

※ 준 비 물 : 신분증, 컴퓨터사인펜, 응시표 지참

※ 시험일자 :

※ 시험과목 : 교통관련법규 및 교통사고유형, 자동차관리요령 / 안전운행, 운송서비스

교통안전공단 이사장 귀하 [직인]

주의사항	1. 응시표를 받은 후 정해진 기입란에 빠진 사항이 없는지 확인합니다. 2. 응시표를 가지고 있지 아니한 사람은 응시하지 못하며, 잃어버리거나 헐어 못쓰게 된 경우에는 재발급을 받아야 합니다(사진 1장 제출) 3. 시험장에서는 답안지 작성에 필요한 컴퓨터용 수성사인펜만을 사용할 수 있습니다. 4. 시험시작 30분 전에 지정된 좌석에 앉아야 하며, 응시표와 신분증을 책상 오른쪽 위에 놓아 감독관의 확인을 받아야 합니다. 5. 응시 도중에 퇴장하거나 좌석을 이탈한 사람은 다시 입장할 수 없으며, 시험실 안에서는 흡연, 담화, 물품 대여를 금지합니다. 6. 부정행위자, 규칙위반자 또는 주의사항이나 감독관의 지시에 따르지 않은 사람에게는 즉석에서 퇴장을 명하며, 그 시험을 무효로 합니다. 7. 그 밖에 자세한 것은 감독관의 지시에 따라야 합니다. 8. 시험접수 취소 및 수수료 환불은 시험일 7일 전까지만 가능합니다. ※주차공간이 협소하여 주차불가하오니, 대중교통 이용 부탁드립니다.

🚌 버스운전 자격시험 OMR카드

(앞면)

버스운전 자격시험 OMR 카드

교통안전공단

성 명	문제유형	수험번호									과목코드		문항	정답	문항	정답	문항	정답	문항	정답

성 명		
주민번호(뒷자리)	Ⓐ	
	Ⓑ	
교시명		
☐ 1교시		
☐ 2교시		
확인자 인		

문제유형: Ⓐ Ⓑ

수험번호: ① ② ③ ④ ⑤ ⑥ ⑦ ⑧ ⑨ ⓪

과목코드: ① ② ③ ④ ⑤ ⑥ ⑦ ⑧ ⑨ ⓪

문항	정답	문항	정답	문항	정답	문항	정답
1	가 나 다 라	11	가 나 다 라	21	가 나 다 라	31	가 나 다 라
2	가 나 다 라	12	가 나 다 라	22	가 나 다 라	32	가 나 다 라
3	가 나 다 라	13	가 나 다 라	23	가 나 다 라	33	가 나 다 라
4	가 나 다 라	14	가 나 다 라	24	가 나 다 라	34	가 나 다 라
5	가 나 다 라	15	가 나 다 라	25	가 나 다 라	35	가 나 다 라
6	가 나 다 라	16	가 나 다 라	26	가 나 다 라	36	가 나 다 라
7	가 나 다 라	17	가 나 다 라	27	가 나 다 라	37	가 나 다 라
8	가 나 다 라	18	가 나 다 라	28	가 나 다 라	38	가 나 다 라
9	가 나 다 라	19	가 나 다 라	29	가 나 다 라	39	가 나 다 라
10	가 나 다 라	20	가 나 다 라	30	가 나 다 라	40	가 나 다 라

(뒷면)

주의사항

1. 답안지가 구겨지거나 더럽혀지지 않도록 하십시오.
2. 필기구는 컴퓨터용 수성싸인펜을 사용하여야 하며, 다음 예시와 같이 정확하게 마크하십시오.

[예시]

● ◖ ⦸ ◉ ○
○ × × × ×

3. 답안란에 마크한 내용은 수정할 수 없습니다.
4. 하단의 검은색으로 인쇄된 부분에는 절대로 낙서하거나 훼손하지 마십시오.
 ※ 기재 부주의에 의한 OMR 판독거부는 수험자 책임임

과목코드

성 명	과목코드	과목
1교시	33	교통관련 법규 및 교통사고 유형, 자동차관리 요령
2교시	44	안전운행, 운송서비스

버스운전 자격시험 안내
CONTENTS

제1편

교통관련 법규 및 교통사고 유형

◑ 출제예상문제 ◑

제1편 — 교통관련 법규 및 교통사고 유형
1장. 여객자동차 운수사업법령

1. 목적 및 용어의 정의

1. 목적
① 여객자동차 운수사업에 관한 질서 확립
② 여객의 원활한 운송
③ 여객자동차 운수사업의 종합적인 발달 도모
④ 공공복리 증진

2. 용어의 정의
① **여객자동차운송사업** : 다른 사람의 수요에 응하여 자동차를 사용하여 유상으로 여객을 운송하는 사업을 말한다.

② **여객자동차터미널** : 도로의 노면, 그 밖에 일반교통에 사용되는 장소가 아닌 곳으로 승합자동차를 정류시키거나 여객을 승하차시키기 위하여 설치된 시설과 장소를 말한다.

③ **노선** : 자동차를 정기적으로 운행하거나 운행하려는 구간을 말한다.

④ **운행계통** : 노선의 기점·종점과 그 기점·종점 간의 운행경로·운행거리·운행횟수 및 운행대수를 총칭한 것을 말한다.

⑤ **여객운송 부가서비스** : 여객자동차를 이용하여 여객운송 외에 여객의 특성과 수요에 따른 업무지원 또는 도움 기능 등을 부가적으로 제공하는 서비스를 말한다.

⑥ **정류소** : 여객이 승차 또는 하차할 수 있도록 노선 사이에 설치한 장소를 말한다.

2. 여객자동차운송사업의 종류

1. 노선 여객자동차운송사업〈중형 이상의 승합차〉
자동차를 정기적으로 운행하려는 구간을 정하여 여객을 운송하는 사업(운행계통이 있음)

① **시내버스운송사업** : 주로 특별시·광역시 또는 시의 단일 행정구역에서 운행계통을 정하고 중형 이상의 승합자동차를 사용하여 여객을 운송하는 사업으로 운행형태에 따라 광역급행형·직행좌석형·좌석형 및 일반형 등으로 구분한다.

② **농어촌버스운송사업** : 주로 군(광역시의 군은 제외)의 단일 행정구역에서 운행 계통을 정하고 중형 이상의 승합자동차(단, 관할관청이 필요하다고 인정하는 경우 소형 이상의 승합자동차도 가능)를 사용하여 여객을 운송하는 사업으로 운행형태에 따라 직행좌석형·좌석형 및 일반형 등으로 구분한다.

③ **마을버스운송사업** : 주로 시·군·구의 단일 행정구역에서 기점·종점의 특수성이나 사용되는 자동차의 특수성 등으로 인하여 다른 노선 여객자동차운송사업자가 운행하기 어려운 구간을 대상으로 운행계통을 정하고 중형승합자동차를 이용하여 여객을 운송하는 사업을 말한다.

※ 단, 관할관청이 필요하다고 인정하는 경우 소형 또는 대형승합자동차도 이용 가능

④ **시외버스운송사업** : 운행계통을 정하고 중형 또는 대형승합자동차를 사용하여 여객을 운송하는 사업으로서 시내버스운송사업, 농어촌버스운송사업, 마을버스운송사업에 속하지 아니하는 사업으로 운행형태에 따라 고속형·직행형 및 일반형 등으로 구분한다.

2. 구역 여객자동차운송사업
운행계통을 정하지 않고 사업구역을 정하여 그 사업구역 안에서 여객을 운송하는 사업

① **전세버스운송사업** : 전국을 사업구역으로 정하여 1개의 운송계약에 따라 중형 이상의 승합자동차(승차정원 16인승 이상)를 사용하여 여객을 운송하는 사업으로, 다음 어느 하나에 해당하는 기관 또는 시설 등의 장과 1개의 운송계약(개별 탑승자로부터 운임을 받은 경우 제외)에 따라 그 소속원만의 통근·통학목적으로 자동차를 운행하는 경우를 포함한다.

ㄱ 정부기관·지방자치단체와 그 출연기관·연구기관 등 공법인
ㄴ 회사·학교 또는 영유아보육법에 따른 어린이집
ㄷ 산업집적활성화 및 공장설립에 관한 법률에 따른 산업단지 중 국토교통부장관이 정하여 고시하는 산업단지의 관리기관

② **특수여객자동차운송사업** : 전국을 사업구역으로 하여 1개의 운송 계약에 따라 특수형 승합자동차 또는 승용자동차를 사용하여 장례에 참여하는 자와 시체를 운송하는 사업으로, 일반 장의자동차 및 운구전용 장의자동차로 구분한다.

3. 여객자동차운송사업의 운영형태

1. 시내버스 운송사업 및 농어촌버스운송사업의 운영형태
① **광역급행형** : 시내좌석버스를 사용하고 주로 고속국도, 도시고속도로 또는 주간선도로를 이용하여 기점 및 종점으로부터 5km 이내의 지점에 위치한 각각 4개 이내의 정류소에만 정차하면서 운행하는 형태

② **직행좌석형** : 시내좌석버스를 사용하여 각 정류소에 정차하되, 둘 이상의 시·도에 걸쳐 노선이 연장되는 경우 지역주민의 편의, 지역 여건 등을 고려하여 정류구간을 조정하고 해당 노선 좌석형의 총 정류소 수의 2분의 1 이내의 범위에서 정류소 수를 조정하여 운행하는 형태

③ **좌석형** : 시내좌석버스를 사용하여 각 정류소에 정차하면서 운행하는 형태

④ **일반형** : 시내일반버스(좌석과 입석 혼용 설치)를 주로 사용하여 각 정류소에 정차하면서 운행하는 형태

2. 마을버스운송사업의 운영형태
① 고지대 마을, 외지 마을, 아파트단지, 산업단지, 학교, 종교단체의 소재지 등을 기점 또는 종점으로 하여 특별한 사유가 없으면 그 마을 등과 가장 가까운 철도역(도시철도역 포함) 또는 노선버스 정류소 (시내버스, 농어촌버스, 시외버스의 정류소) 사이를 운행하는 사업

② 지역주민의 편의 또는 지역 여건상 특히 필요하다고 인정되는 경우에는 해당 행정구역의 경계로부터 5km의 범위에서 연장하여 운행 가능

3. 시외버스운송사업의 운영형태

(1) **고속형** : 시외고속버스 또는 시외우등고속버스를 사용하여 운행거리가 100km 이상이고, 운행구간의 60% 이상을 고속국도로 운행하며, 기점과 종점의 중간에서 정차하지 아니하는 운행형태

※ 단, 다음의 경우 운행계통의 기점과 종점의 중간에서 정차할 수 있다.

① 고속국도 주변이용자의 편의를 위하여 고속국도변의 정류소에 중간 정차하는 경우
② 국토교통부장관이 이용자의 교통편의를 위하여 필요하다고 인정하여 기점 또는 종점이 있는 특별시·광역시 또는 시·군의 행정구역 안의 각 1개소에만 중간 정차하는 경우 (단, 특별시·광역시 또는 시·군의 행정구역 안의 중간 정차지와 기점 간 또는 중간 정차지와 종점 간의 이용 승객은 승·하차시킬 수 없음)
③ 고속국도 휴게소의 환승정류소에서 중간 정차하는 경우

(2) **직행형** : 시외·직행버스를 사용하여 기점 또는 종점이 있는 특별시·광역시 또는 시·군의 행정구역이 아닌 다른 행정구역에 있는 1개소 이상의 정류소에 정차하면서 운행하는 형태
※ 단, 다음의 경우에는 정류소에 정차하지 않고 운행할 수 있다.

① 운행거리가 100km 미만인 경우
② 운행구간의 60% 미만을 고속국도로 운행하는 경우

(3) **일반형** : 시외일반버스를 사용하여 각 정류소에 정차하면서 운행하는 형태

시외버스운송사업에 사용되는 자동차

① **자동차의 종류 : 중형 또는 대형승합자동차**

② **운행형태에 따른 자동차의 종류**

· **시외우등고속버스** : 고속형에 사용되는 것으로서 원동기 출력이 자동차 총중량 1톤당 20마력 이상이고 승차정원이 29인승 이하인 대형승합자동차

· **시외고속버스** : 고속형에 사용되는 것으로서 원동기 출력이 자동차 총중량 1톤당 20마력 이상이고 승차정원이 30인승 이상인 대형승합자동차

· **시외직행 및 시외일반버스** : 직행형과 일반형에 사용되는 중형 이상의 승합자동차

---

4. 노선 여객자동차운송사업의 한정면허

(1) 여객의 특수성 또는 수요의 불규칙성 등으로 인하여 노선 여객자동차운송사업자가 노선버스를 운행하기 어려운 경우로서 다음의 어느 하나에 해당하는 경우

① 공항, 도심공항터미널 또는 국제여객선터미널을 기점 또는 종점으로 하는 경우로서 공항, 도심공항터미널 또는 국제여객터미널 이용자의 교통불편을 해소하기 위하여 필요하다고 인정되는 경우
② 관광지를 기점 또는 종점으로 하는 경우로서 관광의 편의를 제공하기 위하여 필요하다고 인정되는 경우
③ 고속철도 정차역을 기점 또는 종점으로 하는 경우로서 고속철도 이용자의 교통편의를 위하여 필요하다고 인정되는 경우
④ 국토교통부장관이 정하여 고시하는 출퇴근 또는 심야 시간대에 대중교통 이용자의 교통불편을 해소하기 위하여 필요하다고 인정되는 경우

(2) 수익성이 없어 노선운송사업자가 운행을 기피하는 노선으로서 관할관청이 보조금을 지급하려는 경우
(3) 버스전용차로의 설치 및 운행계통의 신설 등 버스교통체계 개선을 위하여 시·도의 조례로 정한 경우
(4) 신규노선에 대하여 운행형태가 광역급행형인 시내버스 운송사업을 경영하려는 자의 경우

5. 자동차 표시

(1) **자동차 표시 위치** : 자동차의 바깥쪽에 외부에서 알아보기 쉽도록 차체 면에 인쇄하는 등 항구적인 방법으로 표시한다.

(2) **자동차 표시 내용** : 운송사업자의 명칭, 기호 및 그 밖의 표시 내용은 다음과 같다.

① 시외버스의 경우 : 고속형(고속), 우등고속형(우등고속), 직행형(직행), 일반형(일반)
② 전세버스운송사업용 자동차 : 전세
③ 한정면허를 받은 여객자동차 운송사업용 자동차 : 한정
④ 특수여객자동차운송사업용 자동차 : 장의
⑤ 마을버스운송사업용 자동차 : 마을버스

6. 교통사고 시의 조치 등

(1) 운송사업자는 천재지변이나 교통사고로 여객이 사망했거나 다쳤을 때 다음과 같이 하여야 한다.

① 신속한 응급수송수단의 마련
② 유류품의 보관
③ 가족이나 그 밖의 연고자에 대한 신속한 통지
④ 목적지까지 여객을 운송하기 위한 대체운송수단의 확보와 여객에 대한 편의의 제공 및 사상자의 보호 등 필요한 조치

(2) 운송사업자는 사업용 자동차에 의해 중대한 교통사고가 발생한 경우, 24시간 이내에 사고의 일시·장소 및 피해 사항 등 사고의 개략적인 상황을 국토교통부장관 또는 시·도지사에게 보고한 후, 72시간 이내에 사고 보고서를 작성하여 관할 시·도지사에게 제출하여야 한다.

(3) 중대한 교통사고의 범위
① 전복사고
② 화재가 발생한 사고
③ 사망자가 2명 이상, 사망자 1명과 중상자 3명 이상, 중상자 6명 이상 발생한 사고

7. 운수종사자 현황 통보

(1) 운송사업자는 운수종사자에 관한 다음 사항을 매월 10일까지 시도지사에게 통보하여야 한다.

① 전월 중에 신규 채용하거나 퇴직한 운수종사자의 명단(신규 채용한 운수종사자의 경우에는 보유하고 있는 운전면허의 종류와 취득 일자를 포함)
② 전월 말일 현재의 운수종사자 현황

(2) 시도지사는 통보받은 운수종사자 현황을 취합하여 국토교통부장관(교통안전공단)에 통보하여야 한다.

4 버스운전자격시험 및 운전자격의 관리

1. 버스 운전업무 종사자격

(1) 버스운전업무 종사자격의 요건

여객자동차운송사업(버스)의 운전업무에 종사하려는 사람은 다음 각 호의 요건을 모두 갖추어야 한다.

① 사업용 자동차를 운전하기에 적합한 운전면허를 보유하고 있을 것

② 20세 이상으로서 운전경력이 1년 이상일 것

③ 국토교통부장관이 정하는 운전 적성에 대한 정밀검사 기준에 적합할 것 (※교통안전공단에 업무 위탁)

④ 위 ①항과 ②항의 요건을 갖춘 사람이 교통안전공단이 시행하는 버스운전자격시험에 합격한 후 국토교통부장관으로부터 자격을 취득할 것 (※교통안전공단에 업무 위탁)

(2) 운전자격을 취득할 수 없는 사람

① 다음의 어느 하나에 해당하는 죄를 범하여 금고 이상의 실형을 선고받고 그 집행이 끝나거나 면제된 날부터 2년이 지나지 아니한 사람
  ㉮ 특정강력범죄의 처벌에 관한 특례법에 따른 살인, 약취, 유인, 강간과 추행죄, 성폭력범죄, 아동·청소년의 성보호 관련 죄
  ㉯ 특정범죄 가중처벌 등에 관한 특례법의 제 5조의 2부터 제 5조의 5까지, 제5조의 8, 제5조의 9 및 제11조에 따른 죄
  ㉰ 마약류관리에 관한 법률에 따른 죄

② 위 ①항의 어느 하나에 해당하는 죄를 범하여 금고 이상의 형의 집행유예를 선고받고 그 집행유예기간 중에 있는 사람

③ 버스운전자격시험에 따른 자격시험 공고일 전 5년간 도로교통법상의 음주운전 금지규정을 3회 이상 위반한 사람

(3) 운전적성정밀검사의 종류

① **신규검사**
  ㉮ 신규로 여객자동차 운송사업용 자동차를 운전하려는 자
  ㉯ 여객자동차 운송사업용 자동차 또는 화물자동차 운수사업법에 따른 화물자동차 운송사업용 자동차의 운전업무에 종사하다가 퇴직한 자로서 신규검사를 받은 날부터 3년이 지난 후 재취업하려는 자 (단, 재취업일까지 무사고 운전한 경우는 제외)
  ㉰ 신규검사의 적합판정을 받은 자로서 운전적성정밀검사를 받은 날부터 3년 이내에 취업하지 아니한 자

② **특별검사**
  ㉮ 중상 이상의 사상(死傷)사고를 일으킨 자
  ㉯ 과거 1년간 도로교통법 시행규칙에 따른 운전면허 행정 처분기준에 따라 계산한 누산점수가 81점 이상인 자
  ㉰ 질병, 과로, 그 밖의 사유로 안전운전을 할 수 없다고 인정되는 자인지 알기 위하여 운송사업자가 신청한 자

2. 버스운전자격시험

(1) 자격시험은 필기시험으로 하되 총점 6할 이상을 얻은 사람을 합격자로 한다.

(2) 버스운전자격의 필기시험과목
  ① 교통관련 법규 및 교통사고유형
  ② 자동차 관리 요령

③ 안전운행

④ 운송서비스(버스운전자의 예절에 관한 사항을 포함)

(3) 버스운전 자격시험에 응시하려는 사람은 자격시험 응시원서를 해당 교통안전공단에 제출(전자문서를 포함한다)하여야 한다.(전자정부법에 따른 행정 정보의 공동이용)
  ① 운전면허증
  ② 운전경력증명서
  ③ 운전적성 정밀검사 수검사실증명서

(4) 운전자격시험에 합격한 사람은 합격자 발표일로부터 30일 이내에 운전자격증 발급신청서(전자문서 포함)에 사진 2장을 첨부하여 해당시험기관(교통안전공단)에 운전자격증의 발급을 신청한다.

3. 운송사업자의 운수종사자 관리

(1) 운전자격증명 관리

① 교통안전공단은 운송사업자가 운전자격증을 받은 사람을 운전 업무에 종사시키기 위하여 운전자격증명의 발급을 신청하면 운전자격증명을 발급하여야 한다.

② 운전자격증 또는 운전자격증명의 기록사항에 착오가 있거나 변경된 내용이 있어 정정을 받으려는 경우와 운전자격증 등을 잃어버리거나 헐어 못 쓰게 되어 재발급을 받으려는 사람은 지체없이 해당 서류를 첨부하여 교통안전공단에 신청하여야 한다.

③ 여객 자동차운송사업용 운수종사자는 해당 사업용 자동차 안에 본인의 운전자격증명을 항상 게시하여야 한다.

④ 운수종사자가 퇴직하는 경우에는 본인의 운전자격증명을 운송사업자에게 반납하여야 하며, 운송사업자는 지체 없이 해당 운전자격증명 발급기관에 그 운전자격증명을 제출하여야 한다.

(2) 운송사업자에 대한 행정처분 또는 과징금

① **행정처분** : 운수종사자의 자격요건을 갖추지 아니한 사람을 운전업무에 종사하게 한 경우
  ㉮ 1차 위반 : 사업일부 정지(90일)
  ㉯ 2차 위반 : 감차명령

② **과징금** : 운수종사자의 자격요건을 갖추지 아니한 사람을 운전업무에 종사하게 한 경우 운송사업자에게 180만원의 과징금이 부과된다.

4. 운전자격의 취소 및 효력정지

(1) 가중사유 및 감경 사유

① **일반기준**
  ㉮ 위반행위가 둘 이상인 경우로서 그에 해당하는 각각의 처분기준이 다른 경우에는 그 중 무거운 처분기준에 따른다. 다만, 둘 이상의 처분기준이 모두 자격정지인 경우에는 각 처분기준을 합산한 기간을 넘지 아니하는 범위에서 무거운 처분기준의 2분의 1 범위에서 가중할 수 있다. 이 경우 그 가중한 기간을 합산한 기준은 6개월을 초과할 수 없다.
  ㉯ 위반행위의 횟수에 따른 행정처분의 기준은 최근 1년간 같은 위반행위로 행정처분을 받은 경우에 해당한다. 이 경우 행정처분의 기준의 적용은 같은 위반행위에 대하여 최초로 행정처분을 한 날을 기준으로 한다.
  ㉰ 처분관할관청은 자격정지처분을 받은 사람이 다음의 어느 하나에 해당하는 경우에는 위㉮항 및 ㉯항에 따른 처분을 늘리거나 줄일

수 있다. 이 경우 늘리는 경우에도 그 늘리는 기간은 6개월을 초과할 수 없다.

② **가중사유**

㉮ 위반행위가 사소한 부주의나 오류가 아닌 고의나 중대한 과실에 의한 것으로 인정되는 경우

㉯ 위반의 내용정도가 중대하여 이용객에게 미치는 피해가 크다고 인정되는 경우

③ **감경사유**

㉮ 위반행위가 고의나 중대한 과실이 아닌 사소한 부주의나 오류로 인한 것으로 인정되는 경우

㉯ 위반의 내용정도가 경미하여 이용객에게 미치는 피해가 적다고 인정되는 경우

㉰ 위반행위를 한 사람이 처음 해당 위반행위를 한 경우로서, 5년 이상 해당 여객자동차운송사업의 운수종사자로서 모범적으로 근무해 온 사실이 인정되는 경우

㉱ 그 밖에 여객자동차운수사업에 대한 정부 정책상 필요하다고 인정되는 경우

④ 처분관할관청은 자격정치처분을 받은 사람이 정당한 사유없이 기일 내에 운전자격증을 반납하지 아니할 때에는 해당 처분을 2분의 1의 범위에서 가중하여 처분하고, 가중처분을 받은 사람이 기일 내에 운전자격증을 반납하지 아니할 때에는 자격취소처분을 한다.

(2) **운전자격의 취소(버스운전자격 관련 개별기준)**

다음의 어느 하나에 해당하게 된 경우 버스운전자격이 취소된다.

① 버스운전자격의 결격 사유 중 다음의 어느 하나에 해당하게 된 경우

㉮ 금치산자나 한정치산자

㉯ 파산선고를 받고 복권(復權)되지 아니한 자

㉰ 여객자동차운수사업법을 위반하여 징역 이상의 실형(實刑)을 선고받고 그 집행이 끝나거나(집행이 끝난 것으로 보는 경우를 포함한다) 면제된 날부터 2년이 지나지 아니한 자

㉱ 여객자동차운수사업법을 위반하여 징역 이상의 형(刑)의 집행유예를 선고받고 그 집행유예 기간 중에 있는 자

② 부정한 방법으로 버스운전자격을 취득한 경우

③ 여객자동차운수사업법이 정한 버스운전자격을 취득할 수 없는 경우에 해당하게 된 경우

④ 여객자동차운수사업법 상에 규정된 다음의 운수종사자 준수사항을 위반하여 1년간 세 번의 과태료 처분을 받은 사람이 같은 위반행위를 한 경우

㉮ 정당한 사유 없이 여객의 승차를 거부하거나 여객을 중도에서 내리게 하는 행위

㉯ 부당한 운임 또는 요금을 받는 행위

㉰ 일정한 장소에 오랜 시간 정차하여 여객을 유치하는 행위

㉱ 여객을 합승하도록 하는 행위(대통령령으로 정하는 여객자동차운송사업인 경우만 해당)

㉲ 문을 완전히 닫지 아니한 상태에서 자동차를 출발시키거나 운행하는 행위

㉳ 여객이 승하차하기 전에 자동차를 출발시키거나 승하차할 여객이 있는데도 정차하지 아니하고 정류소를 지나치는 행위

㉴ 안내방송을 하지 아니하는 행위(국토교통부령으로 정하는 자동차 안내방송 시설이 설치되어 있는 경우만 해당)

㉵ 그 밖에 안전운행과 여객의 편의를 위하여 운수종사자가 지키도록 국토교통부령으로 정하는 사항을 위반하는 행위

⑤ 도로교통법 위반으로 사업용 자동차를 운전할 수 있는 운전면허가 취소된 경우

⑥ 운전업무와 관련하여 버스운전자격증을 타인에게 대여한 경우

5. 운수종사자의 교육

(1) **운수종사자 교육 개요**

운송사업자는 새로 채용한 운수종사자에 대하여는 운전업무를 시작하기 전에 교육을 16시간 이상 받게 하여야 한다. 단, 사업용 자동차를 운전하다가 퇴직한 후 2년 이내에 다시 채용된 자는 제외한다.

(2) **교육시간 및 내용 등**

구분	내용
교육시간	·16시간
교육기관	·운수종사자 연구기관 또는 조합 ·단, 시·도지사가 인정할 때에는 해당 운송사업자가 직접 교육 가능
교육내용	·여객자동차 운수사업 관계 법령 및 도로교통 관계 법령 ·서비스의 자세 및 운송질서의 확립 ·교통안전수칙 ·응급처치의 방법 ·그 밖에 운전업무에 필요한 사항
기타	·운송사업자는 그의 운수종사자에 대한 교육계획의 수립, 교육의 시행 및 일상의 교육훈련업무를 위하여 종업원 중에서 교육훈련 담당자를 선임하여야 한다. 다만, 자동차 면허대수가 20대 미만인 운송사업자의 경우에는 교육훈련 담당자를 선임하지 아니할 수 있다. ·운수종사자 연수기관 등은 매년 11월 말까지 조합과 협의하여 다음 해의 교육계획을 수립하여 시·도지사 및 조합에 보고하거나 통보하여야 하며, 그 해의 교육결과를 다음 해 1월 말까지 시·도지사 및 조합에 보고하거나 통보한다. ·새로 채용된 운수종사자가 교통안전법령상의 교통안전체험교육에 따른 심화교육과정을 이수한 경우에는 교육을 받은 것으로 본다.

5 보칙 및 벌칙

1. 자가용자동차의 유상운송 등

(1) **자가용자동차를 유상 운송용으로 제공, 임대할 수 있는 경우**

① 출퇴근할 때 승용자동차를 함께 타는 경우

② 특별자치도지사·시장·군수·구청장(자치구의 구청장)의 허가를 받은 다음의 경우

㉮ 천재지변이나 그 밖에 이에 준하는 비상사태로 인하여 수송력 공급의 증가가 긴급히 필요한 경우

㉯ 사업용자동차 및 철도 등 대중교통수단의 운행이 불가능하여 이를 일시적으로 대체하기 위한 수송력 공급이 긴급히 필요한 경우

㉰ 휴일이 연속되는 경우 등 수송수요가 수송력 공급을 크게 초과하여 일시적으로 수송력 공급의 증가가 필요한 경우

㉱ 학생의 등·하교나 그 밖의 교육목적을 위하여 다음의 요건을 갖춘 통학버스를 운행하는 경우

ㄱ 학교에서 직접 소유하여 운영하는 26인승 이상의 승합자동차일 것

ㄴ 초·중등교육법에 따른 유치원·초등학교·중학교·고등학교와 고등교육법에 따른 대학의 통학버스일 것

ⓒ 차령이 3년(갱신허가의 경우에는 9년)을 초과하지 아니할 것

ⓜ 국가 또는 지방자치단체 소유의 자동차로서 장애인 등의 교통편의를 위하여 운행하는 경우

(2) 자가용자동차가 노선을 정하여 운행할 수 있는 경우

① 학교, 학원, 유치원, 어린이집, 호텔, 교육·문화·예술·체육시설(대규모 점포에 부설된 시설은 제외), 종교시설, 금융기관 또는 병원 이용자를 운행하는 경우

② 대중교통수단이 없는 지역 등 다음 사유에 해당하는 경우로 특별자치도지사·시장·군수·구청장의 허가를 받은 경우

ⓐ 노선버스 및 철도(도시철도 포함) 등 대중교통수단이 운행되지 아니하거나 그 접근이 극히 불편한 지역의 고객을 수송하는 경우

ⓑ 공사 등으로 대중교통수단의 운행이 불가능한 지역의 고객을 일시적으로 수송하는 경우

ⓒ 해당 시설의 소재지가 대중교통수단이 없거나 그 접근이 극히 불편한 지역인 경우

2. 자동차의 차령

(1) 사업의 구분에 따른 자동차의 차령

여객자동차 운수사업에 사용되는 자동차는 여객자동차 운수사업의 종류에 따른 차령을 넘겨 운행하지 못한다.

차종	사업의 구분		차령
승용자동차	특수여객자동차 운송사업용	경형·중형·소형	6년
		대형	10년
특수여객자동차 운송사업용	특수여객자동차 운송사업용		10년 6개월
승합자동차	시내버스운송사업용·농어촌버스운송사업용, 마을버스운송사업용, 시외버스운송사업용, 전세버스운송사업용		9년

(2) 대폐차에 충당하는 자동차

① **대폐차의 정의** : 차령이 만료된 차량 등을 다른 차량으로 대체하는 것

② **차량충당연한** : 3년

③ **차량충당연한의 기산일**

ⓐ 제작연도에 등록된 자동차 : 최초의 신규등록일

ⓑ 제작연도에 등록되지 아니한 자동차 : 제작연도의 말일

④ **차령충당연한의 예외사항**

ⓐ 노선 여객자동차운송사업의 면허를 받거나 등록을 한 자가 보유 차량으로 노선 여객자동차운송사업 범위에서 업종 변경을 위하여 면허를 받거나 등록을 하는 경우

ⓑ 시내버스운송사업의 면허를 받은 자, 농어촌버스운송사업의 면허를 받은 자, 마을버스운송사업의 등록을 한 자, 시외버스운송사업의 면허를 받은 자가 대폐차하는 경우에는 기존의 자동차보다 차령이 낮은 자동차로서 그 차령이 6년이내인 여객자동차운송사업용 자동차로 충당하는 경우

⑤ **차령연장**

ⓐ 자동차의 차령을 연장하려는 여객자동차운수사업자는 자동차관리법에 따른 임시검사를 받은 후 검사기준을 충족하다고 판정된 자동차에만 사업용자동차 차령조정 신청서에 자동차관리법에 따른 자동차검사대행자 또는 지정정비사업자가 발행하는 사업용자동차 임시검사 합격통지서를 첨부하여 관할관청에 제출

ⓑ 자동차관리법에 따른 자동차검사대행자 또는 지정정비사업자는 여객자동차운수업자의 신청을 받으면 사업용자동차 임시검사 합격통지서를 발급하여야 한다.

3. 과징금

(1) 과징금의 부과기준

국토교통부장관 또는 시·도지사는 여객자동차 운수사업자에게 사업정지처분을 하여야 하는 경우에 그 사업정지 처분이 그 여객자동차 운수사업을 이용하는 사람들에게 심한 불편을 주거나 공익을 해칠 우려가 있는 때에는 그 사업정지 처분을 갈음하여 5천만원 이하의 과징금을 부과·징수할 수 있다.

(2) 과징금의 사용 용도

① 벽지노선이나 그 밖에 수익성이 없는 노선으로서 다음의 노선을 운행하여 생긴 손실의 보전

ⓐ 노선의 연장 또는 변경의 명령을 받고 버스를 운행함으로써 결손이 발생한 노선

ⓑ 개선명령을 받은 노선 등(벽지노선 등)

ⓒ 그 밖의 수익성이 없는 노선 중 지역주민의 교통불편과 결손액의 정도를 고려하여 시·도지사가 정한 노선

② 운수종사자의 양성, 교육훈련, 그 밖의 자질 향상을 위한 시설과 운수종사자에 대한 지도 업무를 수행하기 위한 시설의 건설 및 운영

③ 지방자치단체가 설치하는 터미널을 건설하는 데에 필요한 자금의 지원

④ 터미널 시설의 정비·확충

⑤ 여객자동차 운수사업의 경영 개선이나 여객자동차 운수사업의 발전을 위하여 필요한 다음의 사업

ⓐ 여객자동차 운수사업의 경영개선에 관한 연구를 주목적으로 설립된 연구기관 중 국토교통부장관이 지정하는 연구기관의 운영

ⓑ 연합회나 조합이 국토교통부장관 또는 시·도지사로부터 권한을 위탁받아 수행하는 사업

⑥ 위 ①항부터 ⑤항까지의 용도 중 하나의 목적을 위한 보조나 융자

⑦ 여객자동차운수사업법을 위반하는 행위를 예방 또는 근절하기 위하여 지방자치단체가 추진하는 사업

(3) 주요 위반내용에 따른 업종별 과징금 부과기준(단위:만원)

위반내용	시내버스·농어촌마을버스	시외버스	전세버스	특수여객
1) 면허를 받거나 등록한 차고지를 이용하지 아니하고 차고지가 아닌 곳에서 밤샘주차를 한 경우.(단, 전세버스운송사업에 사용되는 자동차가 영업 중에 주차장에서 밤샘주차를 하는 경우 제외)	10	10	20	20
2) 1년에 3회 이상 6세 미만인 아이의 무임운송을 거절하거나 받지 않아야 할 운임을 받은 경우	10	10	–	–
3) 임의로 다음의 어느 하나에 해당하는 행위를 하여 사업계획을 위반한 경우 가) 결행 나) 도중회차 다) 노선 또는 운행계통의 단축 또는 연장 운행 라) 감회 또는 중회 운행	100	100	–	–
4) 노후차의 대체 등 자동차의 변경으로 인한 말소등록 이후 6개월 이내에 자동차를 충당하지 못한 경우 다만, 부득이한 사유로 자동차의 공급이 현저히 곤란한 경우는 제외	120	120	120	120
5) 1년에 3회 이상 사업용 자동차의 바깥쪽에 운송사업자의 명칭, 기호, 그 밖에 국토해양부령으로 정하는 사항을 표시하지 아니한 경우	20	20	20	20
6) 자동차 안에 게시하여야 할 사항을 게시하지 아니한 경우	20	20	20	20
7) 정류소에서 주차 또는 정차 질서를 문란하게 한 경우	20	20	20	20
8) 속도제한장치, 운행기록계가 정상적으로 작동되지 아니하는 상태에서 자동차를 운행한 경우	20	20	20	20

위반내용	시내버스·농어촌마을버스	시외버스	전세버스	특수여객
9) 차내 자동안내방송 실시 상태가 불량한 경우	10	10	–	–
10) 설비기준을 위반하여 전자감응장치·압력센서장치 또는 가속페달잠금장치를 설치하지 아니하거나 작동하지 아니하고 운행한 경우	360	360	–	–
11) 차실에 냉방·난방장치를 설치하여야 할 자동차에 이를 설치하지 아니하고 여객을 운송한 경우	60	60	60	–
12) 설비기준을 위반하여 정차신호용 버저를 설치하지 아니하거나 차실에 자동안내방송장치를 갖추지 아니한 경우	100	100	–	–
13) 설비기준을 위반하여 앞바퀴에 재생 타이어를 사용한 경우	360	360	360	360
14) 앞바퀴에 튜브리스타이어를 사용하여야 할 자동차에 이를 사용하지 아니한 경우	–	360	360	–
15) 운행하기 전에 점검 및 확인을 하지 아니한 경우	10	10	10	10
16) 운수종사자의 교육에 필요한 조치를 하지 아니한 경우	30	30	30	30
17) 여객자동차 운수사업에 사용되는 자동차가 차령을 초과하여 운행한 경우	180	180	180	180

4. 과태료

(1) 과태료의 부과 및 일반 기준

① 과태료는 행정처분을 갈음하는 과징금과는 별도로 부과 가능하다.

② 하나의 행위가 둘 이상의 위반행위에 해당하는 경우에는 그 중 무거운 과태료의 부과기준에 따른다.

③ 위반행위의 횟수에 따른 과태료 부과기준은 최근 1년간 같은 위반행위로 과태료처분을 받은 경우에 적용한다. 이 경우 위반횟수별 부과기준의 적용일은 위반행위에 대한 과태료처분일과 그 처분 후 다시 적발된 날로 한다.

(2) 주요 위반행위별 과태료 부과기준(단위 : 만원)

위반내용	시내버스		
	1회	2회	3회
1) 여객이 동반하는 6세 미만인 어린아이 1명은 운임이나 요금을 받지 아니하고 운송하여야 한다는 규정을 위반하여 어린아이의 운임을 받은 운송사업자	5	10	10
2) 여객자동차운송사업에 사용되는 자동차의 바깥쪽에 운송사업자의 명칭, 기호 등 사업용 자동차의 표시를 하지 아니한 운송사업자	10	15	20
3) 중대한 교통사고에 따른 보고를 하지 아니하거나 거짓보고를 한 운송사업자	20	30	50
4) 운수종사자 취업현황을 알리지 아니한 운송사업자	50	75	100
5) 운수종사자의 요건을 갖추지 아니하고 여객자동차운송사업의 운전업무에 종사한 운송사업자	50	50	50
6) 다음 각 목의 운수종사자 준수사항을 위반한 자 가) 정당한 사유 없이 여객의 승차를 거부하거나 여객을 중도에 내리게 하는 행위 나) 부당한 운임 또는 요금을 받는 행위 다) 일정한 장소에 오랜 시간 정차하여 여객을 유치하는 행위 라) 문을 완전히 닫지 아니한 상태에서 자동차를 출발시키거나 운행하는 행위	20	20	20
7) 다음 각 목의 운수종사자 준수사항을 위반한 자 가) 여객이 승차하기 전에 자동차를 출발시키거나 승하차할 여객이 있는데도 정차하지 아니하고 정류소를 지나치는 행위 나) 안내방송을 하지 아니하는 행위(시내버스, 농어촌버스) 다) 여객이 다음 행동을 할 때 안전운행과 다른 여객의 편의를 위하여 이를 제지하고 필요한 사항을 안내하지 않는 행위 ① 다른 여객에게 위해를 끼칠 우려가 있는 폭발성 물질, 인화성 물질 등의 위험물을 자동차 안으로 가지고 들어오는 행위 ② 다른 여객에게 위해를 끼치거나 불쾌감을 줄 우려가 있는 동물(장애인보조견 및 전용 운반상자에 넣은 애완동물은 제외)을 자동차 안으로 데리고 들어오는 행위 ③ 자동차의 출입구 또는 통로를 막을 우려가 있는 물품을 자동차 안으로 가지고 들어오는 행위	10	10	10

※ 해당 위반행위의 동기·정도 및 횟수와 같은 위반행위로 다른 법령에 따라 납부한 범칙금의 금액 등을 고려하여 과태료 금액의 2분의 1의 범위에서 가중하거나 경감할 수 있으며, 가중하는 경우에는 과태료 총액이 1천만원을 초과할 수 없다.

1. 도로교통법 관련 용어

1. 도로 등의 정의

① **도로** : 도로법에 의한 도로, 유료도로법에 의한 유료도로, 농어촌도로 정비법에 따른 농어촌도로, 그 밖에 현실적으로 불특정 다수의 사람 또는 차마의 통행을 위하여 공개된 장소로서 안전하고 원활한 교통을 확보할 필요가 있는 장소를 말한다.

② **자동차전용도로** : 자동차만이 다닐 수 있도록 설치된 도로

③ **고속도로** : 자동차의 고속교통에만 사용하기 위하여 지정된 도로

④ **중앙선** : 차마의 통행을 방향별로 명확하게 구분하기 위하여 도로에 황색실선 또는 황색점선 등의 안전표시로 표시한 선 또는 중앙분리대나 울타리 등으로 설치한 시설물, 가변차로가 설치된 경우에는 신호기가 지시하는 진행방향의 가장 왼쪽의 황색점선을 말한다.

⑤ **차도** : 연석선(차도와 보도를 구분하는 돌 등으로 이어진 선), 안전표지나 그와 비슷한 공작물로써 경계를 표시하여 모든 차의 교통에 사용하도록 된 도로의 부분을 말한다.

⑥ **차로** : 차마가 한 줄로 도로의 정하여진 부분을 통행하도록 차선에 의하여 구분되는 차도의 부분을 말한다.

⑦ **차선** : 차로와 차로를 구분하기 위하여 그 경계지점을 안전표지에 의하여 표시한 선을 말한다.

⑧ **자전거도로** : 안전표지, 위험방지용 울타리나 그와 비슷한 인공구조물로 경계를 표시하여 자전거가 통행할 수 있도록 설치된 자전거전용도로, 자전거보행자겸용도로, 자전거전용차로를 말한다.

⑨ **보도** : 연석선, 안전표지나 그와 비슷한 공작물로써 경계를 표시하여 보행자(유모차 및 보행보조용 의자차를 포함)의 통행에 사용하도록 된 도로의 부분을 말한다.

⑩ **횡단보도** : 보행자가 도로를 횡단할 수 있도록 안전표지로써 표시한 도로의 부분을 말한다.

⑪ **교차로** : +자로, T자로나 그밖에 둘 이상의 도로(보도와 차도가 구분되어 있는 도로에서는 차도)가 교차하는 부분을 말한다.

⑫ **안전지대** : 도로를 횡단하는 보행자나 통행하는 차마의 안전을 위하여 안전표지나 그와 비슷한 공작물로써 표시한 도로의 부분을 말한다.

⑬ **안전표지** : 교통 안전에 필요한 주의·규제·지시 등을 표시하는 표지판이나 이와 비슷한 인공 구조물로 표시한 도로의 부분을 말한다.

⑭ **길가장자리구역** : 보도와 차도가 구분되지 아니한 도로에서 보행자의 안전을 확보하기 위하여 안전표지 등으로 경계를 표시한 도로의 가장자리 부분을 말한다.

⑮ **주차** : 운전자가 승객을 기다리거나 화물을 싣거나 고장, 그 밖의 사유로 인하여 계속하여 정지상태에 두는 것. 또는 운전자가 차로부터 떠나서 즉시 그 차를 운전할 수 없는 상태에 두는 것을 말한다.

⑯ **서행** : 운전자가 차를 즉시 정지시킬 수 있는 정도의 느린 속도로 진행하는 것을 말한다.

⑰ **정차** : 운전자가 5분을 초과하지 아니하고 차를 정지시키는 것으로서 주차 외의 정지상태를 말한다.

⑱ **모범운전자** : 무사고운전자 또는 유공운전자의 표시장을 받거나 2년 이상 사업용 자동차 운전에 종사하면서 교통사고를 일으킨 전력이 없는 사람으로서 경찰청장이 정하는 바에 따라 선발되어 교통안전 봉사활동에 종사하는 사람을 말한다.

2. 차와 자동차의 구분

(1) 차

자동차, 건설기계, 원동기장치자전거, 자전거, 사람 또는 가축의 힘이나 그 밖의 동력에 의하여 도로에서 운전되는 것을 말한다.

① 전동차·기차 등 궤도차, 항공기, 선박, 케이블 카, 소아용의 자전거(예; 세발자전거), 유모차, 그리고 보행보조용 의자차는 차에 해당되지 않는다.

② 사람이 끌고 가는 손수레는 사람의 힘으로 운전되는 것으로서 차에 해당한다. 따라서 사람이 끌고 가는 손수레가 보행자를 충격하였을 때에는 차에 해당하고, 손수레 운전자를 다른 차량이 충격하였을 때는 보행자로 본다.

(2) 자동차

철길이나 가설된 선을 이용하지 아니하고 원동기를 사용하여 운전되는 차(견인되는 자동차도 자동차의 일부로 봄)로서 자동차관리법과 건설기계관리법에 따른 다음의 차를 말한다.

① 자동차관리법에 따른 차 : 승용자동차, 승합자동차, 화물자동차, 특수자동차, 이륜자동차(원동기장치자전거는 제외)

② 건설기계관리법에 따른 차 : 덤프트럭, 아스팔트살포기, 노상안정기, 콘크리트믹서트럭, 콘크리트펌프, 트럭적재식천공기, 도로보수트럭, 3톤 미만의 지게차

(3) 원동기장치자전거

자동차관리법의 규정에 의한 이륜자동차 중 배기량 125cc 이하의 이륜자동차와 배기량 50cc 미만의 원동기를 단 차(전기를 동력으로 발생하는 구조인 경우에는 정격출력이 0.59kW 미만인 것)

① 원동기장치자전거는 자동차관리법상에서는 이륜자동차에 속한다.

② 2012년 7월 이후 원동기장치자전거 또한 사용등록 및 번호판을 부착하고 운행하여야 한다.

3. 긴급자동차와 어린이통학버스

(1) 긴급자동차

도로교통법상 규정된 긴급자동차는 다음에 해당하는 자동차로서 그 본래의 긴급한 용도로 사용되고 있는 자동차를 말한다.

① 소방차

② 구급차

③ 혈액 공급차량

④ 경찰용 자동차 중 범죄수사·교통단속 그 밖에 긴급한 경찰 업무수행에 사용되는 자동차

⑤ 국군 및 주한국제연합군용 자동차 중 군내부의 질서유지나 부대의 질서 있는 이동을 유도하는 데 사용되는 자동차

⑥ 수사기관의 자동차 중 범죄수사를 위하여 사용되는 자동차

⑦ 교도소·소년교도소·구치소 또는 보호감호소, 소년원 또는 소년분류심사원, 보호관찰소의 자동차 중 도주자의 체포 또는 피수용지·피관찰자의 호송·경비를 위하여 사용되는 자동차

⑧ 국내외 요인에 대한 경호업무수행에 공무로서 사용되는 자동차

⑨ 다음의 자동차는 사용하는 사람 또는 기관 등의 신청에 의해 지방경찰청장이 지정한 경우

㉮ 전기사업·가스사업 그 밖의 공익사업기관에서 위험방지를 위한 응급작업에 사용되는 자동차

㉯ 민방위업무를 수행하는 기관에서 긴급예방 또는 복구를 위한 출동에 사용되는 자동차

㉰ 도로관리를 위하여 사용되는 자동차 중 도로상의 위험을 방지하기 위한 응급작업 및 운행이 제한되는 자동차를 단속하기 위하여 사용되는 자동차

㉱ 전신·전화의 수리공사 등 응급작업에 사용되는 자동차와 우편물의 운송에 사용되는 자동차 중 긴급배달 우편물의 운송에 사용되는 자동차 및 전파감시업무에 사용되는 자동차

⑩ 경찰용의 긴급자동차에 의하여 유도되고 있는 자동차

⑪ 국군 및 주한국제연합군용의 긴급자동차에 의하여 유도되고 있는 국군 및 주한국제연합군의 자동차

⑫ 생명이 위급한 환자나 부상자를 운반 중인 자동차

(2) 어린이통학버스

다음의 시설 가운데 어린이(13세 미만인 사람)를 교육 대상으로하는 시설에서 어린이의 통학 등에 이용되는 승차정원 9인승(어린이 1인을 1인으로 봄) 이상의 자동차로서 자동차를 운영하는 사람이 시설의 소재지 관할 경찰서장에게 신고하고 신고증명서를 발급받은 자동차를 말한다.

① 유아교육법에 따른 유치원, 초·중등교육법에 따른 초등학교 및 특수학교
② 영유아보육법에 따른 어린이집
③ 학원의 설립·운영 및 과외교습에 관한 법률에 따라 설립된 학원
④ 체육시설의 설치·이용에 관한 법률에 따라 설립된 체육시설

2 교통안전시설

1. 신호기가 표시하는 신호의 종류 및 뜻

신호의 종류	신호의 뜻
녹색의 등화	① 차마는 직진 또는 우회전할 수 있다. ② 비보호좌회전표지 또는 비보호좌회전표시가 있는 곳에서는 좌회전할 수 있다.
황색의 등화	① 차마는 정지선이 있거나 횡단보도가 있을 때에는 그 직전이나 교차로의 직전에 정지하여야 하며, 이미 교차로에 차마의 일부라도 진입한 경우에는 신속히 교차로 밖으로 진행하여야 한다. ② 차마는 우회전할 수 있고 우회전하는 경우에는 보행자의 횡단을 방해하지 못한다.
적색의 등화	차마는 정지선, 횡단보도 및 교차로의 직전에서 정지하여야 한다. 다만, 신호에 따라 진행하는 다른 차마의 교통을 방해하지 아니하고 우회전할 수 있다.

신호의 종류	신호의 뜻
황색등화의 점멸	차마는 다른 교통 또는 안전표지의 표시에 주의하면서 진행할 수 있다.
적색등화의 점멸	차마는 정지선이나 횡단보도가 있는 때에는 그 직전이나 교차로의 직전에 일시정지한 후 다른 교통에 주의하면서 진행할 수 있다.
녹색화살표시의 등화	차마는 화살표시 방향으로 진행할 수 있다.
황색화살표의 등화	화살표시 방향으로 진행하려는 차마는 정지선이 있거나 횡단보도가 있을 때에는 그 직전이나 교차로의 직전에 정지하여야 한다. 이미 교차로에 차마의 일부라도 진입한 경우에는 신속히 교차로 밖으로 진행하여야 한다.
적색화살표의 등화	화살표시 방향으로 진행하려는 차마는 정지선, 횡단보도 및 교차로의 직전에서 정지하여야 한다.
황색화살표등화의 점멸	차마는 다른 교통 또는 안전표지의 표시에 주의하면서 화살표시 방향으로 진행할 수 있다.
적색화살표등화의 점멸	차마는 정지선이나 횡단보도가 있을 때에는 그 직전이나 교차로의 직전에 일시정지한 후 다른 교통에 주의하면서 화살표시 방향으로 진행할 수 있다.
녹색화살표의 등화(하향)	차마는 화살표로 지정한 차로로 진행할 수 있다.
적색×표 표시의 등화	차마는 ×표가 있는 차로로 진행할 수 없다.
적색×표 표시 등화의 점멸	차마는 ×표가 있는 차로로 진입할 수 없고, 이미 차마의 일부라도 진입한 경우에는 신속히 그 차로 밖으로 진로를 변경하여야 한다.

(2) 보행신호등

신호의 종류	신호의 뜻
녹색의 등화	보행자는 횡단보도를 횡단할 수 있다.
녹색등화의 점멸	보행자는 횡단을 시작하여서는 아니 되고, 횡단하고 있는 보행자는 신속하게 횡단을 완료하거나 그 횡단을 중지하고 보도로 되돌아와야 한다.
적색의 등화	보행자는 횡단보도를 횡단하여서는 아니 된다.

(3) 버스신호등

신호의 종류	신호의 뜻
녹색의 등화	버스전용차로에 차마는 직진할 수 있다.
황색의 등화	버스전용차로에 있는 차마는 정지선이 있거나 횡단보도가 있을 때에는 그 직전이나 교차로의 직전에 정지하여야 하며, 이미 교차로에 차마의 일부라도 진입한 경우에는 신속히 교차로 밖으로 진행하여야 한다.
적색의 등화	버스전용차로에 있는 차마는 정지선, 횡단보도 및 교차로의 직전에서 정지하여야 한다.
황색등화의 점멸	버스전용차로에 있는 차마는 다른 교통 또는 안전표지의 표시에 주의하면서 진행할 수 있다.
적색등화의 점멸	버스전용차로에 있는 차마는 정지선이나 횡단보도가 있을 때에는 그 직전이나 교차로의 직전에 일시정지한 후 다른 교통에 주의하면서 진행할 수 있다.

2. 안전표지의 종류

① 주의표지 : 도로상태가 위험하거나 도로 또는 그 부근에 위험물이 있는 경우에 필요한 안전조치를 할 수 있도록 이를 도로사용자에게 알리는 표지
② 규제표지 : 도로교통의 안전을 위하여 각종 제한·금지 등의 규제를 하는 경우에 이를 도로사용자에게 알리는 표지
③ 지시표지 : 도로의 통행방법·통행구분 등 도로교통의 안전을 위하여 필요한 지시를 하는 경우에 도로사용자가 이에 따르도록 알리는 표지

④ **보조표지** : 주의표지·규제표지 또는 지시표지의 주기능을 보충하여 도로사용자에게 알리는 표지

⑤ **노면표시** : 도로교통의 안전을 위하여 각종 주의·규제·지시 등의 내용을 노면에 기호·문자 또는 선으로 도로 사용자에게 알리는 표시

3. 신호 또는 지시에 따를 의무

(1) 신호 또는 지시의 우선 순위

① 도로를 통행하는 보행자와 차마의 운전자는 교통안전시설이 표시하는 신호 또는 지시와 국가경찰공무원·자치경찰공무원 또는 경찰보조자(이하 "경찰공무원등"이라 함)가 하는 신호 또는 지시를 따라야 한다.

② 도로를 통행하는 보행자와 모든 차마의 운전자는 교통안전시설이 표시하는 신호 또는 지시와 교통정리를 하는 경찰공무원등의 신호 또는 지시가 서로 다른 경우에는 경찰공무원등의 신호 또는 지시에 따라야 한다.

(2) 경찰공무원등의 범위(신호 또는 지시에 우선적으로 따라야 하는 대상)

① 교통정리를 하는 국가경찰공무원(전투경찰순경을 포함)

② 제주특별자치도의 자치경찰공무원

③ 국가경찰공무원 및 자치경찰공무원을 보조하는 다음의 사람
  ㉮ 무사고운전자 또는 유공운전자의 표시장을 받은 사람으로서 경찰청장이 정하는 바에 따라 교통안전 봉사활동에 종사하는 모범운전자
  ㉯ 군사훈련 및 작전에 동원되는 부대의 이동을 유도하는 헌병

3 차마의 통행방법

1. 차마의 통행

(1) 차마 통행의 일반적인 기준

① 차마의 운전자는 보도와 차도가 구분된 도로에서는 차도를 통행하여야 한다. 다만, 도로 외의 곳으로 출입할 때에는 보도를 횡단하여 통행할 수 있다.

② 도로 외의 곳으로 출입할 때 차마의 운전자는 보도를 횡단하기 직전에 일시정지하여 좌측 및 우측 부분 등을 살핀 후 보행자의 통행을 방해하지 아니하도록 횡단하여야 한다.

③ 차마의 운전자는 도로(보도와 차도가 구분된 도로에서는 차도)의 중앙(중앙선이 설치되어 있는 경우에는 그 중앙선) 우측 부분을 통행하여야 한다.

(2) 도로의 중앙이나 좌측 부분을 통행할 수 있는 경우

① 도로가 일방통행인 경우

② 도로의 파손, 도로공사나 그 밖의 장애 등으로 도로의 우측부분을 통행할 수 없는 경우

③ 도로의 우측 부분의 폭이 6m가 되지 아니하는 도로에서 다른 차를 앞지르려는 경우. 다만, 도로의 좌측부분을 확인할 수 없는 경우, 반대 방향의 교통을 방해할 우려가 있는 경우, 안전표지 등으로 앞지르기를 금지하거나 제한하고 있는 경우에는 그러하지 아니한다.

④ 도로 우측 부분의 폭이 차마의 통행에 충분하지 아니한 경우

⑤ 가파른 비탈길의 구부러진 곳에서 교통의 위험을 방지하기 위하여 지방경찰청장이 필요하다고 인정하여 구간 및 통행방법을 지정하고 있는 경우에 그 지정에 따라 통행하는 경우

2. 차로에 따른 통행구분

(1) 고속도로

차로	구분	통행할 수 있는 차의 종류
편도4차로	1차로	2차로가 주행차로인 자동차의 앞지르기 차로
	2차로	승용자동차, 중·소형 승합자동차의 주행차로
	3차로	대형승합자동차 및 적재중량이 1.5톤 이하인 화물자동차의 주행차로
	4차로	적재중량이 1.5톤을 초과하는 화물자동차, 특수자동차 및 건설기계의 주행차로
편도3차로	1차로	2차로가 주행차로인 자동차의 앞지르기 차로
	2차로	승용자동차, 승합자동차의 주행차로
	3차로	화물자동차, 특수자동차 및 건설기계의 주행차로
편도2차로	1차로	앞지르기 차로
	2차로	모든 자동차의 주행차로

(2) 고속도로 외의 도로(일반도로)

차로	구분	통행할 수 있는 차의 종류
편도4차로	1차로	승용자동차, 중·소형 승합자동차
	2차로	
	3차로	대형승합자동차 및 적재중량이 1.5톤 이하인 화물자동차
	4차로	적재중량이 1.5톤을 초과하는 화물자동차, 특수자동차, 건설기계, 이륜자동차, 원동기장치자전거, 자전거 및 우마차
편도3차로	1차로	승용자동차, 중·소형 승합자동차
	2차로	대형승합자동차 및 적재중량이 1.5톤 이하인 화물자동차
	3차로	적재중량이 1.5톤을 초과하는 화물자동차, 특수자동차, 건설기계, 이륜자동차, 원동기장치자전거, 자전거 및 우마차
편도2차로	1차로	승용자동차, 중·소형 승합자동차
	2차로	대형승합자동차, 화물자동차, 특수자동차, 건설기계, 이륜자동차, 원동기장치자전거, 자전거 및 우마차

(3) 도로 및 차로에 따라 통행할 때의 주의사항

① 모든 차는 위 지정된 차로의 오른쪽 차로로 통행할 수 있다.

② 앞지르기를 할 때에는 위 통행기준에 지정된 차로의 바로 옆 왼쪽 차로로 통행할 수 있다.

③ 도로의 진·출입 부분에서 진·출입하는 때와 정차 또는 주차한 후 출발하는 때의 상당한 거리 동안은 이 표에서 정하는 기준에 따르지 아니할 수 있다.

④ 이 표에서 열거한 것 외의 차마와 다음 각 목의 위험물 등을 운반하는 자동차는 도로의 오른쪽 가장자리 차로로 통행하여야 한다.
  ㉮ 위험물안전관리법에 따른 지정수량 이상의 위험물
  ㉯ 총포·도검·화약류 등 단속법에 따른 화약류
  ㉰ 유해화학물질 관리법에 따른 유독물
  ㉱ 폐기물관리법에 따른 지정폐기물과 의료폐기물
  ㉲ 고압가스안전관리법에 따른 고압가스
  ㉳ 액화석유가스의 안전관리 및 사업법에 따른 액화석유가스
  ㉴ 원자력법 및 방사선안전관리 등의 기술기준에 관한 규칙의 규정에 따른 방사성물질
  ㉵ 산업안전보건법에 따른 제조 등의 금지 유해물질과 허가대상 유해물질
  ㉶ 농약관리법에 따른 유독성원제

⑤ 좌회전 차로가 2이상 설치된 교차로에서 좌회전하려는 차는 그 설치된 좌회전 차로 내에서 고속도로 외의 도로의 통행기준에 따라 좌회전하여야 한다.

⑥ 편도 5차로 이상의 도로에서 차로에 따른 통행차의 기준은 이 표에 준하여 지방경찰청장이 따로 정한다.

3. 전용차로의 종류 및 통행할 수 있는 차

종류	통행할 수 있는 차	
	고속도로	고속도로 외의 도로
버스전용차로	9인승 이상 승용자동차 및 승합자동차 (승용자동차 또는 12인승 이하의 승합자동차는 6인 이상이 승차한 경우에 한함)	① 36인승 이상의 대형승합자동차 ② 36인승 미만의 사업용 승합자동차 ③ 신고필증을 교부받아 어린이를 운송할 목적으로 운행 중인 어린이통학버스 ④ 위 ①항 내지 ③항 외의 차로 지방경찰청장이 지정한 다음의 어느 하나에 해당하는 승합자동차 ㉮ 노선을 지정하여 운행하는 통학·통근용 승합자동차 중 16인승 이상 승합자동차 ㉯ 국제행사 참가인원 수송 등 특히 필요하다고 인정되는 승합자동차(지방경찰청장이 정한 기간 이내) ㉰ 관광진흥법에 따른 관광숙박업자 또는 여객자동차 운수사업법 시행령에 따른 전세버스 운송사업자가 운행하는 25인승 이상의 외국인 관광객 수송용 승합자동차(외국인 관광객이 승차한 경우에 한함)
다인승전용차로	3인 이상 승차한 승용·승합자동차(다인승전용차로와 버스전용차로가 동시에 설치되는 경우에는 버스전용차로를 통행할 수 있는 차를 제외)	
자전거전용차로	자전거	

4. 교차로 통행방법 등

(1) 교차로 통행방법

① 우회전하려는 경우에는 미리 도로의 우측 가장자리를 서행하면서 우회전하여야 한다.

② 좌회전하려는 경우에 미리 도로의 중앙선을 따라 서행하면서 교차로의 중심 안쪽을 이용하여 좌회전하여야 한다.(단, 지방경찰청장이 교차로의 상황에 따라 특히 필요하다고 인정하여 지정한 곳에서는 교차로의 중심 바깥쪽을 통과할 수 있다.)

③ 우회전이나 좌회전을 하기 위하여 손이나 방향지시기 또는 등화로써 신호를 하는 차가 있는 경우에 그 뒤차의 운전자는 신호를 한 앞차의 진행을 방해하여서는 아니 된다.

④ 교통정리를 하고 있지 아니하고 일시정지 또 양보를 표시하는 안전표지가 설치되어 있는 교차로에 들어가려고 할 때에는 다른 차의 진행을 방해하지 아니하도록 일시정지하거나 양보하여야 한다.

(2) 교통정리가 없는 교차로에서의 양보운전

① 먼저 진입한 차가 통행우선권을 갖는다.(단, 최우선 통행권을 갖는 긴급자동차를 제외한 경우임)

② 동시진입차간의 통행우선순위는 다음 순서에 따른다
㉮ 통행 우선순위차(긴급 자동차, 지정을 받은 차) 우선
㉯ 넓은 도로에서 진입하는 차가 좁은 도로에서 진입하는 차보다 우선
㉰ 우측도로에서 진입하는 차가 좌측도로에서 진입하는 차보다 우선
㉱ 직진차가 좌회전 차보다 우선

5. 긴급자동차의 우선 통행 등

(1) 긴급자동차의 우선 통행

① 긴급자동차는 긴급하고 부득이한 경우에는 도로의 중앙이나 좌측 부분을 통행할 수 있다.

② 긴급자동차는 도로교통법이나 이 법에 따른 명령에 따라 정지하여야 하는 경우에도 불구하고 긴급하고 부득이한 경우에는 정지하지 아니할 수 있다.

③ 모든 차의 운전자는 긴급자동차가 접근하는 경우에는 도로의 우측 가장자리(교차로 부근인 경우는 교차로를 피하여)에 일시정지하여야 한다. 다만, 일방통행으로 된 도로에서 우측 가장자리로 피하여 정지하는 것이 긴급자동차의 통행에 지장을 주는 경우에는 좌측 가장자리로 피하여 정지할 수 있다.

(2) 긴급자동차에 대한 특례

긴급자동차에 대하여는 도로교통법상의 규정된 다음의 사항을 적용하지 아니한다.

① 자동차의 속도 제한(단, 긴급자동차에 대하여 속도를 제한한 경우에는 속도제한 규정을 적용)

② 앞지르기의 금지의 시기 및 장소(앞지르기 방법에 대해서는 특례가 적용되지 않는다는 점에 주의)

③ 끼어들기의 금지

4 자동차의 속도

1. 도로별, 차로수별 속도

도로구분			최고속도	최저속도
일반도로	편도2차로 이상		80km/h	제한없음
	편도1차로		60km/h	
고속도로	편도2차로	모든 고속도로	① 100km/h ② 단, 적재중량 1.5톤 초과 화물자동차, 특수자동차, 건설기계, 위험물 운반자동차는 80km/h	50km/h
		지정·고시한 노선 또는 구간의 고속도로	① 120km/h dlso ② 단, 적재중량 1.5톤 초과 화물자동차, 특수자동차, 건설기계, 위험물 운반자동차는 90km/h	50km/h
	편도1차로		80km/h	50km/h
자동차 전용도로			90km/h	30km/h

2. 비·안개·눈 등으로인한 악천후 시 감속운행

운행속도	이상 기후 상태
최고속도의 100분의 20을 줄인 속도로 운행하여야 하는 경우	① 비가 내려 노면이 젖어 있는 경우 ② 눈이 20mm 미만 쌓인 경우
최고속도의 100분의 50을 줄인 속도로 운행하여야 하는 경우	① 폭우, 폭설, 안개 등으로 가시거리가 100m 이내인 경우 ② 노면이 얼어붙은 경우 ③ 눈이 20mm 이상 쌓인 경우

5 서행 및 일시정지, 정차 및 주차

1. 서행 및 일시 정지 등의 이해

용어	정의
서행	차가 즉시 정지할 수 있는 느린 속도로 진행하는 것(위험을 예상한 상황적 대비)
일단정지	반드시 차가 일시적으로 그 바퀴를 완전히 멈추어야 하는 행위 자체(운행의 순간정지)
일시정지	반드시 차가 멈추어야 하되 얼마간의 시간 동안 정지상태를 유지해야 하는 교통상황(정지상황의 일시적 전개)

2. 서행 및 일시정지 등의 이행

구분		이행해야 할 장소 및 상황
서행	서행할 때	① 교차로에서 좌·우회전할 때 각각 서행 ② 교통정리가 행하여지고 있지 아니하는 교차로 진입시 교차하는 도로의 폭이 넓은 경우는 서행 ③ 안전지대에 보행자가 있는 경우와 차로가 설치되어 있지 아니한 좁은 도로에서 보행자의 옆을 지나는 경우에는 안전거리를 두고 서행
	서행할 곳	① 교통정리가 행하여지고 있지 아니하는 교차로 ② 도로가 구부러진 부근 서행 ③ 비탈길의 고개마루 부근 서행 ④ 가파른 비탈길의 내리막 서행 ⑤ 지방경찰청장이 안전표지에 의하여 지정한 곳
일단정지		길가의 건물이나 주차장 등에서 도로에 들어가려고 하는 때에 일단정지
일시정지		① 보도와 차도가 구분된 도로에서 도로 외의 곳을 출입하는 때에는 보도를 횡단하기 직전에 일시정지 ② 철길건널목을 통과하고자 하는 때 일시정지 ③ 보행자가 횡단보도를 통행하고 있는 때 일시정지 ④ 보행자 전용도로 통행시 보행자의 걸음걸이 속도로 운행하거나 일시정지 ⑤ 교차로 또는 그 부근에서 긴급자동차가 접근한 때에는 교차로를 피하고 우측 가장자리에 일시정지 ⑥ 교통정리가 행하여지고 있지 아니하고 좌·우를 확인할 수 없거나 교통이 빈번한 교차로 진입 시 일시정지 ⑦ 지방경찰청장이 필요하다고 인정하여 일시정지 표지에 의하여 지정한 곳 ⑧ 어린이가 보호자 없이 도로를 횡단하는 때, 도로에서 앉아 있거나 서 있는 때, 또는 놀이를 하는 때, 어린이에 대한 교통사고의 위험이 있는 것을 발견한 때, 앞을 보지 못하는 사람이 흰색지팡이를 가지거나 맹도견을 동반하고 도로를 횡단하고 있는 때 또는 지하도·육교 등 도로횡단시설을 이용할 수 없는 지체장애인이 도로를 횡단하고 있는 때에는 일시정지 ⑨ 정지선이나 횡단보도가 있는 때에는 적색등화가 점멸하는 곳의 그 직전이나 교차로의 직전에 일시정지
정지		① 차량신호등이 황색등화인 경우 차마는 정지선이 있거나 횡단보도가 있는 때에는 그 직전이나 교차로의 직전에 정지 ② 차량신호등이 적색등화인 경우 차마는 정지선, 횡단보도 및 교차로의 직전에 정지

3. 정차 및 주차의 금지

(1) 정차와 주차가 모두 금지되는 곳

① 교차로·횡단보도·건널목이나 보도와 차도가 구분된 도로의 보도(차도와 보도에 걸쳐서 설치된 노상주차장은 제외)
② 교차로의 가장자리 또는 도로의 모퉁이로부터 5m 이내인 곳
③ 안전지대가 설치된 도로에서는 그 안전지대의 사방으로부터 각각 10m 이내인 곳
④ 버스여객자동차의 정류지임을 표시하는 기둥이나 표지판 또는 선이 설치된 곳으로부터 10m 이내인 곳. 다만, 버스여객자동차의 운전자가 그 버스여객자동차의 운행시간중에 운행노선에 따르는 정류장에서 승객을 태우거나 내리기 위하여 차를 정차하거나 주차하는 경우에는 예외임.
⑤ 건널목의 가장자리 또는 횡단보도로부터 10m 이내인 곳
⑥ 지방경찰청정이 도로에서의 위험을 방지하고 교통의 안전과 원활한 소통을 확보하기 위하여 필요하다고 인정하여 지정한 곳

(2) 주차가 금지되는 곳

① 터널 안 및 다리 위
② 화재경보기로부터 3m 이내인 곳
③ 다음 각 목의 곳으로부터 5m 이내인 곳
　㉮ 소방용 기계·기구가 설치된 곳
　㉯ 소방용 방화 물통
　㉰ 소화전 또는 소화용 방화 물통의 흡수구나 흡수관을 넣는 구멍
　㉱ 도로공사를 하고 있는 경우에는 그 공사 구역의 양쪽 가장자리
④ 지방경찰청장이 도로에서의 위험을 방지하고 교통의 안전과 원활한 소통을 확보하기 위하여 필요하다고 인정하여 지정한 곳

6 차의 등화 등 기타 사항

1. 차의 등화

(1) 차의 등화를 켜야 하는 때

① 밤(해가 진 후부터 해가 뜨기 전까지)에 도로에서 차를 운행하거나 고장이나 그 밖의 부득이한 사유로 도로에서 차를 정차 또는 주차시키는 경우
② 안개가 끼거나 비 또는 눈이 올 때에 도로에서 차를 운행하거나 고장이나 그 밖의 부득이한 사유로 도로에서 차를 정차 또는 주차하는 경우
③ 터널 안을 운행하거나 고장 또는 그 밖의 부득이한 사유로 터널 안 도로에서 차를 정차 또는 주차하는 경우

(2) 차종별 켜야 하는 등화

① 자동차 : 전조등, 차폭등, 미등, 번호등, 실내조명등(단, 실내조명등은 승합자동차와 여객자동차 운송사업용 승용자동차에 한함)
② 원동기장치자전거 : 전조등, 미등
③ 견인되는 차 : 미등, 차폭등, 번호등

> **해설**
>
> **도로에서 정차 또는 주차하는 경우 켜야 하는 등화**
>
> ① 자동차(이륜자동차 제외) : 미등 및 차폭등
> ② 이륜자동차 : 미등(후부반사기 포함)

2. 어린이통학버스

(1) 어린이통학버스의 특별보호

① 어린이통학버스가 도로에 정차하여 어린이나 유아가 타고 내리는 중임을 표시하는 점멸등 등의 장치를 작동 중일 때에는 어린이통학버스가 정차한 차로와 그 차로의 바로 옆 차로로 통행하는 차의 운전자는 어린이통학버스에 이르기 전에 일시정지하여 안전을 확인한 후 서행하여야 한다.
② 중앙선이 설치되지 아니한 도로와 편도 1차로인 도로에서는 반대방향에서 진행하는 차의 운전자도 어린이통학버스에 이르기 전에 일시정지하여 안전을 확인한 후 서행하여야 한다.
③ 모든 차의 운전자는 어린이나 유아를 태우고 있다는 표시를 한 상태로 도로를 통행하는 어린이통학버스를 앞지르지 못한다.

(2) 어린이통학버스 운전자의 의무사항

① 어린이나 유아가 타고 내리는 경우에만 점멸등 등의 장치를 작동하여야 하며, 어린이나 유아을 태우고 운행 중인 경우에만 어린이 또는 유아를 태우고 운행 중임을 표시하여야 한다.
② 어린이통학버스를 운전하는 사람은 어린이나 유아가 어린이 통학버스를 탈 때에는 어린이나 유아가 좌석에 앉았는지 확인한 후에 출발하여야 하며, 내릴 때는 보도나 길자장자리구역 등 자동차로부터 안전한 장소에 도착한 것을 확인한 후에 출발하여야 한다.

③ 어린이나 유아를 태울 때에는 다음에 해당하는 보호자를 함께 태우고 운행하여야 한다.
  ㉮ 유아교육법에 따른 유치원이나 초·중등교육법에 따른 초등학교 또는 특수학교의 교직원
  ㉯ 영유아보육법에 따른 보육교직원
  ㉰ 학원의 설립·운영 및 과외교습에 관한 법률에 따른 강사
  ㉱ 체육시설의 설치·이용에 관한 법률에 따른 체육시설의 종사자
  ㉲ 그 밖에 어린이통학버스를 운행하는 자가 지명한 사람

3. 고속도로 및 자동차전용도로에서의 특례

(1) 고속도로 및 자동차전용도로에서의 금지 사항

① 갓길(길어깨, 노견) 통행금지
② 횡단, 유턴, 후진 금지
③ 정차 및 주차의 금지

(2) 고속도로 또는 자동차전용도로에서 차를 정차 또는 주차시킬 수 있는 경우

① 법령의 규정 또는 경찰공무원(자치경찰공무원은 제외)의 지시에 따르거나 위험을 방지하기 위하여 일시 정차 또는 주차시키는 경우
② 정차 또는 주차할 수 있도록 안전표지를 설치한 곳이나 정류장에서 정차 또는 주차시키는 경우
③ 고장이나 그 밖의 부득이한 사유로 길가장자리구역(갓길을 포함)에 정차 또는 주차시키는 경우
④ 통행료를 내기 위하여 통행료를 받은 곳에서 정차하는 경우
⑤ 도로의 관리자가 고속도로 또는 자동차전용도로를 보수·유지 또는 순회하기 위하여 정차 또는 주차시키는 경우
⑥ 경찰용 긴급자동차가 고속도로 또는 자동차전용도로에서 범죄수사, 교통단속이나 그 밖의 경찰임무를 수행하기 위하여 정차 또는 주차시키는 경우
⑦ 교통이 밀리거나 그 밖의 부득이한 사유로 움직일 수 없을 때에 고속도로 또는 자동차전용도로의 차로에 일시 정차 또는 주차시키는 경우

7 운전면허

1. 자동차운전에 필요한 적성 기준

구분	면허종별	필요한 적성 기준
시력 (교정시력포함)	제1종	두 눈을 동시에 뜨고 잰 시력이 0.8 이상이고, 양쪽 눈의 시력이 각각 0.5 이상일 것
	제2종	두 눈을 동시에 뜨고 잰 시력이 0.5 이상일 것. 다만, 한쪽 눈을 보지 못하는 사람은 다른 쪽 눈의 시력이 0.6 이상일 것
색채식별	1·2종 공통	적색, 녹색 및 황색의 색채식별이 가능할 것
청력	제1종	55데시벨(dB)의 소리를 들을 수 있을 것. 다만, 보청기를 사용하는 사람은 40데시벨(dB)의 소리를 들을 수 있어야 한다.

2. 운전할 수 있는 차의 종류

면허구분		운전할 수 있는 차량
종별	구분	
제1종	대형면허	·승용자동차, 승합자동차, 화물자동차, 긴급자동차 ·건설기계 -덤프트럭, 아스팔트살포기, 노상안정기 -콘크리트믹서트럭, 콘크리트펌프, 천공기(트럭 적재식) -도로보수트럭, 도로를 운행하는 3톤 미만의 지게차 ·특수자동차(트레일러 및 레커 제외) ·원동기장치자전거

면허구분		운전할 수 있는 차량
종별	구분	
제1종	보통면허	·승용자동차 ·승차정원 15인 이하의 승합자동차 ·승차정원 12인 이하의 긴급자동차(승용 및 승합자동차에 한함) ·적재중량 12톤 미만의 화물자동차 ·건설기계(도로를 운행하는 3톤 미만의 지게차에 한함) ·원동기장치자전거
	소형면허	·3륜화물자동차 ·3륜승용자동차 ·원동기장치자전거
	특수면허	·트레일러, 레커 ·제2종 보통면허로 운전할 수 있는 차량
제2종	보통면허	·승용자동차 ·승차정원 10인승 이하의 승합자동차 ·적재중량 4톤 이하의 화물자동차, 원동기장치자전거
	소형면허	·이륜자동차(측차부를 포함) ·원동기장치자전거

3. 운전면허취득 응시기간의 제한

제한기간	세부내용
5년	·무면허운전금지의 규정에 위반하여 사람을 사상한 후 구호조치 및 사고발생 신고의무를 위반한 경우에는 그 위반한 날로부터 5년 ·주취 운전금지 또는 과로, 질병, 약물의 영향으로 정상적으로 운전하지 못할 우려가 있을 때의 운전금지 규정에 위반하여 구호조치 및 사고발생 신고의무를 위반한 경우에는 그 위반한 날로부터 5년
4년	·무면허운전금지, 주취 운전금지, 과로·질병·약물로 정상적으로운전하지 못할 우려가 있는 때의 운전금지 이외의 사유로 사람을 사상한 후 구호조치 및 사고발생 신고의무를 위반한 경우에는 그 위반한 날부터 4년
3년	·주취 운전금지 규정에 위반하여 운전하다가 2회 이상 교통사고를 일으킨 경우에는 운전면허가 취소된 날부터 3년 ·자동차 등을 이용하여 범죄행위를 하거나 다른 사람의 자동차 등을 훔치거나 빼앗은 사람이 무면허운전금지 규정에 위반하여 그 자동차 등을 운전한 경우에는 그 위반한 날부터 각각 3년
2년	·무면허운전금지의 규정에 위반하여 자동차 등을 운전한 경우에는 그 위반한 날로부터 2년 ·주취 운전금지 또는 경찰공무원의 주취 운전 여부측정을 3회 이상 위반하여 취소된 때 ·운전면허를 받을 자격이 없는 사람이 운전면허를 받거나, 허위 또는 부정한 수단으로 운전면허를 받은 때, 운전면허효력정지 기간 중 운전면허증 또는 운전면허증에 갈음하는 증명서를 교부받은 사실이 드러난 때 ·운전면허를 받은 사람이 자동차 등을 이용하여 살인 또는 강간 등 행정안전부령이 정하는 범죄행위를 한 때 ·다른 사람의 자동차 등을 훔치거나 빼앗은 때
1년	·앞서 기술한 5년~2년의 경우 외의 사유로 운전면허가 취소된 경우에는 취소된 날부터 1년(원동기장치자전거면허를 받고자 하는 경우에는 6월) ※예외 : 적성검사를 받지 아니하거나 운전면허증을 갱신하지 아니하여 운전면허가 취소된 사람 또는 제1종 운전면허를 받은 사람이 적성검사에 불합격되어 다시 제2종 운전면허를 받고자 하는 사람의 경우에는 그러하지 아니하다.
기타	·운전면허의 효력의 정지처분을 받고 있는 경우에는 그 정지처분기간

4. 운전면허의 정지 및 취소처분 기준

(1) 벌점 및 벌점의 종합관리

① **벌점** : 행정처분의 기초자료로 활용하기 위하여 법규위반 또는 사고야기에 대하여 그 위반의 경중, 피해의 정도 등에 따라 배점되는 점수

② **누산점수** : 위반·사고시의 벌점을 누적하여 합산한 점수에서 상계치(무위반·무사고 기간 경과 시에 부여되는 점수 등)를 뺀 점수, 즉 [누산점수 = 매 위반·사고 시 벌점의 누적 합산치−상계치]

③ **벌점의 종합관리** : 법규위반 또는 교통사고로 인한 벌점은 행정처분기준을 적용하고자 하는 당해 위반 또는 사고가 있었던 날을 기준으로 하여 과거 3년간의 모든 벌점을 누산하여 관리한다.

④ 벌점 소멸 및 공제

㉮ 처분벌점이 40점 미만인 경우에, 최종의 위반일 또는 사고일로부터 위반 및 사고 없이 1년이 경과한 때에는 그 처분벌점은 소멸된다.

㉯ 교통사고(인전 피해사고)를 야기하고 도주한 차량을 검거하거나 신고하여 검거하게 한 운전자(교통사고의 피해자가 아닌 경우에 한함)에 대하여는 40점의 특혜점수를 부여하여 기간에 관계없이 그 운전자가 정지 또는 취소 처분을 받게 될 경우, 검거 또는 신고별로 각 1회에 한하여 누산점수에서 이를 공제한다.

(2) 벌점 등 초과로 인한 운전면허의 취소·정지

① 면허 취소 : 1회의 위반·사고로 인한 벌점 또는 연간 누산점수가 다음의 벌점 또는 누산점수에 도달한 때에는 그 운전면허를 취소한다.

㉮ 1년간 : 벌점 또는 누산점수 121점 이상

㉯ 2년간 : 벌점 또는 누산점수 201점 이상

㉰ 3년간 : 벌점 또는 누산점수 271점 이상

② 면허 정지 : 운전면허 정지처분은 1회의 위반·사고로 인한 벌점 또는 처분벌점이 40점 이상이 된 때부터 결정하여 집행하되, 원칙적으로 1점을 1일로 계산하여 집행한다.

5. 특별한 교통안전교육

(1) 교통법규교육

① 교통법규와 안전 등에 관한 교육으로서 교통법규의 위반 등으로 인하여 운전면허효력 정지의 처분을 받을 가능성이 있는 사람 가운데 교육받기를 원하는 사람에게 실시하는 교육을 말한다.

② 다만, 과거 1년 이내에 동 교육을 받지 아니한 사람에 한함.

③ 경찰서장에게 교육필증을 제출한 날부터 처분벌점에서 20점을 감경한다.

(2) 교통소양교육

① 교통사고의 예방, 술에 취한 상태에서의 운전의 위험 및 안전운전 요령 등에 관한 교육으로서 다음의 어느 하나에 해당하는 사람에 대하여 실시하는 교육

㉮ 교통사고를 일으키거나 술에 취한 상태에서 운전하여 운전면허효력 정지의 처분을 받게 되거나 받은 사람으로서 그 처분기간이 만료되기 전에 있는 사람

㉯ 교통법규의 위반 등에 따른 사유 외의 사유로 운전면허 효력 정지의 처분을 받게 되거나 받은 사람 가운데 교육받기를 원하는 사람

㉰ 운전면허효력 정지의 처분을 받게 되거나 받은 초보운전자로서 그 처분기간이 만료되기 전에 있는 사람

㉱ 운전면허 취소의 처분을 받은 사람으로서 운전면허를 다시 받고자 하는 사람

② 경찰서장에게 교육필증을 제출한 날부터 정지처분기간에서 20일을 감경한다.

(3) 교통참여교육

① 교통단속현장 등에 실제로 참여하는 등의 교육으로서 교통소양교육을 받은 사람 가운데 교육받기를 원하는 사람에게 실시하는 교육

② 다만, 과거 1년 이내에 동 교육을 받지 아니한 사람에 한함

③ 경찰서장에게 교육필증을 제출한 날부터 정지처분기간에서 30일을 추가로 감경한다.

6. 운전면허 행정처분기준

(1) 교통법규 위반 시 벌점

벌점	범칙행위
100	·술에 취한 상태의 기준을 넘어서 운전한 때(혈중 알코올 농도 0.03% 이상 0.08% 미만)
60	·속도위반(60km/h 초과)
40	·정차·주차위반에 대한 조치불응(단체에 소속되거나 다수인에 포함되어 경찰공무원의 3회 이상의 이동명령에 따르지 아니하고 교통을 방해한 경우에 한함) ·공동위험행위로 형사입건된 때 ·안전운전의무위반(단체에 소속되거나 다수인에게 포함되어 경찰공무원의 3회 이상의 안전운전 지시에 따르지 아니하고 타인에게 위험과 장애를 주는 속도나 방법으로 운전한 경우에 한함) ·승객의 차내 소란행위 방치운전 ·출석기간 또는 범칙금 납부기간 만료일부터 60일이 경과될 때까지 즉결심판을 받지 아니한 때
30	·통행구분 위반(중앙선 침범에 한함) ·속도위반(40km/h 초과 60km/h 이하) ·철길건널목 통과방법위반 ·고속도로·자동차전용도로 갓길통행 ·고속도로 버스전용차로·다인승전용차로 통행위반 ·운전면허증 등의 제시의무위반 또는 운전자 신원확인을 위한 경찰공무원의 질문에 불응
15	·신호·지시위반 ·속도위반(20km/h 초과 40km/h 이하) ·속도위반(어린이 보호구역 안에서 오전 8시부터 오후 8시까지 사이에 제한속도를 20km/h 이내에서 초과한 경우에 한정) ·앞지르기 금지시기·장소위반 ·운전 중 휴대용 전화 사용 ·운행기록계 미설치 자동차 운전금지 등의 위반 ·어린이통학버스운전자의 의무위반
10	·통행구분 위반(보도침범, 보도 횡단방법 위반) ·지정차로 통행위반(진로변경 금지장소에서의 진로변경 포함) ·일반도로 전용차로 통행위반 ·안전거리 미확보(진로변경 방법위반 포함) ·앞지르기 방법위반 ·보행자 보호 불이행(정지선위반 포함) ·승객 또는 승하차자 추락방지조치위반 ·안전운전 의무 위반 ·노상 시비·다툼 등으로 차마의 통행 방해행위 ·어린이 통학버스 특별보호 위반

(2) 안전피해 교통사고 결과에 따른 벌점기준

구분	벌점	내용
사망 1명마다	90	사고발생시로부터 72시간 내에 사망한 때
중상 1명마다	15	3주 이상의 치료를 요하는 의사의 진단이 있는 사고
경상 1명마다	5	3주 미만 5일 이상의 치료를 요하는 의사의 진단이 있는 사고
부상신고 1명마다	2	5일 미만의 치료를 요하는 의사의 진단이 있는 사고

※비고
·교통사고 발생 원인이 불가항력이거나 피해자의 명백한 과실인 때에는 행정처분을 하지 아니함
·자동차와 원동기장치자전거 대 사람 교통사고의 경우 쌍방과실인 때에는 그 벌점을 2분의 1로 감경
·자동차와 원동기장치자전거 대 자동차와 원동기장치자전거 교통사고의 경우에는 그 사고원인 중 중한 위반행위를 한 운전자만 적용
·교통사고로 인한 벌점산정에 있어서 처분 받을 운전자 본인의 피해에 대하여는 벌점을 산정하지 아니함

(3) 교통사고 야기 시 조치 등 불이행에 따른 벌점기준

벌점	내용
15	·물적피해 교통사고를 야기한 후 도주한 때 ·교통사고를 일으킨 즉시(그때, 그 자리에서, 곧) 사상자를 구호하는 등 조치를 하지 아니하였으나 그 후 자진신고를 한 때
30	·고속도로, 특별시·광역시 및 시의 관할구역과 군(광역시의 군을 제외)의 관할구역 중 경찰관서가 위치하는 리 또는 동지역에서 3시간(그 밖의 지역에서는 12시간) 이내에 자진신고를 한 때
60	·벌점 30점 규정에 의한 시간 후 48시간 이내에 자진신고를 한 때

(4) 범칙행위 및 범칙금액(승합자동차 운전자에게 부과)

벌점	내용
13만원	·속도위반(60km/h 초과)
10만원	·속도위반(40km/h 초과 60km/h 이하) ·승객의 차내 소란행위 방치 운전
7만원	·신호·지시위반 ·중앙선침범·통행구분위반 ·속도위반(20km/h 초과 40km/h 이하) ·횡단·유턴·후진위반 ·앞지르기 방법위반 ·앞지르기 금지시기·장소위반 ·철길건널목 통과방법위반 ·고속도로·자동차전용도로 갓길통행 ·운행기록계미설치 자동차운전금지 등의 위반 ·어린이·맹인 등의 보호위반 ·운전 중 휴대용 전화사용 ·어린이통학버스운전자의 의무위반 ·어린이통학버스운행자의 의무위반 ·고속도로버스전용차로 ·다인승전용차로 통행위반 ·횡단보도 보행자 횡단방해(신호 또는 지시에 따라 횡단하는 보행자 통행방해 포함) ·보행자전용도로 통행위반(보행자전용도로 통행방법 위반을 포함) ·승차인원 초과·승객 또는 승하차자 추락방지조치위반
5만원	·통행금지·제한위반 ·일반도로 전용차로 통행위반 ·앞지르기 방해금지위반 ·교차로 통행방법 위반 ·교차로에서의 양보운전위반 ·보행자 통행방해 또는 보호 불이행 ·정차·주차금지위반 ·주차금지위반 ·정차·주차방법위반 ·정차·주차위반에 대한 조치 불응 ·적재함 승객탑승운행행위 ·어린이통학버스 특별보호위반 ·고속도로 지정차로 통행위반 ·고속도로 진입위반 ·고속도로·자동차전용도로 횡단·유턴·후진위반 ·고속도로·자동차전용도로 정차·주차금지위반 ·고속도로·자동차전용도로 고장 등의 경우 조치 불이행 ·고속도로·자동차전용도로 안전거리 미확보 ·적재제한위반·적재물 추락방지위반 또는 유아나 동물을 안고 운전하는 행위 ·안전운전의무위반(난폭운전 포함) ·노상시비·다툼 등으로 차마의 통행방해행위 ·급발진·급가속·엔진 공회전 또는 반복적·연속적인 경음기 울림으로 소음 발생행위 ·긴급자동차에 대한 피양·일시 정지위반
3만원	·혼잡완화 조치위반 ·속도위반(20km/h 이하) ·진로변경방법위반 ·급제동금지위반 ·끼어들기금지위반 ·서행의무위반 ·일시정지위반 ·방향전환·진로변경시 신호 불이행 ·운전석 이탈시 안전확보불이행 ·승차자 등의 안전을 위한 조치위반 ·지방경찰청 고시위반 ·좌석안전띠 미착용 ·이륜자동차·원동기장치자전거 인명보호장구 미착용 ·어린이통학버스와 유사한 도장·표지 금지위반 ·경찰관의 실효된 면허증 회수에 대한 거부 또는 방해 ·지정차로 통행위반·차로너비보다 넓은 차 통행금지 위반(진로변경금지 장소에서의 진로변경 포함)
2만원	·최저속도위반 ·일반도로 안전거리미확보 ·등화점등·조작불이행(안개·강우 또는 강설 때는 제외) ·불법부착장치차 운전(교통단속용장비의 기능을 방해하는 장치를 한 차의 운전을 제외) ·운전이 금지된 위험한 자전거의 운전

(5) 어린이보호구역에서의 과태료 부과기준(승합자동차 기준)

벌점	내용
14만원	1. 신호 또는 지시를 따르지 않은 차의 고용주 등

17만원
14만원
11만원
7만원
	2. 제한속도를 준수하지 않은 차의 고용주 등
	  가. 60km/h 초과
	  나. 40km/h 초과 60km/h 이하
	  다. 20km/h 초과 40km/h 이하
	  라. 20km/h 이하

9만원
(10만원)
	3. 다음 각 호의 규정을 위반하여 정차 또는 주차를 한 차의 고용주 등
	  가. 정차 및 주차의 금지
	  나. 주차금지의 장소
	  다. 정차 또는 주차의 방법 및 제한

(6) 어린이보호구역에서의 범칙금액 부과기준(승합자동차 기준)

벌점	내용
13만원	1. 신호·지시 위반 2. 횡단보도 보행자 횡단 방해

16만원
13만원
10만원
6만원
	3. 속도위반
	  가. 60km/h 초과
	  나. 40km/h 초과 60km/h 이하
	  다. 20km/h 초과 40km/h 이하
	  라. 20km/h 이하

9만원	4. 통행금지·제한 위반 5. 보행자 통행 방해 또는 보호 불이행 6. 정차·주차 금지 위반 7. 정차·주차방법 위반 8. 정차 주차 위반에 대한 조치 불응

제1편 교통관련 법규 및 교통사고 유형

3장. 교통사고처리특례법령

1 처벌의 특례

1. 특례의 적용 및 배제

(1) 특례의 적용

① **교통사고처리특례법상 특례 적용(법 제3조 제2항)** : 차의 교통으로 업무상과실치상 또는 중과실치상죄와 다른 사람의 건조물이나 그 밖의 재물을 손괴한 죄를 범한 운전자에 대하여는 피해자의 명시적인 의사에 반하여 공소를 제기할 수 없다.

② **보험 또는 공제에 가입된 경우의 특례 적용**

㉮ 교통사고를 일으킨 차가 보험 또는 공제에 가입된 경우에는 교통사고처리특례법상의 특례 적용 사고가 발생한 경우에 운전자에 대하여 공소를 제기할 수 없다.

㉯ 다만, 다음 각 호의 어느 하나에 해당하는 경우에는 공소를 제기할 수 있다.

㉠ 교통사고처리특례법상 특례 적용이 배제되는 사고에 해당하는 경우

㉡ 피해자가 신체의 상해로 인하여 생명에 대한 위험이 발생하거나 불구 또는 불치나 난치의 질병이 생긴 경우

㉢ 보험계약 또는 공제계약이 무효로 되거나 해지되거나 계약상의 면책 규정 등으로 인하여 보험회사, 공제조합 또는 공제사업자의 보험금 또는 공제금 지급의무가 없어진 경우

> **해설**
> ※ 형법 제268조(업무상과실·중과실 치사상) 업무상 과실 또는 중대한 과실오 인하여 사람을 사상에 이르게 한 자는 5년 이하의 금고 또는 2천만원 이하의 벌금에 처한다.
> ※ 도로교통법 제151조(법칙) 차의 운전자가 업무상 필요한 주의를 게을리하거나 중대한 과실로 다른 사람의 건조물이나 그 밖의 재물을 손괴한 때에는 2년 이하의 금고나 500만원 이하의 벌금에 처한다.

(2) 특례의 배제(사고운전자가 형사처벌 대상이 되는 경우)

① 사망사고

② 차의 교통으로 엄무상과실치상죄 또는 중과실치상죄를 범하고 피해자를 구호하는 등의 조치를 하지 아니하고 도주하거나, 피해자를 사고장소로부터 옮겨 유기하고 도주한 경우

③ 차의 교통으로 업무상과실치상죄 또는 중과실치상죄를 범하고 음주측정요구에 불응한 경우(운전자가 채혈 측정을 요청하거나 동의한 경우는 제외)

④ 신호·지시 위반 사고 + 인명피해

⑤ 중앙선침범 사고, 횡단, 유턴 또는 후진중 사고 + 인명피해

⑥ 과속(20km/h 초과) 사고 + 인명피해

⑦ 앞지르기의 방법·금지시기·금지장소 또는 끼어들기의 금지 위반하거나 고속도로에서의 앞지르기 방법 위반 사고 + 인명피해

⑧ 철길건널목 통과방법 위반 사고 + 인명피해

⑨ 횡단보도에서 보행자 보호의무 위반 사고 + 인명피해

⑩ 무면허 운전중 사고 + 인명피해

⑪ 주취·약물복용 운전중 사고 + 인명피해

⑫ 보도침범, 통행방법 위반 사고 + 인명피해

⑬ 승객추락방지의무 위반 사고 + 인명피해

⑭ 어린이 보호구역내 어린이 보호의무 위반 사고 + 인명피해

⑮ 민사상 손해배상을 하지 않은 경우

⑮ 중상해 사고를 유발하고 형사상 합의가 안 된 경우

> **해설**
> **중상해의 범위**
> ① 생명에 대한 위험 : 생명유지에 불가결한뇌 또는 주요 장기에 중대한손상
> ② 불구 : 사지절단 등 신체 중요부분의 상실·중대변형 또는 시각·청각·언어·생식기능 등 중요한 신체기능의 영구적 상실
> ③ 불치나 난치의 질병 : 사고 후유증으로 중증의 정신장애·하반신 마비 등 완치 가능성이 없거나 희박한 중대질병

2. 사고운전자 가중처벌

(1) 사망사고

① 도로교통법의 규정에 의한 교통사고로 인한 사망은 피해자가 사고로부터 72시간 내에 사망한 때를 말한다. 그러나 이는 행정상의 구분일 뿐 72시간이 경과된 이후라도 사망의 원인이 교통사고인 때에는 사고운전자에게는 형사적 책임이 부과된다.

② 사망사고는 그 피해의 중대성과 심각성으로 말미암아 사고차량이 보험이나 공제에 가입되어 있더라도 이를 반의사불벌죄의 예외로 규정하여 형법에 의거하여 처벌한다.

(2) 사고운전자가 피해자를 구호하는 등의 조치를 하지 아니하고 도주한 경우

① 피해자를 사망에 이르게 하고 도주하거나, 도주 후에 피해자가 사망한 경우에는 무기 또는 5년 이상의 징역

② 피해자를 상해에 이르게 한 경우에는 1년 이상의 유기징역 또는 500만원 이상 3천만원 이하의 벌금

(3) 사고운전자가 피해자를 사고 장소로부터 옮겨 유기하고 도주한 경우

① 피해자를 사망에 이르게 하고 도주하거나, 도주 후에 피해자가 사망한 경우에는 사형, 무기 또는 5년 이상의 징역

② 피해자를 상해에 이르게 한 경우에는 3년 이상의 유기징역

(4) 위험운전 치사상의 경우

① 음주 또는 약물의 영향으로 정상적인 운전이 곤란한 상태에서 자동차(원동기장치자전거 포함)를 운전하여 사람을 사망에 이르게 한 경우에는 1년 이상의 유기징역

② 사람을 상해에 이르게 한 경우 10년 이하의 징역 또는 500만원 이상 3천만원 이하의 벌금

2 중대 교통사고 유형

1. 도주(뺑소니) 사고

(1) 도주(뺑소니)인 경우

① 피해자 사상 사실을 인식하거나 예견됨에도 가버린 경우

② 피해자를 사고현장에 방치한 채 가버린 경우

③ 현장에 도착한 경찰관에게 거짓으로 진술한 경우

④ 사고운전자를 바꿔치기 하여 신고한 경우
⑤ 사고운전자가 연락처를 거짓으로 알려준 경우
⑥ 피해자가 이미 사망하였다고 사체 안치 후송 등의 조치 없이 가버린 경우
⑦ 피해자를 병원까지만 후송하고 계속 치료를 받을 수 있는 조치없이 가버린 경우
⑧ 쌍방 업무상 과실이 있는 경우에 발생한 사고로 과실이 적은 차량이 도주한 경우
⑨ 자신의 의사를 제대로 표시하지 못하는 나이 어린 피해자가 '괜찮다'라고 하여 조치 없이 가버린 경우

(2) 도주(뺑소니)가 아닌 경우

① 피해자가 부상사실이 없거나 극히 경미하여 구호조치가 필요하지 않아 연락처를 제공하고 떠난 경우
② 사고운전자가 심한 부상을 입어 타인에게 의뢰하여 피해자를 후송 조치한 경우
③ 사고 장소가 혼잡하여 불가피하게 일부 진행 후 정지하고 되돌아와 조치한 경우
④ 사고운전자가 급한 용무로 인해 동료에게 사고처리를 위임하고 가버린 후 동료가 사고 처리한 경우
⑤ 피해자 일행의 구타·폭언·폭행이 두려워 현장을 이탈한 경우
⑥ 사고운전자가 자기 차량 사고에 대한 조치 없이 가버린 경우

2. 신호·지시위반 사고

(1) 신호위반 사고 사례

① 신호가 변경되기 전에 출발하여 인적피해를 야기한 경우
② 황색 주의신호에 교차로에 진입하여 인적피해를 야기한 경우
③ 신호내용을 위반하고 진행하여 인적피해를 야기한 경우
④ 적색 차량신호에 진행하다 정지선과 횡단보도 사이에서 보행자를 충격한 경우

(2) 신호·지시위반 사고의 성립요건

항목	내용	예외사항
피해자적 요건	·신호·지시위반 차량에 충돌되어 인적피해를 입은 경우	·대물피해만 입은 경우
장소적 요건	·신호기가 설치되어 있는 교차로나 횡단보도 ·경찰공무원등의 수신호 ·규제표지(10가지)가 설치된 구역(통행금지, 진입금지, 일시정지)	·진행방향에 신호기가 설치되지 않은 경우 ·신호기의 고장이나 황색, 적색 점멸 신호등의 경우 ·10가지 규제표지 외의 표지판이 설치된 구역
운전자적 과실	·고의적 과실 ·의도적 과실 ·부주의에 의한 과실	·불가항력적 과실 ·만부득이한 과실
시설물의 설치요건	·도로교통법에 의거 시·도지사가 설치한 신호기나 안전표지	·아파트단지 등 특정구역 내부의 소통과 안전을 목적으로 자체적으로 설치된 경우는 예외

3. 중앙선침범 사고

(1) 중앙선침범을 적용하는 경우(현저한 부주의)

① 커브 길에서 과속으로 인한 중앙선침범의 경우
② 빗길에서 과속으로 인한 중앙선침범의 경우
③ 졸다가 뒤늦은 제동으로 중앙선을 침범한 경우
④ 차내 잡담 또는 휴대폰 통화 등의 부주의로 중앙선을 침범한 경우

(2) 중앙선침범을 적용할 수 없는 경우(만부득이한 경우)

① 사고를 피하기 위해 급제동하다 중앙선을 침범한 경우
② 위험을 회피하기 위해 중앙선을 침범한 경우
③ 빙판길 또는 빗길에서 미끄러져 중앙선을 침범한 경우(제한속도 준수)

4. 과속(20km/h 초과) 사고

(1) 속도에 대한 정의

① **규제속도** : 법정속도(도로교통법에 따른 도로별 최고·최저속도)와 제한속도(지방경찰청장에 의한 지정속도)
② **설계속도** : 자동차를 제작할 때 부여된 자동차의 최고속도
③ **주행속도** : 정지시간을 제외한 실제 주행거리의 평균 주행속도
④ **구간속도** : 정지시간을 포함한 주행거리의 평균 주행속도

(2) 과속(20km/h 초과) 사고의 성립요건

항목	내용	예외사항
장소적 요건	·도로나 기타 일반교통에 사용되는 곳에서의 사고	·일반교통이 사용되는 곳이 아닌 곳에서의 사고
피해자적 요건	·과속차량(20km/h 초과)에 충돌되어 인적피해를 입은 경우	·제한속도 20km/h 이하 과속차량에 충돌되어 인적피해를 입는 경우 ·제한속도 20km/h 초과 차량에 충돌되어 대물피해만 입는 경우
운전자의 과실	·제한속도 20km/h 초과하여 과속 운행 중 사고야기한 경우(이상 기후 시 법령에 따른 법정 최고속도 이하로 감속 운행해야 하는 경우 감속하여 운행해야 하는 속도를 제한속도로 함)	·제한속도 20km/h 이하로 과속하여 운행 중 사고를 야기한 경우 ·제한속도 20km/h 초과하여 운행 중 대물피해만 입는 경우
시설물의 설치요건	·도로교통법에 의거 지방경찰청장이 설치한 안전표지 중 -규제표지(최고속도 제한표지) -노면표지(속도제한 표지)	·동 안전표지 중 규제표지(서행표지), 보조표지(안전속도표지), 노면표지(서행표지)의 위반사고에 대하여는 과속사고가 적용되지 않음

5. 앞지르기 방법·금지위반 사고

(1) 중앙선 침범, 차로 변경과 앞지르기의 구분

① **중앙선 침범** : 중앙선을 넘어서거나 걸친 행위
② **차로 변경** : 차로를 바꿔 곧바로 진행하는 행위
③ **앞지르기** : 앞차 좌측 차로로 바꿔 진행하여 앞차의 앞으로 나아가는 행위

(2) 앞지르기 방법·금지위반 사고의 성립요건

항목	내용	예외사항
장소적 요건	·앞지르기 금지장소	·앞지르기 금지장소 외의 지역
피해자적 요건	·앞지르기 방법·금지위반 차량에 충돌되어 인적피해를 입은 경우	·앞지르기 방법·금지위반 차량에 충돌되어 대물피해만 입은 경우 ·불가항력적인 상황에서 앞지르기하던 차량에 충돌되어 인적피해를 입은 경우
운전자의 과실	·앞지르기 금지위반 행위 -앞차의 좌측에 다른 차가 앞차와 나란히 가고 있을 때 앞지르기 -앞차가 다른 차를 앞지르고 있거나 앞지르고자 할 때 앞지르기 -경찰공무원의 지시를 따르거나 위험을 방지하기 위해 정지 또는 서행하고 있는 앞차 앞지르기 -앞지르기 금지장소(교차로, 터널안, 다리 뒤 등)에서의 앞지르기 ·앞지르기 방법 위반 사고 -앞차의 우측으로 앞지르기	·불가항력적인 상황에서 앞지르기하던 중 사고

6. 철길건널목 통과방법위반 사고

(1) 철길건널목의 종류

항목	내용
1종 건널목	차단기, 경보기 및 건널목 교통안전표지가 설치되어 있는 경우
2종 건널목	경보기와 건널목 교통안전표지만 설치하는 건널목
3종 건널목	건널목 교통안전 표지만 설치하는 건널목

(2) 철길건널목 통과방법위반 사고의 성립요건

항목	내용	예외사항
장소적 요건	·철길건널목	·역 구내의 철길건널목
피해자적 요건	·철길건널목 통과방법 위반사고로 인적피해를 입은 경우	·철길건널목 통과방법 위반사고로 대물피해만을 입은 경우
운전자의 과실	·철길건널목 통과방법 위반 과실 　-건널목직전 일시정지 불이행 　-안전미확인 통행중 사고 　-고장시 조치 불이행 ·철길건널목 진입금지 　-차단기가 내려져 있는 경우 　-차단기가 내려지려고 하는 경우 　-경보기가 울리고 있는 경우	·철길건널목 신호기, 경보기 등의 고장으로 일어난 사고 ※신호기 등이 표시하는 신호에 따르는 때에는 일시정지하지 아니하고 통과할 수 있다.

7. 보행자 보호의무위반 사고

(1) 보행자로 인정되는 경우와 아닌 경우

① 횡단보도 보행자인 경우
- ㉮ 횡단보도를 걸어가는 사람
- ㉯ 횡단보도에서 원동기장치자전거나 자전거를 끌고 가는 사람
- ㉰ 횡단보도에서 원동기장치자전거나 자전거를 타고 가다 이를 세우고 한발은 페달에 다른 한발은 지면에 서 있는 사람
- ㉱ 세발자전거를 타고 횡단보도를 건너는 어린이
- ㉲ 손수레를 끌고 횡단보도를 건너는 사람

② 횡단보도 보행자가 아닌 경우
- ㉮ 횡단보도에서 원동기장치자전거나 자전거를 타고 가는 사람
- ㉯ 횡단보도에 누워 있거나, 앉아 있거나, 엎드려 있는 사람
- ㉰ 횡단보도 내에서 교통정리를 하고 있는 사람
- ㉱ 횡단보도 내에서 택시를 잡고 있는 사람
- ㉲ 횡단보도 내에서 화물 하역작업을 하고 있는 사람
- ㉳ 보도에 서 있다가 횡단보도 내로 넘어진 사람

(2) 횡단보도로 인정되는 경우와 아닌 경우

① 횡단보도 노면표시가 있으나 횡단보도표지판이 설치되지 않은 경우에도 횡단보도로 인정
② 횡단보도 노면표시가 포장공사로 반은 지워졌으나, 반이 남아 있는 경우에도 횡단보도로 인정
③ 횡단보도 노면표시가 완전히 지워지거나, 포장공사로 덮여졌다면 횡단보도 효력 상실

8. 무면허운전

(1) 무면허 운전의 정의

① 정의 : 도로에서 운전면허를 소지하지 않고 운전하는 행위
② 운전에 해당하지 않는 경우 : 조수석에서 차안의 기기를 만지는 도중 핸드브레이크가 풀려 시동이 걸리지 않은 채 10m 미끄러져 내려가다 사고가 발생한 경우

(2) 무면허 운전의 유형

① 운전면허를 취득하지 않고 운전하는 행위
② 운전면허 적성검사가 만료일부터 1년간의 취소유예기간이 지난 면허증으로 운전하는 행위
③ 운전면허 취소처분을 받은 후에 운전하는 행위
④ 운전면허 정지 기간 중에 운전하는 행위
⑤ 제2종 운전면허로 제1종 운전면허를 필요로 하는 자동차를 운전하는 행위
⑥ 제1종 대형면허로 특수면허가 필요한 자동차를 운전하는 행위
⑦ 운전면허시험에 합격한 후 운전면허증을 발급받기 전에 운전하는 행위

9. 주취·약물복용 운전 중 사고

(1) 음주운전인 경우와 아닌 경우

① 불특정 다수인이 이용하는 도로와 특정인이 이용하는 주차장 또는 학교 경내 등에서의 음주운전도 형사처벌 대상. 단 특정인만이 이용하는 장소에서의 음주운전으로 인한 운전면허 행정처분은 불가
- ㉮ 공개되지 않은 통행로에서의 음주운전도 처벌 대상 : 공장이나 관공서, 학교, 사기업 등의 정문 안쪽 통행로와 같이 문, 차단기에 의해 도로와 차단되고 별도로 관리되는 장소의 통행로에서의 음주운전도 처벌 대상
- ㉯ 술을 마시고 주차장(주차선 안 포함)에서 음주운전 하여도 처벌 대상
- ㉰ 호텔, 백화점, 고층건물, 아파트 내 주차장 안의 통행로뿐만 아니라 주차선 안에서 음주운전하여도 처벌 대상

② 형중알코올농도 0.05% 미만에서의 음주운전은 처벌 불가

(2) 주취·약물복용 운전 중 사고의 성립요건

항목	내용	예외사항
장소적 요건	·도로나 그 밖에 현실적으로 불특정다수의 사람 또는 차마의 통행을 위하여 공개된 장소로서 안전하고 원활한 교통을 확보할 필요가 있는 장소 ·공개되지 않은 통행로로 문, 차단기에 의해 도로와 차단되고 별도로 관리되는 장소 ·주차장 또는 주차선 안	-
피해자적 요건	·음주운전 자동차에 충돌되어 인적 사고를 입은 경우	음주운전 자동차에 충돌되어 대물피해를 입은 경우 (보험에 가입되어 있다면 공소권 없음으로 처리)
운전자의 과실	·무음주한 상태에서 자동차를 운전하여 일정거리 운행한 경우 ·혈중알코올농도가 0.03% 이상인 상태에서 음주측정에 불응한 경우 ·주차장 또는 주차선 안에서 운전하는 경우	-

10. 보도침범, 통행방법위반 사고

(1) 보도의 개념

① 보도 : 차와 사람의 통행을 분리시켜 보행자의 안전을 확보하기 위해 연석이나 방호울타리 등으로 차도와 분리하여 설치된 도로의 일부분으로 차도와 대응되는 개념
② 보도침범 사고 : 보도에 차마가 들어서는 과정, 보도에 차마의 차체가 걸치는 과정, 보도에 주차시킨 차량을 전진 또는 후진시키는 과정에서 통행중인 보행자와 충돌한 경우
③ 보도통행방법 위반 사고 : 차마의 운전자는 도로에서 도로 외의 곳에 출입하기 위해서는 보도를 횡단하기 직전에 일시 정지하여 보행자의 통행을 방해하지 아니하도록 되어 있으나 이를 위반하여 보행자와 충돌하여 인적피해를 야기한 경우

(2) 보도침범, 통행방법위반 사고의 성립요건

항목	내용	예외사항
장소적 요건	·보도와 차도가 구분된 도로에서 보 도 내 사고	·보도와 차도의 구분이 없는 도로 는 제외
피해자적 요건	·보도 내에서 보행 중 사고	·피해자가 자전거 또는 원동기장치 자전거를 타고 가던 중 사고는 제차 로 간주되어 적용 제외
운전자의 과실	·고의적 과실 ·의도적 과실 ·현저한 부주의에 의한 과실	·불가항력적 과실 ·만부득이 한 과실 ·단순 부주의에 의한 과실
시설물의 과실	·보도설치 권한이 있는 행정관서에서 설치관리하는 보도	·학교·아파트 단지 등 특정구역 내부 의 소통과 안전을 목적으로 자체적 으로 설치된 경우

11. 승객추락방지의 의무위반 보고

(1) 승객추락방지의무에 해당하는 경우와 아닌 경우

① 승객추락방지의무에 해당하는 경우

㉮ 문을 연 상태에서 출발하여 타고 있는 승객이 추락한 경우

㉯ 승객이 타거나 또는 내리고 있을 때 갑자기 문을 닫아 문에 충격된 승객이 추락한 경우

㉰ 버스 운전자가 개·폐 안전장치인 전자감응장치가 고장난 상태에서 운행 중에 승객이 내리고 있을 때 출발하여 승객이 추락한 경우

② 승객추락방지의무에 해당하지 않는 경우

㉮ 승객이 임의로 차문을 열고 상체를 내밀어 차밖으로 추락한 경우

㉯ 운전자가 사고방지를 위해 취한 급제동으로 승객이 차밖으로 추락한 경우

㉰ 화물자동차 적재함에 사람을 태우고 운행 중에 운전자의 급가속 또는 급제동으로 피해자가 추락한 경우

(2) 승객추락방지의무위반 사고의 성립요건

항목	내용	예외사항
장소적 요건	·승용, 승합, 화물, 건설기계 등 자동차 에만 적용	·이륜자동차 및 자전거는 제외
피해자적 요건	·탑승 승객이 개문되어 있는 상태로 출 발한 차량에서 추락하여 피해를 입은 경우	·적재되어 있는 화물의 추락 사고는 제외
운전자의 과실	·차의 문이 열려 있는 상태로 출발하는 행위	·차량이 정지하고 있는 상태에서의 추 락은 제외

12. 어린이 보호구역내 어린이 보호의무위반 사고

(1) 어린이 보호구역으로 지정될 수 있는 장소

① 유아교육법에 따른 유치원, 초·중등교육법에 따른 초등학교 또는 특수학교

② 영유아교육법에 따른 보육시설 중 정원 100명 이상의 보육시설(관할 경찰서장과 협의된 경우에는 정원이 100명 미만의 보육시설 주변도로에 대해서도 지정 가능)

③ 학원의 설립·운영 및 과외교습에 관한 법률에 따른 학원 중 학원 수강생이 100명 이상인 학원(관할 경찰서장과 협의된 경우에는 정원이 100명 미만의 학원 주변도로에 대해서도 지정 가능)

(2) 어린이 보호의무위반 사고의 성립요건

항목	내용	예외사항
장소적 요건	·어린이 보호구역으로 지정된 장소	·어린이 보호구역이 아닌 장소
피해자적 요건	·어린이가 상해를 입은 경우	·성인이 상해를 입은 경우
운전자의과실	·어린이에게 상해를 입힌 경우	·성인에게 상해를 입힌 경우

1 교통사고 처리의 이해

1. 용어의 이해

교통사고 : 차의 교통으로 인하여 사람을 사상하거나 물건을 손괴한 것을 말한다.

대형사고 : 3명 이상이 사망(교통사고 발생일부터 30일 이내에 사망)하거나 20명 이상의 사상자가 발생한 사고를 말한다.

교통조사관 : 교통사고를 조사하여 검찰에 송치하는 등 교통사고 조사업무를 처리하는 경찰공무원을 말한다.

스키드마크(Skid mark) : 차의 급제동으로 인하여 타이어의 회전이 정지된 상태에서 노면에 미끄러져 생긴 타이어 마모흔적 또는 활주흔적을 말한다.

요마크(Yaw mark) : 급핸들 등으로 인하여 차의 바퀴가 돌면서 차축과 평행하게 옆으로 미끄러진 타이어의 마모흔적을 말한다.

충돌 : 차가 반대방향 또는 측방에서 진입하여 그 차의 정면으로 다른 차의 정면 또는 측면을 충격한 것을 말한다.

추돌 : 2대 이상의 차가 동일방향으로 주행 중 뒤차가 앞차의 후면을 충격한 것을 말한다.

접촉 : 차가 추월, 교행 등을 하려다가 차의 좌우측면을 서로 스친 것을 말한다.

전도 : 차가 주행 중 도로 또는 도로 이외의 장소에 차체의 측면이 지면에 접하고 있는 상태를 말한다.

전복 : 차가 주행 중 도로 또는 도로 이외의 장소에 뒤집혀 넘어진 것을 말한다.

추락 : 차가 도로변 절벽 또는 교량 등 높은 곳에서 떨어진 것을 말한다.

2. 수사기관의 교통사고 처리 기준

(1) 인피사고(사람을 사망하게 하거나 다치게 한 교통사고)의 처리

① 사람을 사망하게 한 교통사고의 가해자는 교통사고처리특례법을 적용하여 기소의견으로 송치한다.

② 사람을 다치게 한 교통사고(부상사고)의 피해자가 가해자에 대하여 처벌을 희망하지 아니하는 의사표시를 한 때에는 교통사고처리특례법에 따라 불기소 의견으로 송치한다. 다만, 사고의 원인행위에 대하여는 도로교통법을 적용하여 통고처분 또는 즉결심판을 청구한다.

③ 부상사고로써 피해자가 가해자에 대하여 처벌을 희망하지 아니하는 의사표시가 없거나 교통사고처리특례법의 관련 조항에 해당하는 경우에는 이를 적용하여 기소의견으로 송치한다.

④ 부상사고로써 피해자가 가해자에 대하여 처벌을 희망하지 아니하는 의사표시가 없는 경우라도 교통사고처리특례법의 규정에 따른 보험 또는 공제에 가입된 경우에는 다음에 해당하는 경우를 제외하고 같은 조항을 적용하여 불기소의견으로 송치한다. 다만, 사고의 원인행위에 대하여는 도로교통법을 적용하여 통고처분 또는 즉결심판을 청구한다.

㉮ 교통사고처리특례법상의 형사처벌 대상 사고에 해당하는 경우

㉯ 피해자가 생명의 위험이 발생하거나 불구·불치·난치의 질병(중상해)에 이르게 된 경우

㉰ 보험 등의 계약이 해지되거나 보험사 등의 보험금 등 지급의무가 없어진 경우

(2) 물피사고(다른 사람의 건조물이나 그 밖의 재물을 손괴한 교통사고)의 처리

① 피해자가 가해자에 대하여 처벌을 희망하지 아니하는 의사표시가 있는 경우 또는 보험 등에 가입된 경우에는 단순 대물피해 교통사고 조사보고서를 작성하고, 교통사고관리시스템(TAMS)의 교통사고접수 처리대장에 입력한 후 종결한다.

② 피해자가 가해자에 대하여 처벌을 희망하지 아니하는 의사표시가 없거나 보험 등에 가입되지 아니한 경우에는 기소의견으로 송치한다. 다만, 피해액이 20만원 미만인 경우에는 즉결심판을 청구하고 대장에 입력한 후 종결한다.

(3) 안전사고 등의 처리(교통사고조사규칙 제21조)

① 교통조사관은 다음의 어느 하나에 해당하는 사고의 경우에는 교통사고로 처리하지 아니하고 업무 주무기능에 인계한다.

㉮ 자살·자해(自害)행위로 인정되는 경우

㉯ 확정적 고의(故意)에 의하여 타인을 사상하거나 물건을 손괴한 경우

㉰ 낙하물에 의하여 차량 탑승자가 사상하였거나 물건이 손괴된 경우

㉱ 축대, 절개지 등이 무너져 차량 탑승자가 사상하였거나 물건이 손괴된 경우

㉲ 사람이 건물, 육교 등에서 추락하여 진행 중인 차량과 충돌 또는 접촉하여 사상한 경우

㉳ 그 밖의 차의 교통으로 발생하였다고 인정되지 아니한 안전사고의 경우

② 교통조사관은 ①항의 각 항목에 해당하는 사고의 경우라도 운전자가 이를 피할 수 있었던 경우에는 교통사고로 처리한다.

2 주요 교통사고 유형

1. 안전거리 미확보 사고

(1) 안전거리 개념

① **안전거리** : 같은 방향으로 가고 있는 앞차가 갑자기 정지하게 되는 경우 그 앞차와의 추돌을 피할 수 있는 필요한 거리로, 정지거리보다 약간 긴 정도의 거리를 말한다.

② **정지거리** : 공주거리와 제동거리를 합한 거리를 말한다.

㉮ 공주거리 : 운전자가 위험을 느끼고 브레이크를 밟았을 때 자동차가 제동되기 전까지 주행한 거리를 말한다.

㉯ 제동거리 : 제동되기 시작하여 정지될 때까지 주행한 거리를 말한다.

(2) 안전거리 미확보

① **성립하는 경우** : 앞차가 정당한 급정지, 과실 있는 급정지라하더라도 사고를 방지할 주의의무는 뒷차에게 있다. 앞차에 과실이 있는 경우에는

손해보상할 때 과실상계하여 처리를 한다.

② **성립하지 않는 경우** : 앞차가 고의적으로 급정지하는 경우에는 뒷차의 불가항력적 사고로 인정하여 앞차에게 책임을 부과를 한다.

2. 진로 변경(급차로 변경) 사고

(1) 고속도로에서의 차로 의미

① 주행차로 : 고속도로에서 주행할 때 통행하는 차로

② 가속차로 : 주행차로에 진입하기 위해 속도를 높이는 차로

③ 감속차로 : 고속도로를 벗어날 때 감속하는 차로

④ 오르막 차로 : 저속으로 오르막을 오를 때 사용하는 차로

(2) 진로 변경(급차로 변경) 사고의 성립요건

항목	내용	예외사항
장소적 요건	·도로에서 발생	-
피해자적 요건	·옆 차로에서 진행 중인 차량이 갑자기 차로를 변경하여 불가항력적으로 충돌한 경우	·동일방향 앞·뒤 차량으로 진행하던 중 앞차가 차로를 변경하는데 뒷차도 따라 차로를 변경하다가 앞차를 추돌한 경우 ·장시간 주차하다가 막연히 출발하여 좌측면에서 차로 변경 중인 차량의 후면을 추돌한 경우 ·차로 변경 후 상당 구간 진행 중인 차량을 뒷차가 추돌한 경우
운전자의 과실	·사고 차량이 차로를 변경하면서 변경 방향의 차로 후방에서 진행하는 차량의 진로를 방해한 경우	

3. 교차로 사고

(1) 교차로 통행방법위반 사고

① **앞지르기 금지와 교차로 통행방법위반 사고의 차이점**

㉮ 앞지르기 금지 사고 : 뒷차가 교차로에서 앞차의 측면을 통과한 후 앞차의 그 앞으로 들어가는 도중에 발생한 사고

㉯ 교차로 통행방법위반 사고 : 뒷차가 교차로에서 앞차의 앞으로 들어가지 않고 앞차의 측면을 접촉하는 사고

② **교차로에서의 운전자 과실 요건**

㉮ 교차로 통행방법을 위반한 과실 : 교차로에서 좌회전 또는 우회전 하는 경우

㉯ 교차로에서 앞차를 앞지르기한 과실 : 앞지르기 금지 및 앞지르기 방법 위반

㉰ 안전운전불이행 과실

(2) 신호등 없는 교차로 가해자 판독 방법

① **교차로 진입 전 일시정지 또는 서행하지 않은 경우**

㉮ 충돌 직전(충돌 당시, 충돌 후) 노면에 스키드 마크가 형성되어 있는 경우

㉯ 충돌 직전(충돌 당시, 충돌 후) 노면에 요 마크가 형성되어 있는 경우

㉰ 상대 차량의 측면을 정면으로 충돌한 경우

㉱ 가해 차량의 진행방향으로 상대 차량을 밀고가거나, 전도(전복)시킨 경우

② **교차로 진입 전 일시정지 또는 서행하며 교차로 앞·좌·우 교통상황을 확인하지 않는 경우**

㉮ 충돌직전에 상대 차량을 보았다고 진술한 경우

㉯ 교차로에 진입할 때 상대 차량을 보지 못했다고 진술한 경우

㉰ 가해 차량이 정면으로 상대 차량 측면을 충돌한 경우

③ **교차로 진입할 때 통행우선권을 이행하지 않은 경우**

㉮ 교차로에 이미 진입하여 진행하고 있는 차량이 있거나, 교차로에 들어가고 있는 차량과 충돌한 경우

㉯ 통행 우선 순위가 같은 상태에서 우측 도로에서 진입한 차량과 충돌한 경우

㉰ 교차로에 동시 진입한 상태에서 폭이 넓은 도로에서 진입한 차량과 충돌한 경우

㉱ 교차로에 진입하여 좌회전하는 상태에서 직진 또는 우회전 차량과 충돌한 경우

4. 안전운전 불이행 사고

(1) 안전운전과 난폭운전과의 차이

① **안전운전**

㉮ 모든 자동차 장치를 정확히 조작하여 운전하는 경우

㉯ 도로의 교통상황과 차의 구조 및 성능에 따라 다른 사람에게 위험과 장해를 주지 않는 속도나 방법으로 운전하는 경우

② **난폭운전**

㉮ 고의나 인식할 수 있는 과실로 타인에게 현전한 위해를 초래하는 운전을 하는 경우

㉯ 타인의 통행을 현저히 방해하는 운전을 하는 경우

㉰ 난폭운전 사례 : 급차로 변경, 지그재그 운전, 좌·우로 핸들을 급조작하는 운전, 지선도로에서 간선도로로 진입할 때 일시정지 없이 급진입하는 운전 등

(2) 안전운전 불이행 사고의 성립요건

항목	내용	예외사항
장소적 요건	·도로에서 발생	-
피해자적 요건	·통행우선권을 양보해야 하는 상대 차량에게 충돌되어 피해를 입은 경우	·차량정비 중 안전 부주의로 피해를 입은 경우 ·보행자가 고속도로나 자동차전용도로에 진입하여 통행한 경우
운전자의 과실	·자동차 장치조작을 잘못한 경우 ·전·후·좌·우 주시가 태만한 경우 ·전방 등 교통상황에 대한 파악 및 적절한 대처가 미흡한 경우 ·차내 대화 등으로 운전을 부주의한 경우 ·초보운전으로 인해 운전이 미숙한 경우 ·타인에게 위해를 준 난폭운전의 경우	·1차 사고에 이은 불가항력적인 2차사고 ·운전자의 과실을 논할 수 없는 사고

01 여객자동차운송사업의 목적이 아닌 것은?

㉮ 여객자동차 운수사업법에 관한 질서 확립

㉯ 여객의 원활한 운송

㉰ 여객자동차 운수사업법의 종합적인 발달도모

㉱ 개인이익 증진

해설

여객자동차운송사업의 목적은 ㉮, ㉯, ㉰항 이외에 공공복리 증진

02 여객자동차 운수사업법상 "다른 사람의 수요에 응하여 자동차를 사용하여 유상으로 여객을 운송하는 사업"은 무엇에 대한 정의인가?

㉮ 여객자동차운송사업

㉯ 여객자동차운수사업

㉰ 여객자동차터미널사업

㉱ 여객자동차운송가맹사업

해설

용어의 정의

· **여객자동차운수사업** : 여객자동차운송사업, 자동차대여사업, 여객자동차터미널사업 및 여객자동차운송가맹사업

· **여객자동차터미널사업** : 여객자동차터미널을 여객자동차운송사업에 사용하게 하는 사업

· **여객자동차운송가맹사업** : 다른 사람의 요구에 응하여 소속 여객자동차 운송가맹점에 의뢰하여 여객을 운송하게 하거나 운송에 부가되는 서비스를 제공하는 사업

03 다음중 관련법규상 "중대한 교통사고"에 해당되지 않는 것은?

㉮ 전복사고

㉯ 화재가 발생한 사고

㉰ 중상자 없이 사망자가 1명인 사고

㉱ 사망자 없이 중상자가 6명 이상인 사고

해설

중대한 교통사고의 범위

· 전복 사고

· 화재가 발생한 사고

· 사망자 2명 이상

· 사망자 1명과 중상자 3명 이상

· 중상자 6명 이상

04 구역여객자동차운송사업에 속하는 것은?

㉮ 전세버스운송사업

㉯ 시외버스운송사업

㉰ 마을버스운송사업

㉱ 시내버스운송사업

해설

구역여객자동차운송사업에는 전세버스운송사업과 특수여객자동차운송사업이 있다.

05 시내버스운송사업은 주로 특별시광역시 또는 시의 단일 행정구역에서 운행계통을 정하고 국토교통부령으로 정하는 자동차를 사용하여 여객을 운송하는 사업을 말하는데 운행형태에 따른 분류에 속하지 않는 것은?

㉮ 광역급행형

㉯ 특수형

㉰ 직행좌석형

㉱ 일반형

해설

시내버스운송사업에는 광역급행형, 직행좌석형, 일반형이 있다.

06 일반적으로 구역 여객자동차운송사업 중 '전세버스운송사업'은 1개의 운송계약에 따라 승차정원 몇 명의 승합자동차를 사용하여 여객을 운송하는 사업을 말하는가?

㉮ 29인승 이상

㉯ 29인승 이하

㉰ 16인승 이상

㉱ 16인승 이하

해설

전세버스운송사업은 운행계통을 정하지 아니하고 전국을 사업구역으로 하여 1개의 운송계약에 따라 승차정원 16인승 이상의 승합자동차를 사용하여 여객을 운송하는 사업을 말한다.

07 다음 중 여객자동차 운수사업법상 노선여객자동차운송사업에 속하지 않는 것은?

㉮ 시내버스운송사업

㉯ 마을버스운송사업

㉰ 전세버스운송사업

㉱ 농어촌버스운송사업

해설

여객자동차운송사업의 종류

· **노선 여객자동차운송사업** : 시내버스 운송사업, 농어촌버스운송사업, 마을버스운송사업, 시외버스운송사업

· **구역 여객자동차운송사업** : 전세버스 운송사업, 특수여객자동차운송사업

08 주로 시·군·구의 단일 행정구역에서 기점·종점의 특수성이나 사용되는 자동차의 특수성 등으로 인하여 다른 노선 여객자동차 운송사업자가 운행하기 어려운 구간을 대상으로 국토교통부령으로 정하는 기준에 따라 운행계통을 정하고 국토교통부령으로 정하는 자동차를 사용하여 여객을 운송하는 사업은?

㉮ 시외버스운송사업

㉯ 마을버스운송사업

㉰ 시내버스운송사업

㉱ 농어촌버스운송사업

09 다음 보기는 시외버스운송사업으 운행형태 중 '고속형'에 대한 설명이다. 괄호 안에 들어갈 내용으로 알맞은 것은?

> 시외고속버스 또는 시외우등고속버스를 사용하여 운행거리가 (a)이상이고, 운행구간의 (b)이상을 고속국도로 운행하며, 기점과 종점의 중간에서 정차하지 아니하는 운행형태

㉮ a. 150km - b. 50% ㉯ a. 100km - b. 60%
㉰ a. 150km - b. 60% ㉱ a. 100km - b. 50%

해설

시외버스운송사업의 운행형태
· 고속형 : 시외고속버스 또는 시외우등고속버스를 사용하여 운행거리가 100km이상이고, 운행구간의 60% 이상을 고속도로로 운행하며, 기점과 종점의 중간에서 정차하지 아니하는 운행형태
· 직행형 : 시외직행버스를 사용하여 기점 또는 종점이 있는 특별시·광역시 또는 시·군의 행정구역이 아닌 다른 행정구역에 있는 1개소 이상의 정류소에 정차하면서 운행하는 형태
· 일반형 : 시외일반버스를 사용하여 각 정류소에 정차하면서 운행하는 형태

10 노선 여객자동차운송사업의 한정면허에 관한 내용으로 틀린 것은?

㉮ 여객의 특수성 또는 수요의 불규칙성 등으로 인하여 노선 여객자동차운송사업자가 노선버스를 운행하기 어려운 경우
㉯ 수익성이 많아 노선운송사업자가 선호하는 노선의 경우
㉰ 버스전용차로의 설치 및 운행계통의 신설 등 버스교통체제 개선을 위하여 시·도의 조례로 정한 경우
㉱ 신규노선에 대하여 운행형태가 광역급행형인 시내버스운송사업을 경영하려는 자의 경우

해설

노선 여객자동차운송사업의 한정면허에 관한 내용은 ㉮, ㉰, ㉱항 이외에 수익성이 없어 노선운송사업자가 운행을 기피하는 노선으로서 관할관청이 보조금을 지급하려는 경우이다.

11 운송사업자 또는 운송사업자의 조합으로부터 운수종사자 현황을 통보받은 시·도지사가 그 현황을 취합하여 통보하여야 하는 곳은?

㉮ 국토교통부   ㉯ 안전행정부
㉰ 교통안전공단   ㉱ 도로교통공단

해설

운수종사자 현황 통보
· 운송사업자는 운수종사자(운전업무 종사자격을 갖추고 여객자동차운송사업의 운전업무에 종사하는 자)에 관한 사항을 매월10일까지 시·도지사에게 알려야 한다.
· 해당 조합은 소속 운송사업자를 대신하여 소속 운송사업자의 운수종사자 현황을 취합·통보할 수 있다.
· 시·도지사는 통보받은 운수종사자 현황을 취합하여 교통안전공단에 통보하여야 한다.

12 다음 중 '버스운전 자격증'을 잃어버리거나 헐어 못 쓰게 된 경우 재발급 신청은 어디에 하여야 하는가?

㉮ 여객자동차 운송조합   ㉯ 교통안전공단
㉰ 도로교통공단   ㉱ 관할 경찰서

해설

운전자격증 또는 운전자격증명의 기록사항에 착오가 있거나 변경된 내용이 있어 정정을 받으려는 경우와 운전자격증 등을 잃어버리거나 헐어 못 쓰게 되어 재발급을 받으려는 사람은 지체 없이 해당 서류를 첨부하여 운전자격증은 시험시행기관인 교통안전공단에, 운전자격증명은 해당 조합 등에 재발급을 신청하여야 한다.

13 교통사고 시 운송사업자의 조치사항이 아닌 것은?

㉮ 신속한 응급수송수단을 마련한다.
㉯ 가족이나 그 밖의 연고자에게 신속하게 통지한다.
㉰ 유류품은 신경 쓰지 않아도 상관없다.
㉱ 목적지까지 여객을 운송하기 위한 대체운송수단의 확보와 여객에 대한 편의를 제공한다.

해설

교통사고 시 운송사업자의 조치사항은 ㉮, ㉯, ㉱항 이외에 유류품의 보관, 사상자의 보호등 필요한 조치가 있다.

14 버스운전 자격의 필기시험과목이 아닌 것은?

㉮ 교통관련 법규 및 교통사고 유형
㉯ 자동차 관리 요령
㉰ 자동차 공학
㉱ 운송서비스

해설

버스운전 자격의 필기시험과목은 교통관련 법규 및 교통사고유형, 자동차 관리요령, 안전운행, 운송서비스이다.

15 여객자동차운송사업용 자동차의 운전업무에 종사하는 사람이 퇴직할 때 운전자격증명은 누구에게 반납하여야 하는가?

㉮ 해당 운송사업자
㉯ 교통안전공단
㉰ 시·도지사
㉱ 해당 여객자동차 운송사업조합

해설

여객자동차운송사업용 자동차의 운전업무에 종사하는 사람이 퇴직하면 운전자격증명을 해당 운송사업자에게 반납하여야 하며, 운송 사업자는 해당 조합 등에 이를 지체없이 제출하여야 한다.

16 다음 보기에서 운전적성정밀검사의 종류 중 특별검사를 받아야 하는 사람은?

㉮ 신규로 여객자동차 운송사업용 자동차를 운전하려는 자
㉯ 여객자동차 운송사업용 자동차 또는 '화물자동차 운수사업법'에 따른 화물자동차 운송사업용 자동차의 운전업무에 종사하다가 퇴직한 자로서 신규검사를 받은 날부터 3년이 지난 후 재취업하려는 자. 다만, 재취업일까지 무사고 운전한 경우는 제외
㉰ 질병, 과로, 그 밖의 사유로 안전운전을 할 수 없다고 인정되는 자인지 알기 위하여 운송사업자가 신청한 자
㉱ 신규검사의 적합판정을 받은 자로서 운전적성정밀검사를 받은 날부터 3년 이내에 취업하지 아니한 자

해설

특별검사 대상자
· 중상 이상의 사상사고를 일으킨 자
· 과거 1년간 '도로교통법 시행규칙'에 따른 운전면허 행정처분기준에 따라 계산한 누산점수가 81점 이상인 자
· 질병, 과로, 그 밖의 사유로 안전운전을 할 수 없다고 인정되는 자인지 알기 위하여 운송사업자가 신청한 자

정답 09. ㉯ 10. ㉯ 11. ㉰ 12. ㉯ 13. ㉰ 14. ㉰ 15. ㉮ 16. ㉰

17 운전적성정밀검사에는 신규검사와 특별검사가 있다. 다음 중 특별검사를 받지 않아도 되는 사람은?

㉮ 중상 이상의 사상 사고를 일으킨 자

㉯ 과거 1년간 도로교통법 시행규칙에 따른 운전면허 행정처분기준에 따라 계산한 누산점수가 81점 이상인 자

㉰ 질병, 과로, 그 밖의 사유로 안전운전을 할 수 없다고 인정되는 자인지를 알기 위하여 운송사업자가 신청한 자

㉱ 신규검사의 적합판정을 받은 자로서 운전적성정밀검사를 받은 날부터 3년 이내에 취업하지 아니한 자

🚌 해설

신규검사의 적합판정을 받은 자로서 운전적성정밀검사를 받은 날부터 3년 이내에 취업하지 아니한 자는 신규검사를 받아야 한다.

18 다음 보기의 괄호 한에 알맞은 내용은?

운송사업자는 중대한 교통사고가 발생하였을 때에는 (a)시간 이내에 사고의 일시·장소 및 피해사항 등 사고의 개략적인 상황을 관할 시·도지사에게 보고한 후 (b)시간 이내에 사고보고서를 작성하여 관할 시·도지사에게 제출하여야 한다.

㉮ a. 24 - b. 5 ㉯ a. 24 - b. 72
㉰ a. 48 - b. 5 ㉱ a. 48 - b. 72

🚌 해설

운송사업자는 중대한 교통사고가 발생하였을 때에는 24시간 이내에 사고의 일시·장소 및 피해사항 등 사고의 개략적인 상황을 관할 시·도지사에게 보고한 후 72시간 이내에 사고보고서를 작성하여 관할 시·도지사에게 제출하여야 한다.

19 운송사업자는 새로 채용한 운수종사자에 대해 운전업무 시작 전 서비스의 질을 높이기 위한 교육을 실시하여야 한다. 이 때의 교육시간으로 알맞은 것은?

㉮ 16시간 이상 ㉯ 10시간 이상
㉰ 8시간 이상 ㉱ 4시간 이상

🚌 해설

운송사업자는 새로 채용한 운수종사자에 대하여는 운전업무를 시작하기 전에 필요한 교육을 16시간 이상 받게 하여야 한다. 단, 사업용 자동차를 운전하다가 퇴직한 후 2년 이내에 다시 채용된 자는 제외한다.

20 여객자동차운송사업(버스)의 운전업무에 종사하려는 사람이 갖추어야 할 요건에 속하지 않는 것은?

㉮ 사업용 자동차를 운전하기에 적합한 운전면허를 보유하고 있을 것

㉯ 18세 이상으로서 운전경력이 3년 이상일 것

㉰ 국토교통부장관이 정하는 운전적성에 대한 정밀검사 기준에 적합할 것

㉱ 요건을 갖춘 사람이 교통안전공단이 시행하는 버스운전 자격시험에 합격한 후 국토교통부장관으로부터 자격을 취득할 것

🚌 해설

버스운전업무 종사자격은 ㉮, ㉰, ㉱항 이외에 20세 이상으로서 운전경력이 1년 이상일 것

21 운전자격의 취소 및 효력정지의 처분과 관련하여 1차 위반 시 처분기준이 다른 하나는?

㉮ 부정한 방법으로 버스운전자격을 취득한 경우

㉯ 버스운전자격정지의 처분기간 중에 버스운전업무에 종사한 경우

㉰ 도로교통법 위반으로 사업용 자동차를 운전할 수 있는 운전면허가 취소된 경우

㉱ 버스운전자격증명을 자동차 안에 게시하지 않고 운전업무에 종사한 경우

🚌 해설

보기 중 ㉮, ㉯, ㉰항은 자격취소에 해당된다.

22 운전자격의 취소 및 효력정지의 처분에서 감경사유에 해당되지 않는 것은?

㉮ 위반행위가 사소한 부주의나 오류가 아닌 고의나 중대한 과실에 의한 것으로 인정되는 경우

㉯ 위반의 내용정도가 경미하여 이용객에게 미치는 피해가 적다고 인정되는 경우

㉰ 위반행위를 한 사람이 처음 해당 위반행위를 한 경우로서 5년 이상 해당 여객자동차운송사업의 운수종사자로서 모범적으로 근무해온 사실이 인정되는 경우

㉱ 여객자동차운수사업법에 대한 정부 정책상 필요하다고 인정되는 경우

🚌 해설

감경사유는 ㉯, ㉰, ㉱항 이외에 위반행위가 고의나 중대한 과실이 아닌 사소한 부주의나 오류로 인한 것으로 인정되는 경우

23 운송종사자의 자격요건을 갖추지 아니한 사람을 운전업무에 종사하게 한 경우 과징금은 얼마인가?

㉮ 100만 원 ㉯ 150만 원
㉰ 180만 원 ㉱ 250만 원

🚌 해설

운송종사자의 자격요건을 갖추지 아니한 사람을 운전업무에 종사하게 한 경우 과징금은 180만 원이다.

24 다음 보기의 괄호 안에 들어갈 내용으로 알맞은 것은?

국토교통부장관 또는 시·도지사는 여객자동차 운수사업자에게 사업정지처분을 하여야 하는 경우에 그 사업정지 처분이 그 여객자동차 운수사업을 이용하는 사람들에게 심한 불편을 주거나 공익을 해칠 우려가 있는 때에는 그 사업정지 처분을 갈음하여 (   )이하의 과징금을 부과·징수할 수 있다.

㉮ 2천만원 ㉯ 3천만원
㉰ 5천만원 ㉱ 7천만원

🚌 해설

국토교통부장관 도는 시·도지사는 여객자동차 운수사업자에게 사업정지처분을 하여야 하는 경우에 그 사업정지 처분이 그 여객자동차 운수사업을 이용하는 사람들에게 심한 불편을 주거나 공익을 해칠 추려가 있는 때에는 그 사업정지 처분을 갈음하여 5천만원 이하의 과징금을 부과·징수할 수 있다.

정답 17. ㉱ 18. ㉯ 19. ㉮ 20. ㉯ 21. ㉱ 22. ㉮ 23. ㉰ 24. ㉰

25 다음 중 도로교통법상의 도로에 해당되지 않는 도로는?

㉮ 깊은 산 속 비포장 도로

㉯ 통행이 자유로운 아파트 단지 내의 큰 도로

㉰ 공원의 휴양지 도로

㉱ 군부대내 도로

해설

도로교통법상 도로는 도로법에 따른 도로, 유료도로법에 따른 유료도로, 농어촌도로 정비법에 따른 농어촌도로, 그 밖에 현실적으로 불특정 다수의 사람 또는 차마가 통행할 수 있도록 공개된 장소로서 안전하고 원활한 교통을 확보할 필요가 있는 장소를 말하며, 자동차 운전학원 운동장, 학교 운동장, 유료주차장내, 해수욕장의 모래밭 길 등 출입에 제한을 받는 곳은 도로교통법상의 도로에 해당되지 않는다.

26 자가용자동차의 유상운송 등에서 특별자치도지사, 시장, 군수, 구청장의 허가를 받을 수 있는 경우에 속하지 않는 것은?

㉮ 천재지변, 긴급수송, 교육목적을 위한 운행

㉯ 천재지변이나 그 밖에 이에 준하는 비상사태로 인하여 수송력 공급의 증가가 긴급히 필요한 경우

㉰ 사업용자동차 및 철도 등 대중교통수단의 운행이 충분한 경우

㉱ 휴일이 연속되는 경우 등 수송수요가 수송력 공급을 크게 초과하여 일시적으로 수송력 공급의 증가가 필요한 경우

해설

자가용자동차의 유상운송의 허가사유는 ㉮, ㉯, ㉱항 이외에 사업용자동차 및 철도 등 대중교통수단의 운행이 불가능하여 이를 일시적으로 대체하기 위한 수송력 공급이 긴급히 필요한 경우와 학생의 등하교와 그 밖의 교육목적을 위하여 통학버스를 운행하는 경우

27 특수여객자동차운송사업용 대형 승용자동차의 차량은 몇 년인가?

㉮ 5년

㉯ 6년

㉰ 8년

㉱ 10년

해설

사업의 구분에 따른 자동차의 차령

차종	사업의 구분		차령
승용자동차	특수여객자동차 운송사업용	경형·중형·소형	6년
		대형	10년
승합자동차	특수여객자동차운송사업용		10년 6개월
	시내버스운송사업용, 농어촌버스운송사업용, 마을버스운송사업용, 시외버스운송사업용, 전세버스운송사업용		9년

28 다음 중 '차도의 보도를 구분하는 돌 등으로 이어진 선'을 무엇이라 하는가?

㉮ 구분선

㉯ 차선

㉰ 연석선

㉱ 경계선

해설

용어의 정의

·연석선 : 차도와 보도를 구분하는 돌 등으로 이어진 선
·차선 : 차로와 차로를 구분하기 위하여 그 경계지점을 안전표지로 표시한 선

29 대폐차(차령이 만료된 차량 등을 다른 차량으로 대체하는 것)에 충당되는 자동차의 차량충당연한은 얼마인가?

㉮ 5년

㉯ 4년

㉰ 3년

㉱ 1년

30 자동차의 차령을 연장하려는 여객자동차운수사업자는 자동차관리법에 따른 어느 검사기준에 충족하여야 하는가?

㉮ 수시검사

㉯ 정기검사

㉰ 임시검사

㉱ 구조변경검사

31 도로교통법상의 용어와 그 정의가 잘못 연결된 것은?

㉮ 자동차전용도로 : 자동차만이 다닐 수 있도록 설치된 도로

㉯ 정차 : 운전자가 승객을 기다리거나 화물을 싣거나 고장 그 밖의 사유로 인하여 계속하여 정지상태에 두는 것

㉰ 횡단보도 : 보행자가 도로를 횡단할 수 있도록 안전표지로써 표시한 도로의 부분

㉱ 차선 : 차로와 차로를 구분하기 위하여 그 경계지점을 안전표지에 의하여 표시한 선

해설

주차와 정차

·주차 : 운전자가 승객을 기다리거나 화물을 싣거나 고장 그 밖의 사유로 인하여 계속하여 정지상태에 두는 것 또는 운전자가 차로부터 떠나서 즉시 그 차를 운전할 수 없는 상태에 두는 것
·정차 : 운전자가 5분을 초과하지 아니하고 차를 정지시키는 것으로서 주차외의 정지상태

32 자동차 전용도로의 정의로 가장 적합한 것은?

㉮ 자동차만 다닐 수 있도록 설치된 도로

㉯ 보도와 차도의 구분이 없는 도로

㉰ 보도와 차도의 구분이 있는 도로

㉱ 자동차 고속주행의 교통에만 이용되는 도로

33 다음 중 도로교통법에서 규정하는 '차'에 해당되지 않는 것은?

㉮ 자동차

㉯ 원동기장치자전거

㉰ 기차

㉱ 사람이 끌고 가는 손수레

해설

도로교통법상 '차'의 정의 : 자동차, 건설기계, 원동기장치자전거, 자전거, 사람 또는 가축의 힘이나 그 밖의 동력으로 도로에서 운전되는 것을 말한다. 다만, 철길에서 가설된 선을 이용하여 운전되는 것, 유모차의 보행보조용 의자차는 제외한다.

34 다음 중 도로교통법상의 '자동차'에 속하지 않는 것은?

㉮ 승용차동차

㉯ 특수자동차

㉰ 화물자동차

㉱ 원동기장치자전거

35 차마가 한 줄로 도로의 정하여진 부분을 통행하도록 차선으로 구분한 차도의 부분을 무엇이라 하는가?

㉮ 고속도로
㉯ 차로
㉰ 지방도로
㉱ 자동차 전용도로

36 보행자가 도로를 횡단할 수 있도록 안전표시한 도로의 부분은?

㉮ 교차로
㉯ 횡단보도
㉰ 안전지대
㉱ 규제표시

37 도로교통법상 '어린이통학버스'의 신고 요건 중 교육대상으로 하는 시설의 어린이의 연령 기준은?

㉮ 8세 미만
㉯ 10세 미만
㉰ 13세 미만
㉱ 17세 미만

38 도로교통법상 '안전표지'의 종류에 해당되지 않는 것은?

㉮ 주의표지
㉯ 노면표시
㉰ 지시표지
㉱ 안내표지

39 도로교통법상 차마의 통행에 대한 설명이다. 옳지 않은 것은?

㉮ 자동차가 도로 이외의 장소를 출입할 때는 보도를 횡단 할 수 있다.
㉯ 보도를 횡단하여 주유소 등에 들어갈 때에는 일시정지하여 안전을 확인한다.
㉰ 차마는 도로의 중앙선으로부터 좌측부분으로 통행하여야 한다.
㉱ 도로가 일방통행으로 된 경우에는 중앙이나 좌측부분으로 통행할 수 있다.

40 서행에 대한 설명으로 옳은 것은?

㉮ 매시 15km이내의 속도를 말한다.
㉯ 매시 20km 이내로 주행하는 것을 말한다.
㉰ 정지거리 2m이내에서 정지할 수 있는 경우를 말한다.
㉱ 운전자가 차를 즉시 정지시킬 수 있는 정도의 느린 속도로 진행하는 것을 말한다.

41 원형등화 차량신호등이 '녹색의 등화'일 때 신호의 뜻으로 틀린 것은?

㉮ 차마는 직진할 수 있다.
㉯ 차마는 우회전 할 수 있다.
㉰ 차마는 좌회전 할 수 있다.
㉱ 비보호좌회전표지 또는 비보호좌회전표시가 있는 곳에서는 좌회전할 수 있다.

42 보도와 차도가 구분되지 아니한 도로에서 보행자의 안전을 확보하기 위하여 안전표지 등으로 경계를 표시한 도로의 가장자리 부분을 무엇이라 하는가?

㉮ 서행지역
㉯ 길가장자리구역
㉰ 횡단보도
㉱ 정차지역

43 신호등의 녹색 등화시 차마의 통행방법으로 틀린 것은?

㉮ 차마는 다른 교통에 방해되지 않을 때에 천천히 우회전할 수 있다.
㉯ 차마는 직진할 수 있다.
㉰ 차마는 비보호 자회전 표시가 있는 곳에서는 언제든지 좌회전을 할 수 있다.
㉱ 차마는 좌회전을 하여서는 아니 된다.

44 다음 교통안전표지의 뜻은 무엇인가?

㉮ 다인승차량 전용차로 표지이다.
㉯ 어린이통학버스 전용차로 표지이다.
㉰ 버스 전용차로 표지이다.
㉱ 승합자동차 전용차로 표지이다.

45 그림과 같은 교통안전표지의 설명으로 맞는 것은?

㉮ 삼거리 표지
㉯ 우회로 표지
㉰ 회전형 교차로 표지
㉱ 좌로 계속 굽은 도로표지

46 다음 교통안전표지의 뜻은 무엇인가?

㉮ 좌우합류도로 표지이다.
㉯ 양측방 통행 표지이다.
㉰ 오르막길 내리막길 표지이다.
㉱ 중앙분리대 시작 표지이다.

정답 35. ㉯   36. ㉯   37. ㉰   38. ㉱   39. ㉰   40. ㉱   41. ㉰   42. ㉯   43. ㉰   44. ㉰   45. ㉰   46. ㉱

47 다음 그림과 같은 교통표지의 설명으로 맞는 것은?

㉮ 어린이 보호 표지
㉯ 횡단보도 표지
㉰ 좌회전 표지
㉱ 회전 표지

48 그림의 교통안전표지는?

㉮ 유턴 금지표지
㉯ 횡단 금지표지
㉰ 좌회전 표지
㉱ 회전표지

49 그림의 교통안전표지는?

㉮ 좌·우회전 금지표지이다.
㉯ 양측방 일방통행표지이다.
㉰ 좌·우회전 표지이다.
㉱ 양측방 통행 금지표지이다.

50 다음 교통안전표지에 대한 설명으로 맞는 것은?

㉮ 30톤 자동차 전용도로
㉯ 최고중량 제한표시
㉰ 최고시속 30킬로미터 속도제한 표시
㉱ 최저시속 30킬로미터 속도제한 표시

51 다음 중 버스 신호등이 의미하는 신호의 뜻이 잘못 설명된 것은?

㉮ 녹색의 등화 : 버스전용차로에 차마는 직진할 수 있다.
㉯ 황색의 등화 : 버스전용차로에 있는 차마는 정지선이 있거나 횡단보도가 있을 때에는 그 직전이나 교차로의 직전에 정지하여야 하며, 이미 교차로에 차마의 일부라도 진입한 경우에는 신속히 교차로 밖으로 진행하여야 한다.
㉰ 적색의 등화 : 버스전용차로에 있는 차마는 정지선이나 횡단보도가 있을 때에는 그 직전이나 교차로의 직전에 일시 정지한 후 다른 교통에 주의하면서 진행할 수 있다.
㉱ 황색등화의 점멸 : 버스전용차로에 있는 차마는 다른 교통 또는 안전표지의 표시에 주의하면서 진행할 수 있다.

🚌 해설

버스 신호등
·적색의 등화 : 버스전용차로에 있는 차마는 정지선, 횡단보도 및 교차로의 직전에서 정지하여야 한다.
·적색 등화의 점멸 : 버스전용차로에 있는 차마는 정지선이나 횡단보도가 있을 때에는 그 직전이나 교차로의 직전에 일시정지한 후 다른 교통에 주의하면서 진행할 수 있다.

52 다음 중 편도 4차로인 고속도로 외의 도로에서 대형승합자동차의 주행차로는?

㉮ 1차로
㉯ 2차로
㉰ 3차로
㉱ 4차로

🚌 해설

차로에 따른 통행차의 긴준(편도 4차로의 일반도로)
·1차로, 2차로 : 승용자동차, 중·소형승합자동차
·3차로 : 대형승합자동차, 적재중량이 1.5톤 이하인 화물자동차
·4차로 : 적재중량이 1.5톤을 초과하는 화물자동차, 특수자동차, 건설기계, 이륜자동차, 원동기장치자전거, 자전거 및 우마차

53 교통안전 표지 중, 노면표시에서 차마가 일시 정지해야 하는 표시로 올바른 것은?

㉮ 백색점선으로 표시한다.
㉯ 황색점선으로 표시한다.
㉰ 황색실선으로 표시한다.
㉱ 백색실선으로 표시한다.

54 보도와 차도가 구분된 도로에서 중앙선이 설치되어 있는 경우 차마의 통행방법으로 옳은 것은?

㉮ 중앙선 좌측
㉯ 중앙성 우측
㉰ 좌·우측 모두
㉱ 보도의 좌측

55 도로주행에 대한 설명으로 가장 거리가 먼 것은?

㉮ 도로파손으로 인한 장애물로 도로의 우측부분을 통행할 수 없을 때 도로의 좌측부분을 통행할 수 있다.
㉯ 도로의 차선구분이 좌측부분을 확인할 수 없을 경우에는 도로중앙을 통행할 수 없다.
㉰ 차마는 안전표지로서 특별히 진로변경이 금지된 곳에서는 진로변경을 하여서는 안된다.
㉱ 차마의 교통을 원활하게 하기 위한 가변차로가 설치된 곳도 있다.

56 편도 3차로인 고속도로 외의 도로에서 2차로가 주행차로인 차는?

㉮ 승용자동차
㉯ 중형승합자동차
㉰ 대형승합자동차
㉱ 적재중량이 1.5톤을 초과하는 화물자동차

🚌 해설

차로에 따른 통행차의 기준(편도 3차로의 고속도로 외의 도로)
·1차로 : 승용자동차, 중·소형승합자동차
·2차로 : 대형승합자동차, 적재중량이 1.5톤 이하인 화물자동차
·3차로 : 적재중량이 1.5톤을 초과하는 화물자동차, 특수자동차, 건설기계, 이륜자동차, 원동기장치자전거, 자전거 및 우마차

57 출발지 관할 경찰서장이 안전기준을 초과하여 운행할 수 있도록 허가하는 사항에 해당되지 않는 것은?

㉮ 적재중량
㉯ 운행속도
㉰ 승차인원
㉱ 적재용량

정답 ▶ 47. ㉮ 48. ㉮ 49. ㉰ 50. ㉱ 51. ㉰ 52. ㉰ 53. ㉱ 54. ㉯ 55. ㉯ 56. ㉰ 57. ㉯

58 도로교통법상 편도 4차로인 고속도로 외의 도로에서 '중·소형 승합자동차'의 주행차로는?

㉮ 1차로
㉯ 2차로
㉰ 3차로
㉱ 1차로와 2차로

> **해설**
> 편도 4차로인 고속도로 외의 도로에서 '중·소형승합자동차'의 주행차로는 1차로와 2차로이며, 편도 4차로인 고속도로에서는 2차로이다.

59 차로에 따른 통행차의 기준에 의한 통행방법으로 맞는 것은?

㉮ 차마의 운전자는 보도를 횡단하기 직전에 일시정지 하여 좌측과 우측부분 등을 살핀 후 보행자의 통행을 방해하지 아니하도록 횡단하여야 한다.
㉯ 차마의 운전자는 도로의 중앙 좌측부분을 통행하여야 한다.
㉰ 차마의 운전자는 안전지대 등 안전표지에 의하여 진입이 금지된 장소에 반드시 주차하여야 한다.
㉱ 차마(자전거는 제외)의 운전자는 안전표지로 통행이 허용된 장소를 제외하고는 자전거도로 또는 길가장자리구역으로 통행할 수 있다.

60 도로교통법상 전용차로의 종류에 해당되지 않는 것은?

㉮ 버스전용차로
㉯ 다인승전용차로
㉰ 자전거전용차로
㉱ 승용차전용차로

> **해설**
> 도로교통법 시행령에 명시된 전용차로의 종류는 버스전용차로, 다인승전용차로, 자전거전용차로의 3가지이다.

61 다음 중 안전거리확보에 대한 내용으로 틀린 것은?

㉮ 모든 차의 운전자는 같은 방향으로 가고 있는 앞차의 뒤를 따르는 경우에는 앞차가 갑자기 정지하게 되는 경우 그 앞차와의 충돌을 피할 수 있는 필요한 거리를 확보하여야 한다.
㉯ 자동차 및 원동기장치자전거 운전자는 같은 방향으로 가고 있는 자전거 옆을 지날 때에는 그 자전거와의 충돌을 피할 수 있도록 거리는 무시해도 된다.
㉰ 모든 차의 운전자는 차의 진로를 변경하려는 경우에 그 변경하려는 방향으로 오고 있는 다른 차의 정상적인 통행에 장애를 줄 우려가 있을 때는 진로를 변경하여서는 아니 된다.
㉱ 모든 차의 운전자는 위험방지를 위한 경우와 그 밖의 부득이한 경우가 아니면 운전하는 차를 갑자기 정지시키거나 속도를 줄이는 등의 급제동을 하여서는 아니 된다.

62 고속도로 외의 도로에 설치된 버스전용차로로 통행할 수 없는 차는?

㉮ 자동차관리법에 따른 36인승 이상의 대형승합자동차
㉯ 여객자동차운수사업법에 따른 36인승 미만의 사업용 승합자동차
㉰ 노선을 지정하여 운행하는 16인승 통학용 승합자동차
㉱ 신고필증을 교부받아 어린이를 운송할 목적으로 운행 중인 어린이통학버스

> **해설**
> ㅡ고속도로 외의 도로에 설치된 버스전용차로로 통행할 수 있는 차
> ·보기 중 ㉮, ㉯, ㉱항
> ·보기 ㉮, ㉯, ㉱항 외의 차로서 지방경찰청장이 지정한 다음 중 하나에 해당하는 승합자동차
> ㅡ노선을 지정하여 운행하는 통학·통근용 승합자동차 중 16인승 이상 승합자동차
> ㅡ국제행사 참가인원 수송 등 특히 필요하다고 인정되는 승합자동차(지방경찰청장이 정한 기간 이내에 한함)
> ㅡ관광숙박업자 또는 전세버스운송사업자가 운행하는 25인승 이상의 외국인 관광객 수송용 승합자동차(외국인 관광객이 승차한 경우에 한함)

63 편도 1차로인 고속도로에서 자동차의 최고속도는 얼마인가?

㉮ 60km/h
㉯ 80km/h
㉰ 100km/h
㉱ 120km/h

64 자동차전용도로에서 자동차의 최고속도 기준은?

㉮ 120km/h
㉯ 110km/h
㉰ 100km/h
㉱ 90km/h

65 도로에서 위험을 방지하고 교통의 안전과 원활한 소통을 확보하기 위하여 필요하다고 인정하는 때에는 구역 또는 구간을 지정하여 자동차의 속도를 제한하는 자로 맞는 것은?

㉮ 경찰서장
㉯ 구청장
㉰ 지방경찰청장
㉱ 시·도지사

66 승차 또는 적재의 방법과 제한에서 운행상의 안전기준을 넘어서 승차 및 적재가 가능한 것으로 맞는 것은?

㉮ 관할 시·군수의 허가를 받은 때
㉯ 출발지를 관할하는 경찰서장의 허가를 받은 때
㉰ 도착지를 관할하는 경찰서장의 허가를 받은 때
㉱ 동·읍·면장의 허가를 받은 때

67 도로 교통법상 안전거리 확보의 정의로 맞는 것은?

㉮ 주행 중 앞차가 급제동할 수 있는 거리
㉯ 우측 가장자리로 피하여 진로를 양보할 수 있는 거리
㉰ 주행 중 앞차가 급정지하였을 때 앞차와 충돌을 피할 수 있는 거리
㉱ 주행 중 급정지하여 진로를 양보할 수 있는 거리

68 도로에서 앞차와의 안전거리는 어느 정도 유지하는 것이 적당한가?

㉮ 30~50m만큼 유지한다.
㉯ 50~70m만큼 유지한다.
㉰ 앞차의 상황을 정확히 파악하기 위해 최대한 좁혀야 한다.
㉱ 앞차가 급정지시 앞차와의 충돌을 피할 수 있는 거리를 유지한다.

정답 58. ㉱　59. ㉮　60. ㉱　61. ㉯　62. ㉰　63. ㉯　64. ㉱　65. ㉰　66. ㉯　67. ㉰　68. ㉱

69 자동차의 속도와 관련된 설명이다. 틀린 것은?

㉮ 편도 2차로 이상 일반도로에서 자동차의 최고속도 기준은 80km/h이다.

㉯ 눈이 20mm이상 쌓인 경우 최고속도의 100분의 50을 줄인 속도로 운행하여야 한다.

㉰ 자동차전용도로에서 자동차의 최저속도 기준은 30km/h이다.

㉱ 가변형 속도제한표지로 정한 최고속도와 그 밖의 안전표지로 정한 최고속도가 다를 때는 그 밖의 안전표지로 정한 속도제한표지에 따른다.

해설

경찰청장 또는 지방경찰청장이 가변형 속도제한표지로 최고속도를 정한 경우에는 이에 따라야 하며, 가변형 속도제한표지로 정한 최고속도와 그 밖의 안전표지로 정한 최고속도가 다를 때에는 가변형 속도제한표지에 따라야 한다.

70 앞지르기가 금지되는 장소가 아닌 것은?

㉮ 교차로　　　　　　㉯ 터널 안
㉰ 다리 아래　　　　　㉱ 비탈 길의 고갯마루 부근

해설

교차로, 터널 안, 다리 위 및 도로의 구부러진 곳, 비탈길의 고갯마루 부근 또는 가파른 비탈길의 내리막 등에서는 다른 차를 앞지르지 못한다.

71 최고속도의 100분의 20을 줄인 속도로 운행하여야 할 경우는?

㉮ 노면이 얼어붙은 때
㉯ 폭우·폭설·안개 등으로 가시거리가 100미터 이내일 때
㉰ 눈이 20밀리미터 이상 쌓인 때
㉱ 비가 내려 노면이 젖어 있을 때

해설

㉮, ㉯, ㉰항의 경우는 100분의 50(50%)을 감속운행 하여야 한다.

72 자동차가 주행 중 서행하여야 하는 곳을 설명한 사항으로 맞지 않는 것은?

㉮ 4차로 주행차선에서 1차로
㉯ 도로가 구부러진 부근
㉰ 가파른 비탈길의 내리막
㉱ 비탈길 고갯마루 부근

해설

서행하여야 하는 장소는 도로가 구부러진 부근, 가파른 비탈길의 내리막, 비탈길 고갯마루 부근, 교통정리를 하고 있지 아니하는 교차로

73 도로 교통법상 반드시 서행하여야 할 장소로 지정된 곳으로 가장 적절한 것은?

㉮ 안전지대 우측
㉯ 비탈길의 고갯마루 부근
㉰ 교통정리가 행하여지고 있는 교차로
㉱ 교통정리가 행하여지고 있는 횡단보도

74 긴급자동차의 우선 통행에 대한 설명으로 틀린 것은?

㉮ 긴급자동차는 긴급하고 부득이한 경우에는 도로의 중앙이나 좌측 부분을 통행할 수 있다.

㉯ 긴급자동차는 정지하여야 하는 경우에도 불구하고 긴급하고 부득이한 경우에는 정지하지 아니할 수 있다.

㉰ 본래의 긴급한 용도로 사용되고 있는 경우 앞지르기 금지시기 및 장소에서 앞지르기 할 수 있다.

㉱ 본래의 긴급한 용도로 사용되고 있는 경우 앞차의 우측으로 앞지르기 할 수 있다.

해설

긴급자동차에 대한 특례(긴급자동차에 대하여는 적용하지 않는 규정)
·자동차의 속도 제한(단, 긴급자동차에 대하여 속도를 제한한 경우에는 속도제한 규정을 적용)
·앞지르기의 금지의 시기 및 장소
·끼어들기의 금지

75 보행자가 보행하고 있는 도로를 운전 중 보행자 옆을 통과할 때 가장 올바른 방법은?

㉮ 보행자 옆을 속도 감속 없이 빨리 주행한다.
㉯ 경음기를 울리면서 주행한다.
㉰ 안전거리를 두고 서행한다.
㉱ 보행자가 멈춰 있을 때는 서행하지 않아도 된다.

76 철길 건널목의 통과 요령으로 알맞은 것은?

㉮ 철길 건널목에서는 일시정지 표지가 없어도 일시정지하여 안전한지 확인한 후에 통과한다.

㉯ 철길 건널목을 통과하는 도중에 경보기가 울리면 무조건 신속하게 후진하여 빠져나온다.

㉰ 철길 건널목 직전에서 차단기가 내려져있지 않은 상태라면 일시정지하지 않고 통과해도 된다.

㉱ 철길 건널목의 경보기가 울리지 않으면 일시정지하지 않고 통과한다.

해설

모든 차의 운전자는 철길 건널목을 통과하려는 경우에는 건널목 앞에서 일시정지하여 안전한지 확인한 후에 통과하여야 한다. 다만, 신호기 등이 표시하는 신호에 따르는 경우에는 정지하지 아니하고 통과할 수 있다.

77 교차로 또는 그 부근에서 긴급자동차가 접근하였을 때 피양 방법으로 가장 적절한 것은?

㉮ 교차로를 피하여 도로의 우측 가장자리에 일시 정지한다.
㉯ 그 자리에 즉시 정지한다.
㉰ 그대로 진행방향으로 진행을 계속한다.
㉱ 서행하면서 앞지르기 하라는 신호를 한다.

78 보도와 차도의 구분이 없는 도로에서 아동이 있는 곳을 통행할 때에 운전자가 취할 조치 중 옳은 것은?

㉮ 속도를 줄이고 경음기를 울린다.
㉯ 서행 또는 일시 정지하여 안전을 확인하고 진행한다.
㉰ 반드시 일시 정지한다.
㉱ 그대로 진행한다.

정답 69. ㉱　70. ㉰　71. ㉱　72. ㉮　73. ㉯　74. ㉱　75. ㉰　76. ㉮　77. ㉮　78. ㉯

79 보호자 없이 아동, 유아가 자동차의 진행전방에서 놀고 있을 때 사고 방지 상 지켜야 할 안전한 통행방법은?

㉮ 일시 정지한다.

㉯ 안전을 확인하면서 빨리 통과한다.

㉰ 비상등을 켜고 서행한다.

㉱ 경음기를 울리면서 서행한다.

80 다음은 앞지르기에 대한 설명이다. 올바른 운전방법은?

㉮ 다른 차를 앞지르려면 앞차의 좌측으로 통행하여야 한다.

㉯ 앞지르기를 할 때는 해당 도로의 최고속도 기준을 넘을 수 있다.

㉰ 필요한 경우 앞차의 우측으로 앞지르기하거나 2대 이상을 앞지르기 할 수 있다.

㉱ 앞차가 다른 차를 앞지르려고 하는 경우에는 앞지르기 할 수 있다.

🚌 **해설**
> 모든 차의 운전자는 다른 차를 앞지르려면 앞차의 좌측으로 통행하여야 한다. 다만, 자전거의 운전자는 서행하거나 정지한 다른 차를 앞지르려면 앞차의 우측으로 통행할 수 있다. 이 경우 자전거의 운전자는 정지한 차에서 승차하거나 하차하는 사람의 안전에 유의하여 필요한 경우 일시정지 하여야 한다.

81 다음 중 반드시 일시정지해야 할 장소는?

㉮ 교통정리를 하고 있지 않는 교차로

㉯ 교통정리가 없고 좌우를 확인할 수 없거나 교통이 빈번한 교차로

㉰ 도로가 구부러진 부근

㉱ 비탈길의 고갯마루 부근

🚌 **해설**
> **일시정지하여야 하는 장소**
> ·교통정리를 하고 있지 아니하고 좌우를 확인할 수 없거나 교통이 빈번한 교차로
> ·지방경찰청장이 필요하다고 인정하여 안전표지(일시정지)로 지정한 곳

82 야간에 도로에서 차를 운행하는 경우 승합자동차가 켜야 하는 등화는?

㉮ 전조등, 차폭등

㉯ 전조등, 차폭등, 미등

㉰ 전조등, 차폭등, 미등, 번호등

㉱ 전조동, 차폭등, 미등, 번호등, 실내조명등

🚌 **해설**
> 밤에 도로에서 차를 운행하는 경우 자동차는 전조등, 차폭등, 미등, 번호등과 실내조명등(실내조명등은 승합자동차와 여객자동차 운사업법에 의한 여객자동차운송사업용 승용자동차에 한한다)을 켜야 한다.

83 신호등이 없는 교차로에 좌회전하려는 버스와 그 교차로에 진입하여 직진하고 있는 화물차가 있을 때 어느 차가 우선권이 있는가?

㉮ 화물차

㉯ 그 때의 형편에 따라서 우선 순위가 정해짐

㉰ 사람이 많이 탄 차 우선

㉱ 좌회전 차가 우선

🚌 **해설**
> 신호등이 없는 교차로에서는 먼저 진입한 차가 우선권이 있다.

84 정차 및 주차의 금지와 관련된 설명이다. 맞는 내용은?

㉮ 안전지대가 설치된 도로에서는 그 안전지대의 사방으로부터 각각 10m 이내인 곳에서는 정차가 금지된다.

㉯ 교차로의 가장자리 또는 도로의 모퉁이로부터 10m 이내인 곳에서는 정차 및 주차가 금지된다.

㉰ 화재경보기로부터 3m 이내인 곳에서는 주차가 금지된다.

㉱ 소화전 또는 소화용 방화 물통의 흡수구나 흡수관을 넣는 구멍으로부터 5m 이내인 곳에서는 정차 및 주차가 금지된다.

🚌 **해설**
> **정차 및 주차의 금지**
> ·안전지대가 설치된 도로에서는 그 안전지대의 사방으로부터 각각 10m 이내인 곳에서는 정차 및 주차가 금지된다.
> ·교차로의 가장자리 또는 도로의 모퉁이로부터 5m 이내인 곳에서는 정차 및 주차가 금지된다.
> ·소화전 또는 소화용 방화 물통의 흡수구나 흡수관을 넣는 구멍으로부터 5m 이내인 곳에서는 주차가 금지된다.

85 제 1종 보통면허로 운전할 수 없는 것은?

㉮ 승차정원 15인승의 승합자동차

㉯ 적재중량 11톤급의 화물자동차

㉰ 특수자동차(트레일러 및 레커를 제외)

㉱ 원동기 장치 자전거

🚌 **해설**
> **제 1종 보통면허로 운전할 수 있는 범위**
> ① 승용자동차
> ② 승차정원 15인 이하의 승합자동차
> ③ 승차정원 12인 이하의 긴급자동차(승용 및 승합자동차에 한정한다.)
> ④ 적재중량 12톤 미만의 화물자동차
> ⑤ 건설기계(도로를 운행하는 3톤 미만의 지게차에 한한다.)
> ⑥ 총중량 10톤 미만의 특수자동차(트레일러 및 레커는 제외한다.)
> ⑦ 원동기장치 자전거

86 교통사고 발생 후 벌점 사항 중 틀린 것은?

㉮ 사망 1명마다 90점

㉯ 경상 1명마다 5점

㉰ 중상 1명마다 30점

㉱ 부상 1명마다 2점

🚌 **해설**
> 중상 1명마다 15점

87 다음 중 긴급자동차가 아닌 것은?

㉮ 소방자동차

㉯ 구급자동차

㉰ 그 밖에 대통령령이 정하는 자동차

㉱ 긴급배달 우편물 운송차 뒤를 따라가는 자동차

88 교통사고처리특례법은 차의 교통으로 인한 사고가 발생하여 운전자를 형사 처벌하여야 하는 경우에 적용되는 법으로 물적 피해를 야기한 경우에는 어느 죄를 적용하는가?

㉮ 업무상과실·중과실치사상죄

㉯ 과실재물손괴죄

㉰ 과실가택침입죄

㉱ 음주운전죄

정답 79. ㉮ 80. ㉮ 81. ㉯ 82. ㉱ 83. ㉮ 84. ㉰ 85. ㉰ 86. ㉰ 87. ㉱ 88. ㉯

89 제 2종 보통면허로 운전할 수 없는 자동차는?

㉮ 9인승 승합차
㉯ 원동기장치 자전거
㉰ 자가용 승용자동차
㉱ 사업용 화물자동차

해설

제 2종 보통면허로 운전할 수 있는 자동차
① 승용차(승차정원 10인 이하의 승합차 포함)
② 적재중량 4톤까지의 화물차
③ 원동기장치 자전거

90 대통령령으로 정하는 운행상의 안전기준을 넘어서 승차하고자 하는 경우 누구의 허가를 받아야 하는가?

㉮ 국토교통부 장관
㉯ 출발지를 관할하는 경찰서장
㉰ 도착지를 관할하는 경찰서장
㉱ 허가 사항이 아니다.

해설

모든 차의 운전자는 승차 인원에 관하여 대통령령으로 정하는 운행상의 안전 기준을 넘어서 승차시켜서는 아니 된다. 다만, 출발지를 관할하는 경찰서장의 허가를 받은 경우에는 그러하지 아니하다.

91 도로교통법상 정차와 주차가 모두 금지되는 장소는?

㉮ 소방용 기계기구가 설치된 곳으로부터 5m 이내인 곳
㉯ 화재경보기로부터 3m 이내인 곳
㉰ 터널 안 및 다리 위
㉱ 교차로의 가장자리로부터 5m 이내인 곳

해설

보기 중 ㉱항은 정차와 주차가 모두 금지되며, 나머지 항목들은 주차가 금지되는 장소이다.

92 도로교통법상 안전한 운행을 위한 승차의 방법과 제한에 대한 설명이다. 옳지 않은 것은?

㉮ 고속도로에서 승차인원은 승차정원을 넘어서 운행할 수 없다.
㉯ 운전 중 타고 있는 사람이 떨어지지 않도록 문을 정확히 여닫는 등 필요한 조치를 하여야 한다.
㉰ 운전석 주위에 물건을 싣는 등 안전에 지장을 줄 우려가 있는 상태로 운전해서는 안 된다.
㉱ 대통령령으로 정하는 운행상의 안전기준을 넘어서 승차시키고자 할 때에는 도착지를 관할하는 경찰서장의 허가를 받는다.

93 교통사고에 의한 사망은 교통사고 발생 후 몇 시간 내 사망한 것을 말하는가?

㉮ 12
㉯ 24
㉰ 36
㉱ 72

94 중상해의 범위에 속하지 않는 것은?

㉮ 생명에 대한 위험
㉯ 불구
㉰ 찰과상
㉱ 불치나 난치의 질병

해설

중상해의 범위
① 생명에 대한 위험 : 생명유지에 불가결한 뇌 또는 주요장기에 중대한 손상
② 불구 : 사지절단 등 신체 중요부분의 상실·중대변형 또는 시각·청각·언어·생식기능 등 중요한 신체기능의 영구적 상실
③ 불치나 난치의 질병 : 사고 후유증으로 중증의 정신장애·하반신 마비 등 완치 가능성이 없거나 희박한 중대질병

95 사고운전자가 형사처벌 대상이 되는 경우가 아닌 것은?(법 제3조 제2항의 단서조항)

㉮ 사망사고
㉯ 차의 교통으로 업무상과실치상죄 또는 중과실치상죄를 범하고 피해자를 구호하는 등의 조치를 하지 아니하고 도주하거나, 피해자를 사고 장소로부터 옮겨 유기하고 도주한 경우
㉰ 차의 교통으로 업무상과실치상죄 또는 중과실차상죄를 범하고 음주측정요구에 불응한 경우
㉱ 축대 등이 무너져 도로를 진행 중인 차량이 손괴되는 경우

해설

㉮, ㉯, ㉰항 이외에
① 신호·지시 위반 사고+인명피해
② 중앙선침범, 사고, 횡단, 유턴 또는 후진 중 사고+인명피해
③ 과속(20km/h 초과) 사고+인명피해
④ 앞지르기의 방법·금지시기·금지장소 또는 끼어들기의 금지 위반하거나 고속도로에서의 앞지르기 방법 위반 사고+인명피해
⑤ 철길건널목 통과방법 위반사고+인명피해
⑥ 횡단보도에서 보행자 보호의무 위반 사고+인명피해
⑦ 무면허 운전중 사고+인명피해
⑧ 주취·약물복용 운전중 사고+인명피해
⑨ 보도침범, 통행방법 위반사고+인명피해
⑩ 승객추락방지의무 위반사고+인명피해
⑪ 어린이 보호구역내 어린이 보호의무 위반사고+인명피해
⑫ 민사상 손해배상을 하지 않은 경우
⑬ 중상해 사고를 유발하고 형사상 합의가 안 된 경우

96 건설기계관리법에 따른 차가 아닌 것은?(건설기계관리법 제 2조 제1항 제1호)

㉮ 덤프트럭
㉯ 불도저
㉰ 3톤 이상의 지게차
㉱ 굴삭기

해설

건설기계관리법(제2조 제1항제 제1호)에 따른 차 : 덤프트럭, 아스팔트살포기, 노상안정기, 콘크리트믹서트럭, 콘크리트펌프, 천공기(트럭 적재식), 콘크리트믹서트레일러, 아스팔트콘크리트재생기, 도로보수트럭, 불도저, 굴삭기, 로더, 지게차, 스크레이퍼, 기중기, 모터그레이더, 롤러 등 포함

97 어린이통학버스로 신고할 수 있는 자동차의 승차정원은 얼마인가?

㉮ 5인승 이상
㉯ 9인승 이상
㉰ 15인승 이상
㉱ 36인승 이상

해설

어린이통학버스로 신고할 수 있는 자동차는 승차정원 9인승(어린이 1인을 승차정원 1인으로 본다) 이상의 자동차로 한다.

98 도로교통법상 술에 취한 상태에서의 운전이 금지되는 혈중알코올농도 기준은 얼마인가?

㉮ 0.5% 이상
㉯ 0.2% 이상
㉰ 0.1% 이상
㉱ 0.03% 이상

99 다음 중 좌석안전띠를 매지 않아도 되는 경우는?

㉮ 긴급자동차가 그 본래의 긴급한 업무를 끝내고 귀환하는 경우
㉯ 자동차를 후진시키기 위하여 운전하는 경우
㉰ 운전자의 그 옆 좌석에 동승한 동승자의 경우
㉱ 고속도로에서 승용자동차의 뒷자리에 않는 경우

해설

좌석안전띠를 매지 않아도 되는 경우
· 부상·질병·장애 또는 임신 등으로 인하여 좌석안전띠의 착용이 적당하지 아니하다고 인정되는 자가 자동차를 운전하거나 승차하는 경우
· 자동차를 후진시키기 위하여 운전하는 경우
· 신장·비만 그 밖의 신체의 상태에 의하여 좌석안전띠의 착용이 적당하지 아니하다고 인정되는 자가 자동차를 운전하거나 승차하는 경우
· 긴급자동차가 그 본래의 용도로 운행되고 있는 경우
· 여객자동차 운수사업법에 의한 여객자동차 운송사업용 자동차의 운전자가 승객의 주취·약물복용 등으로 좌석안전띠를 매도록 할 수 없는 경우

100 운전 중 휴대용 전화를 사용해서는 안 되는 경우는?

㉮ 도로가 혼잡하여 서행을 하는 경우
㉯ 긴급자동차를 운전하는 경우
㉰ 각종 범죄 및 재해 신고 등 긴급한 필요가 있는 경우
㉱ 손으로 잡지 않고 휴대용 전화를 사용할 수 있는 장치를 이용하는 경우

해설

운전 중 휴대용 전화를 사용할 수 있는 경우
· 자동차가 정지하고 있는 경우
· 긴급자동차를 운전하는 경우
· 각종 범죄 및 재해 신고 등 긴급한 필요가 있는 경우
· 안전운전에 장애를 주지 아니하는 장치로서 대통령령으로 정하는 장치를 이용하는 경우

101 도로교통법상의 '특별한 교통안전교육'을 받아야 하는 대상이 아닌 사람은?

㉮ 운전면허를 신규로 취득하고자 하는 사람
㉯ 운전면허 취소처분을 받은 사람으로서 운전면허를 다시 받으려는 사람
㉰ 운전면허효력 정지처분을 받게 되거나 받은 초보운전자로서 그 정지기간이 끝나지 아니한 사람
㉱ 교통법규 위반 등으로 인하여 운전면허효력 정지처분을 받을 가능성이 있는 사람 가운데 교육받기를 원하는 사람

해설

특별한 교통안전교육 대상자
· 보기 중 ㉯,㉰,㉱항
· 공동 위험행위, 교통사고나 술에 취한 상태에서의 운전으로 운전면허효력 정지처분을 받게 되거나 받은 사람으로서 그 정지기간이 끝나지 아니한 사람
· 교통법규의 위반 등 명시된 사유 외의 사유로 운전면허효력 정지처분을 받게 되거나 받은 사람 가운데 교육받기를 원하는 사람

102 제1종 대형면허를 취득해야만 운전할 수 있는 차는?

㉮ 트레일러 및 레커
㉯ 3톤 미만의 지게차
㉰ 아스팔트 살포기
㉱ 승용자동차

해설

제1종 보통면허로는 3톤 미만의 지게차를 운전할 수 있으며, 그 외의 건설기계는 제1종 대형면허를 취득해야만 운전할 수 있다. 참고로 트레일러 및 레커는 제1종 특수면허를 취득해야 한다.

103 차의 운전자가 업무상 과실 또는 중대한 과실로 인하여 사람을 사상에 이르게 한 경우 이에 대한 형법상 벌칙은?

㉮ 5년 이하의 금고 또는 2천만원 이하의 벌금
㉯ 5년 이하의 징역 또는 3천만원 이하의 벌금
㉰ 3년 이하의 금고 또는 1천만원 이하의 벌금
㉱ 1년 이하의 징역 또는 3천만원 이하의 벌금

104 운전자가 위험을 느끼고 브레이크 페달을 밟았을 때 자동차가 제동되기 전까지 주행한 거리를 무엇이라 하는가?

㉮ 제동거리
㉯ 정지거리
㉰ 주행거리
㉱ 공주거리

105 다음 중 도주(뺑소니)가 아닌 경우에 속하지 않는 것은?

㉮ 피해자가 부상사실이 없거나 극히 경미하여 구호조치가 필요하지 않아 연락처를 제공하고 떠난 경우
㉯ 피해자를 병원까지만 후송하고 계속 치료를 받을 수 있는 조치 없이 가버린 경우
㉰ 피해자 일행의 구타·폭언·폭행이 두려워 현장을 이탈한 경우
㉱ 사고 장소가 혼잡하여 불가피하게 일부 진행 후 정지하고 되돌아와 조치한 경우

해설

도주(뺑소니)가 아닌 경우는 ㉮, ㉰, ㉱항 이외에
① 사고운전자가 심한 부상을 입어 타인에게 의뢰하여 피해자를 후송 조치한 경우
② 사고운전자가 급한 용무로 인해 동료에게 사고처리를 위임하고 가버린 후 동료가 사고 처리한 경우
③ 사고운전자가 자기 차량 사고에 대한 조치 없이 가버린 경우

106 다음 중 속도에 대한 정의로 맞는 것은?

㉮ 규제속도 : 법정속도와 제한속도
㉯ 설계속도 : 정지시간을 제외한 실제 주행거리의 평균 주행속도
㉰ 주행속도 : 자동차를 제작할 때 부여된 자동차의 최고속도
㉱ 구간속도 : 정지시간을 제외한 주행거리의 최고속도

해설

속도에 대한 정의
① 규제속도 : 법정속도(도로교통법에 따른 도로별 최고·최저속도)와 제한속도(지방경찰청장에 의한 지정속도)
② 설계속도 : 장도차를 제작할 때 부여된 자동차의 최고속도
③ 주행속도 : 정지시간을 제외한 실제 주행거리의 평균 주행속도
④ 구간속도 : 정지시간을 포함한 주행거리의 평균 주행속도

정답 98. ㉱ 99. ㉯ 100. ㉮ 101. ㉮ 102. ㉰ 103. ㉮ 104. ㉱ 105. ㉯ 106. ㉮

107 다음 중 중앙선침범을 적용하는 경우(현저한 부주의)가 아닌 것은?

㉮ 커브 길에서 과속으로 인한 중앙선침범의 경우
㉯ 빗길에서 과속으로 인한 중앙선침범의 경우
㉰ 졸다가 뒤늦은 제동으로 중앙선을 침범한 경우
㉱ 위험을 회피하기 위해 중앙선을 침범한 경우

해설

중앙선침범을 적용하는 경우는 ㉮, ㉯, ㉰항 이외에 차내 잡담 또는 휴대폰 통화등의 부주의로 중앙선을 침범한 경우

108 신호·지시위반 사고에 따른 행정처분으로 옳은 것은?(단, 승합 자동차의 경우)

㉮ 범칙금 3만 원, 벌점 5점
㉯ 범칙금 5만 원, 벌점 10점
㉰ 범칙금 7만 원, 벌점 15점
㉱ 범칙금 10만원, 벌점 20점

109 다음 중 승객추락방지의무위반 사고에 해당되지 않는 것은?

㉮ 문을 연 상태에서 출발하여 타고 있는 승객이 추락한 경우
㉯ 운전자가 사고방지를 위해 취한 급제동으로 승객이 차 밖으로 추락한 경우
㉰ 승객이 타거나 또는 내리고 있을 때 갑자기 문을 닫아 문에 충격된 승객이 추락한 경우
㉱ 버스 운전자가 개·폐 안전장치인 전자감응장치가 고장 난 상태에서 운행 중에 승객이 내리고 있을 때 출발하여 승객이 추락한 경우

해설

승개추락방지의무위반 사고에 해당되지 않는 경우
· 승객이 임의로 차문을 열고 상체를 내밀어 차 밖으로 추락한 경우
· 운전자가 사고방지를 위해 취한 급제동으로 승객이 차 밖으로 추락한 경우
· 화물자동차 적재함에 사람을 태우고 운행 중에 운전자의 급가속 또는 급제동으로 피해자가 추락한 경우

110 다음 중 교통사고 피해자를 구호하는 등의 조치를 취하지 않고 도주하여 피해자가 상해에 이르게 되었다면, 가해 운전자가 받게 되는 처벌은?

㉮ 1년 이상의 유기징역 또는 500만원 이상 3천만원 이하의 벌금
㉯ 2년 이상의 유기징역 또는 1천만원 이상 5천만원 이하의 벌금
㉰ 1년 이하의 유기징역 또는 1천만원 이상의 벌금
㉱ 1년 이상의 유기징역 또는 1천만원 이하의 벌금

해설

피해자를 치사하고 도주하거나, 도주 후에 피해자가 사망한 때는 무기 또는 5년 이상의 징역, 피해자를 치상하고 도주한 때에는 1년 이상의 유기징역 또는 500만원 이상 3천만원 이하의 벌금에 처한다.

111 어린이 보호구역으로 지정될 수 있는 장소가 아닌 것은?

㉮ 유아교육법에 따른 유치원, 초·중등교육법에 따른 초등학교 또는 특수학교
㉯ 영유아교육법에 따른 보육시설 중 정원 100명 이상의 보육시설
㉰ 학원의 설립·운영 및 과외교습에 관한 법률에 따른 학원 중 학원 수강생이 100명 이상인 학원
㉱ 대학교육법에 따른 대학교

112 지방 경찰청장이 설치한 횡단보도의 시설물설치요건이 아닌 것은?

㉮ 횡단보도에는 횡단보도표시와 횡단보도표지판을 설치할 것
㉯ 횡단보도를 설치하고자하는 장소에 횡단보행자용 신호기가 설치되어 있는 경우에는 횡단보도표시를 설치할 것
㉰ 횡단보도를 설치하고자하는 도로의 표면이 포장이 되지 아니하여 횡단보도표시를 할 수 없는 때에는 횡단보도표지판을 설치할 것. 이 경우 그 횡단보도표지판에 횡단보도의 너비를 표시하는 보조표지를 설치할 것
㉱ 아파트 단지나 학교, 군부대 등 특정구역 내부의 소통과 안전을 목적으로 권한이 없는 자에 의해 설치된 경우

해설

횡단보도의 시설물설치요건은 ㉮, ㉯, ㉰항 이외에
횡단보도는 육교지하도 및 다른 횡단보도로부터 200미터 이내에는 설치하지 아니할 것. 어린이 보호구역이나 노인보호구역으로 지정된 구간인 경우 보행자의 안전이나 통행을 위하여 특히 필요하다고 인정되는 경우에는 그러하지 아니하다.

113 서행이란 차가 즉시 정지할 수 있는 느린 속도로 진행하는 것을 의미하는데 서행을 이행하여야 할 장소에 속하지 않는 것은?

㉮ 교차로에서 좌우 회전하는 경우
㉯ 안전지대에 보행자가 있는 경우와 차로가 설치되지 아니한 좁은 도로에서 보행자의 옆을 지나는 경우
㉰ 도로가 구부러진 부근
㉱ 고속도로를 운행하는 경우

해설

서행을 이행하여야 하는 장소는 ㉮, ㉯, ㉰항 이외에
① 교통정리가 행하여지고 있지 아니하는 교차로를 진입할 때 교차하는 도로의 폭이 넓은 경우에는 서행
② 교통정리가 행하여지고 있지 아니하는 교차로를 통행할 때는 서행
③ 비탈길의 고갯마루 부근에서는 서행
④ 가파른 비탈길의 내리막에서는 서행
⑤ 지방경찰청장이 안전표지에 의하여 지정한 곳에서는 서행

114 앞차가 일부 간격을 두고 우회전중인 상태에서 뒤차가 무리하게 끼어들며 진행하여 충돌한 경우에는 어느 차가 가해자인가?

㉮ 뒤차   ㉯ 앞차
㉰ 우측 차   ㉱ 좌측 차

115 안전거리 미확보에 의한 교통사고가 성립하는 경우의 내용으로 틀린 것은?

㉮ 앞차가 정당하게 급정지를 하였다.
㉯ 앞차가 고의적으로 급정지하는 경우에는 뒤차의 불가항력적 사고로 인정하여 앞차에게 책임을 부과한다.
㉰ 과실 있는 급정지라 하더라도 사고를 방지할 주의 의무는 뒤차에 있다.
㉱ 앞차에 과실이 있는 경우에는 손해보상 할 때 과실상계하여 처리한다.

해설

안전거리 미확보
㉮ 성립하는 경우 : 앞차가 정당한 급정지, 과실 있는 급정지라 하더라도 사고를 방지할 주의의무는 뒤차에 있다. 앞차에 과실이 있는 경우에는 손해보상할 때 과실상계 하여 처리함
㉯ 성립하지 않는 경우 : 앞차가 고의적으로 급정지하는 경우에는 뒤차의 불가항력적 사고로 인정하여 앞차에게 책임부과

정답 107. ㉱ 108. ㉰ 109. ㉯ 110. ㉮ 111. ㉱ 112. ㉱ 113. ㉱ 114. ㉮ 115. ㉯

116 정지거리에 대한 설명으로 맞는 것은?

㉮ 공주거리에 제동거리를 합한 거리
㉯ 공주거리만의 거리
㉰ 제동거리만의 거리
㉱ 공주거리에서 제동거리를 뺀 거리

117 안전운전 불이행 사고의 성립요건에서 운전자 과실에 속하지 않는 것은?

㉮ 자동차 장치조작을 잘못한 경우
㉯ 전방 등 교통상황에 대한 파악 및 대처가 적절한 경우
㉰ 차내 대화 등으로 운전을 부주의한 경우
㉱ 타인에게 위해를 준 난폭운전의 경우

해설

운전자 과실은 ㉮, ㉰, ㉱항 이외에
① 전후좌우 주시기 태만한 경우
② 전방 등 교통상황에 대한 파악 및 적절한 대처가 미흡한 경우
③ 초보운전으로 인해 운전이 미숙한 경우

118 운전면허 취득에 필요한 색채식별과 관계 없는 색은?

㉮ 적색
㉯ 녹색
㉰ 황색
㉱ 청색

해설

운전면허를 취득하기 위해서는 적색, 녹색 및 황색의 색채식별이 가능해야 한다.

119 도로교통 행정상 교통사고에 의한 사망은 교통사고 발생 후 몇 시간 이내에 사망한 경우인가?

㉮ 12시간
㉯ 24시간
㉰ 48시간
㉱ 72시간

해설

교통사고에 의한 사망은 교통사고 발생 후 72시간 내 사망한 것을 말한다. 그러나 이는 행정상의 구분일 뿐 72시간 이후라도 사망원인이 교통사고라면 형사적 책임이 부과된다.

120 특별한 교통안전교육의 종류 중에서 '교통소양교육'의 대상자가 아닌 것은?

㉮ 교통사고를 일으키거나 술에 취한 상태에서 운전하여 운전면허 효력 정지의 처분을 받게 되거나 받은 사람으로서 그 처분기간이 만료되기 전에 있는 사람
㉯ 교통법규의 위반 등으로 인하여 운전면허효력 정지의 처분을 받게 되거나 받은 사람 가운데 교육받기를 원하는 사람
㉰ 운전면허효력 정지의 처분을 받게 되거나 받은 초보운전자로서 그 처분기간이 만료되기 전에 있는 사람
㉱ 운전면허 취소의 처분을 받은 사람으로서 운전면허를 다시 받고자 하는 사람

해설

교통법규교육은 교통법규와 안전 등에 관한 교육으로서 교통법규의 위반 등으로 인하여 운전면허효력 정지의 처분을 받을 가능성이 있는 사람 가운데 교육 받기를 원하는 사람에게 실시하는 교육을 말한다.

정답 116. ㉮ 117. ㉯ 118. ㉱ 119. ㉱ 120. ㉯

제2편

자동차 관리요령

◐ 출제예상문제 ◐

제2편 자동차 관리요령

1장. 자동차 관리

1 자동차 점검

1. 일상점검이란?

자동차를 운행하는 사람이 매일 자동차를 운행하기 전에 실시하는 점검으로, 안전운행에 필요한 점검이고 운전자의 의무이며, 일상점검을 할 때는 다음의 사항에 주의한다.

① 경사가 없는 평탄한 장소에서 점검한다.
② 변속레버는 P(주차)에 위치시킨 후 주차 브레이크를 당겨 놓는다.
③ 엔진 시동 상태에서 검검해야 할 사항이 아니면 엔진 시동을 끄고 한다.
④ 점검을 환기가 잘 되는 장소에서 실시한다.
⑤ 엔진을 점검할 때는 반드시 엔진을 끄고, 식은 다음에 실시한다.(화상예방)
⑥ 연료장치나 배터리 부근에서는 불꽃을 멀리 한다.(화재예방)
⑦ 배터리, 전기 배선을 만질 때에는 미리 배터리의 (-) 단자를 분리한다.(감전예방)

2. 일상점검 항목 및 점검 내용

점검항목		점검내용
이상유무 확인		전일 운전시 이상이 있던 부분은 정상인가?
엔진룸 열고	엔진	시동이 용이하고 연료, 엔진오일, 냉각수가 충분한가? 누수, 누유는 없는가? 구동벨트의 장력은 적당하고 손상된 곳은 없는가?
	변속기 (트랜스미션)	변속기 오일량은 적당한가? 누유는 없는가?
	기타	브레이크 액, 냉각수, 클러치 액, 와셔 액 등은 충분하고 누유는 없는가?
차의 외곽 에서	배기가스	배기가스의 색깔은 깨끗하고 유독가스, 매연의 배출이 없는가?
	완충 스프링	스프링의 연결부위에 손상, 균열이 없는가?
	바퀴	타이어의 공기압은 적당한가? 타이어의 이상마모 또는 손상은 없는가? 휠 너트(또는 볼트)의 조임을 충분하고 손상은 없는가?
	램프	점멸이 확실하고 파손되지 않았는가?
	등록 번호판	번호판이 파손되지 않았는가?
운전석에 앉아서	엔진	연료는 충분하고 시동은 용이한가?
	스티어링 휠	흔들림, 유동이 없는가? 조직이 용이한가?
	브레이크	페달의 유격과 잔류 간극이 적당한가? 브레이크의 작동이 양호한가? 주차브레이크의 작동량은 적당한가?
	변속기	클러치의 유격은 적당한가? 변속레버의 조작이 용이한가? 심한 진동은 없는가?
	실내·외 미러	비침 상태가 양호한가?
	경음기	작동이 양호한가?
	와이퍼	작동이 양호하고 와셔 액은 충분한가?
	각종 계기 및 스위치	작동이 양호한가?

3. 운행 전 점검사항

(1) 운전석에서 점검
① 연료 게이지의 연료량
② 브레이크 페달 유격 및 작동상태
③ 브레이크 리저브 탱크 에어 압력
④ 클러치 페달 유격 및 작동상태
⑤ 계기 점등상태 및 와이퍼 작동상태
⑥ 룸미러 위치 및 고정상태
⑦ 스티어링 휠 및 운전석 시트 조정
⑧ 경음기 작동 상태

(2) 엔진 점검
① 엔진오일은 양은 적당하며 점도는 이상이 없는지 점검한다.
② 냉각수의 양은 적당하며 불순물이 섞이지는 않았는지 점검한다.
③ 각종벨트의 장력은 적당하며 손상된 곳은 없는지 점검한다.
④ 배선은 깨끗이 정리 되어 있으며 배선이 벗겨져 있거나 연결부분에서 합선 등 누전의 염려는 없는지 점검한다.

(3) 외관 점검
① 유리는 깨끗하며 깨진 곳은 없는지 점검한다.
② 차체에 굴곡된 곳은 없으며 본넷트의 고정은 이상이 없는지 점검한다.
③ 타이어의 공기압력 마모 상태는 적절한지 점검한다.
④ 차체가 기울지는 않았는지 점검한다.
⑤ 후사경의 위치는 바르며 깨끗한지 점검한다.
⑥ 차체에 먼지나 외관상 바람직하지 않은 것은 없는지 점검한다.
⑦ 반사기 및 번호판의 오염, 손상은 없는지 점검한다.
⑧ 휠 너트의 조임 상태는 양호한지 점검한다.
⑨ 파워스티어링 및 브레이크 오일, 와셔액 수준상태 양호한지 점검한다.
⑩ 차체에서 오일이나 연료 냉각수 등이 누출되는 곳은 없는지 점검한다.
⑪ 라디에이터 캡과 연료탱크 캡은 이상 없이 채워져 있는지 점검한다.

4. 운행 중 점검사항

(1) 출발 전 확인사항
① 엔진을 시동할 때 배터리의 출력은 충분한지 확인한다.
② 시동시에 잡음이 없으며 시동은 잘되는지 확인한다.
③ 엔진 소리에 잡음은 없는지 확인한다.
④ 각종 계기장치 및 등화장치는 정상적으로 작동되는지 확인한다.
⑤ 클러치 작동과 기어접속은 이상이 없는지 확인한다.
⑥ 브레이크 액셀러레이터 페달의 작동은 이상이 없는지 확인한다.
⑦ 공기 압력은 충분하며 잘 충전되고 있는지 확인한다.
⑧ 후사경의 위치와 각도는 적절한지 확인한다.

(2) 운행 중 유의사항
① 엔진소리에 이상이 없는지 유의한다.
② 클러치 작동은 원활하며 동력전달에 이상은 없는지 유의한다.
③ 조향장치는 부드럽게 작동되고 있는지 유의한다.
④ 차내에서 이상한 냄새가 나지는 않는지 유의한다.
⑤ 제동장치는 잘 작동되며, 한쪽으로 쏠리지는 않는지 유의한다.
⑥ 각종 계기장치는 정상위치를 가리키고 있는지 유의한다.
⑦ 차체가 이상하게 흔들리거나 진동하지는 않는지 유의한다.
⑧ 각종 신호등은 정상적으로 작동하고 있는지 유의한다.

5. 운행 후 점검사항

(1) 외관 점검
① 차체가 기울지 않았는지 점검한다.
② 차체에 굴곡이나 손상된 곳은 없는지 점검한다.
③ 차체에 부품이 없어진 곳은 없는지 점검한다.
④ 본넷트의 고리가 빠지지는 않았는지 점검한다.

(2) 엔진 점검
① 냉각수, 엔진오일의 이상 소모는 없는지 점검한다.
② 배터리 액이 넘쳐흐르지는 않았는지 점검한다.
③ 배선이 흐트러지거나 빠지거나 잘못된 곳은 없는지 점검한다.
④ 오일이나 냉각수가 새는 곳은 없는지 점검한다.

(3) 하체 점검
① 타이어는 정상으로 마모되고 있는지 점검한다.
② 볼트 너트가 풀린 곳은 없는지 점검한다.
③ 조향장치, 현가장치의 나사 풀림은 없는지 점검한다.
④ 휠 너트가 빠져 없거나 풀리지는 않았는지 점검한다.
⑤ 에어가 누설되는 곳은 없는지 점검한다.

6. 주행 전·후 안전수칙

(1) 운행 전 안전수칙
① 안전벨트의 착용을 습관화 한다.
② 운전에 방해되는 물건을 제거한다.
③ 올바른 운전 자세를 유지한다.
④ 좌석, 핸들, 미러를 조정한다.
⑤ 일상점검을 생활화 한다.

(2) 운행 중 안전수칙
① 도어를 개방한 상태로 운행해서는 안된다.
② 창문 밖으로 손이나 얼굴 등을 내밀지 않도록 주의한다.
③ 터널 밖이나 다리 위에서의 돌풍에 주의하여 운행한다.
④ 높이 제한이 있는 도로에서는 항상 차량의 높이에 주의한다.
⑤ 주행 중에는 엔진을 정지시켜서는 안된다.
⑥ 과로나 음주 상태에서 운전을 하여서는 안된다.

(3) 운행 후 안전수칙
① 차에서 내리거나 후진할 경우에는 자동차 밖의 안전을 확인한다.
② 주·정차를 하거나 위밍업을 할 경우 배기관 주변을 확인한다.
③ 밀폐된 공간에서 워밍업이나 점검을 해서는 안된다.
④ 주차할 경우의 주의사항
　㉮ 반드시 주차 브레이크를 작동시킨다.
　㉯ 오르막길에서는 1단, 내리막길에서는 후진으로 놓고 바퀴에 고임목을 설치한다.
　㉰ 급경사에서는 가급적 주차하지 않는다.
　㉱ 환기가 잘되지 않거나 습기가 많은 차고에는 주차하지 않는다.

7. 터보차저 관리 요령
① 터보차저(배기 터빈 과급기)에 이물질이 들어가지 않도록 한다.
② 시동전 오일량을 확인하고 시동 후 정상 적으로 오일 압력이 상승하는지 확인한다.
③ 엔진이 정상적으로 작동할 수 있도록 운행 전 예비운전(위밍업)을 한다.
④ 운행 후 충분한 공회전을 실시하여 터보차저의 온도를 낮춘 후 엔진을 정지시킨다.
⑤ 공회전 또는 위밍업시 무부하 상태에서 급가속을 해서는 안된다.

8. 압축천연가스(CNG) 자동차

(1) CNG 연료의 특징
① 천연가스는 메탄(83~99%)을 주성분으로 한 수소계 연료이다.
② 메탄의 비등점은 -162℃이며, 상온에서는 기체이다.
③ 옥탄가(120~136)는 높고 세탄가는 낮다.
④ 혼합기 형성이 용이하고 희박 연소가 가능하다.
⑤ 저온 상태에서도 시동성이 우수하다.
⑥ 입자상 물질의 생성이 적다.
⑦ 탄소량이 적어 발열량당 CO_2 배출량이 적다.
⑧ 유황분이 없어 SO_2 가스를 방출하지 않는다.
⑨ 탄소수가 적고 독성이 낮다.

(2) 천연가스 형태별 종류
① LNG (액화천연가스, Liquified Natural Gas)
천연가스를 액화시켜 부피를 현전히 작게 만들어 저장, 운반 등 사용상의 효용성을 높이기 위한 액화가스
② CNG (압축천연가스, Compressed Natural Gas)
천연가스를 고압으로 압축하여 고압 압력용기에 저장한 기체상태의 연료

* LPG(액화석유가스, Liquifiled Petroleum Gas)
프로판과 부탄을 섞어서 제조된 가스로서 석유 정제과정의 부산물로 이루어진 혼합가스(천연가스 형태별 종류가 아님)

(3) 압축천연가스(CNG) 자동차 점검시 주의사항
① 압축천연가스를 사용하는 버스에서 가스누출 냄새가 나면 주변의 화재원인 물질을 제거하고 전기장치의 작동을 피한다.
② 압축천연가스 누출 시에는 고압가스의 급격한 압력팽창으로 주위의 온도가 급강하하여 가스가 직접 피부에 접촉하면 동상이나 부상이 발생할 수 있다.
③ 운전자는 가스라인과 용기밸브와의 연결부분의 이상 유무를 운행 전·후에 눈으로 직접 확인하는 자세가 필요하다.
④ 계기판의 CNG 램프가 점등되면 가스 연료량의 부족으로 엔진의 출력이 낮아져 정상적인 운행이 불가능할 수 있으므로 가스를 재충전한다.
⑤ 엔진정비 및 가스필터 교환, 연료라인정비를 할 때에는 배관 내 가스를 모두 소진시켜 엔진이 자동으로 정지된 후 작업을 한다.
⑥ 엔지시동이 걸린 상태에서 엔진오일 라인, 냉각수 라인, 가스연료 라인 등의 파이프나 호스를 조이거나 풀어서는 아니된다.
⑦ 차량에 별도의 전기장치를 장착하고자 하는 경우에는 압축천연가스와 관련된 부품의 전기배선을 이용해서는 아니 된다.
⑧ 교통사고나 화재사고가 발생하면 시동을 끈 후 계기판의 스위치 중 메인 스위치와 비상차단 스위치를 끄고 대피한다.
⑨ 가스를 충전할 때에는 승객이 없는 상태에서 엔진시동을 끄고 가스를 주입한다. 주입이 완료된 후에는 충전도어의 닫힌 상태를 확인하여야 한다.
⑩ 지하주차장 또는 밀폐된 차고와 같은 장소에 장시간 주·정차할 경우 가스가 누출되면 통풍이 되지 않아 화재나 폭발의 위험이 있으므로 반드시 환기나 통풍이 잘되는 곳에 주·정차한다.
⑪ 가스 주입구 도어가 열리면 엔진시동이 걸리지 않도록 되어 있으므로 임의로 배관이나 밸브 실린더 보호용 덮개를 제거하지 않는다.

9. 운행시 자동차 조작 요령

(1) 브레이크의 조작 요령
① 브레이크 페달을 2~3회 나누어 밟으면 안정된 제동 성능을 얻을 수 있다.

② 브레이크 페달을 2~3회 나누어 밟으면 뒤따라오는 자동차에 제동정보를 제공하여 후미 추돌을 방지할 수 있다.

③ 내리막길에서 풋 브레이크를 작동시키면 파열, 일시적인 작동 불능을 일으키게 된다.

④ 엔진 브레이크의 사용은 주행 중인 단보다 한단 낮은 단으로 변속하여 속도를 줄인다.

⑤ 주행 중 제동은 핸들을 붙잡고 기어가 들어가 있는 상태에서 제동한다.

⑥ 내리막길에서 기어를 중립으로 두고 탄력 운행을 하지 않는다.

(2) 경제적인 운행 요령

① 급출발, 급가속, 급제동, 공회전 등을 피한다.

② 목적지를 확실하게 파악한 후 운행한다.

③ 자동차에 불필요한 화물을 싣고 다니지 않는다.

④ 창문을 열고 고속 주행을 하지 않는다.

⑤ 에어컨은 필요한 경우에만 사용한다.(에어컨 사용시 연료 소비는 15~20% 증가)

⑥ 경제속도를 준수한다.

⑦ 타이어 공기압력을 적정수준으로 유지하고 운행한다.

(3) 겨울철 운행

① 엔진시동 후에는 적당한 워밍업을 한 후 운행한다. 엔진이 냉각된 채로 운행하면 엔진고장이 발생할 수 있다.

② 눈길이나 빙판에서는 타이어의 접지력이 약해지므로 가속페달이나 핸들을 급하게 조작하면 위험하다.

③ 내리막길에서는 엔진브레이크를 사용하면 방향조작에 도움이 된다. 오르막길에서는 한번 멈추면 다시 출발하기 어려우므로 차간거리를 유지하면서 서행한다.

④ 배터리와 케이블 상태를 점검한다. 날씨가 추우면 배터리 용량이 저하되어 시동이 잘 걸리지 않을 수 있다.

⑤ 차의 하체 부위에 있는 얼음 덩어리를 운행 전에 제거한다.

⑥ 엔진의 시동을 작동하고 각종 페달이 정상적으로 작동되는지 확인한다.

⑦ 겨울철 오버히트가 발생하지 않도록 주의한다. 겨울철에 냉각수 통에 부동액이 없는 경우나 부동액 농도가 낮을 경우 엔진 내부가 얼어 냉각수가 순환하지 않으며 오버히트가 발생하게 된다.

⑧ 자동차에 스노우 타이어를 장착할 경우에는 동일 규격의 타이어를 장착하여야 하며, 스노우 타이어를 장착하고 건조한 도로를 주행하면 원래 사양의 타이어 보다 마찰력이 작아 제동거리가 길어질 수 있으므로 주의한다.

⑨ 후륜구동 자동차는 뒷바퀴에 타이어 체인을 장착하여야 한다.

⑩ 타이어 체인을 장착한 경우에는 30km/h 이내 또는 체인 제작사에서 추천하는 규정속도 이하로 주행하며, 체인이 차체나 섀시에 닿는 소리가 들리면 즉시 자동차를 멈추고 체인상태를 점검한다.

⑪ 도어나 연료주입구가 얼어서 열리지 않을 경우에는 도어나 연료주입구의 주위를 두드리거나 더운물을 부어 얼어붙은 것을 녹여 준다. 부은 물을 방치하면 다시 얼게 되므로 완전히 닦아준다.

(4) 고속도로 운행

① 고속도로 운행 전에는 연료, 냉각수, 엔진오일, 각종 벨트, 타이어 공기압 등을 점검한다.

② 고속도로를 벗어날 경우에는 미리 출구를 확인하고 방향지시등을 작동시킨다.

③ 터널 출구 부분을 나올 경우에는 바람의 영향으로 차체가 흔들릴 수 있으므로 속도를 줄인다.

④ 고속으로 운행할 경우 풋 브레이크만을 많이 사용하면 브레이크 장치가 과열되어 브레이크 기능이 저하되므로 엔진브레이크와 함께 효율적으로 사용한다.

(5) 기타 사항

① 브레이크 장치가 물에 젖으면 제동력이 떨어지므로 물이 고인 곳을 주행했을 때에는 여러 번에 걸쳐 브레이크를 짧게 밟아 브레이크를 건조시킨다.

② 눈길, 진흙길, 모랫길인 경우에는 2단 기어를 사용하여 차바퀴가 헛돌지 않도록 천천히 가속한다.

③ 얼음, 눈, 모랫길에 빠졌을 때에는 모래, 타이어체인 또는 미끄러지지 않는 물건을 바퀴 아래 놓아 구동력이 발생하도록 한다.

④ 비포장도로와 같은 험한 도로를 주행할 때에는 저단기어로 가속페달을 일정하게 밟고 기어변속이나 가속은 피한다.

⑤ 안개가 끼었거나 기상조건이 나빠 시계가 불량할 경우에는 속도를 줄이고, 미등 및 안개등 또는 전조등을 점등하고 운행한다.

⑥ 차바퀴가 빠져 헛도는 경우에 엔진을 갑자기 가속하면 바퀴가 헛돌면서 더 깊이 빠질 수 있다. 변속레버를 '1단'과 'R(후진)' 위치로 번갈아 두면서 가속페달을 부드럽게 밟으면서 탈출을 시도한다.

⑦ 야간운행 시 마주 오는 자동차와 교행할 때에는 전조등을 하향등으로 작동시켜 교행하는 운전자의 눈부심을 방지한다.

(6) ABS(Anti-lock Brake System) 조작 요령

① ABS는 급제동 또는 미끄러운 도로에서 제동할 때 바퀴의 잠김 현상을 방지하여 핸들의 조향 성능을 유지시켜주는 장치이다.

② 급제동할 때 브레이크 페달을 힘껏 밟고 버스가 완전히 정지할 때까지 계속 밟고 있어야 한다.

③ ABS 차량은 급제동할 때에도 핸들 조향이 가능하다.

④ ABS 차량이라도 옆으로 미끄러지는 위험은 방지할 수 없다.

⑤ 자갈길이나 평평하지 않은 도로 등에는 일반 브레이크 차량보다 제동거리가 더 길어질 수 있다.

⑥ ABS가 정상인 경우 ABS 경고등은 키 스위치를 ON하면 3초동안 점등된 후 소등된다.

(7) 계기판 용어

① **속도계** : 자동차의 시간당 주행속도를 나타낸다.

② **회전계(타코미터)** : 엔진의 분당 회전수(rpm)를 나타낸다.

③ **수온계** : 엔진 냉각수의 온도를 나타낸다.

④ **연료계** : 연료 탱크에 남아있는 연료의 잔류 량을 나타낸다. 동절기에는 연료를 가급적 충만한 상태를 유지한다.(연료 탱크 내부의 수분 침투를 방지하는데 효과적)

⑤ **적산 거리계** : 자동차가 주행한 총거리(km 단위)를 나타낸다.

⑥ **엔진오일 입력계** : 엔진 오일의 압력을 나타낸다.

⑦ **공기 압력계** : 브레이크 공기 탱크내의 공기압력을 나타낸다.

⑧ **전압계** : 배터리의 충전 및 방전 상태를 나타낸다.

(8) 전자제어 현가장치(ECAS : Electronically controled air suspension)

① 전자제어 현가장치(ECAS)는 차고 센서로부터 ECAS ECU (Electronic control unit)가 차량의 높이 변화를 감지하여 ECAS 솔레노이드 밸브를 제어함으로써 에어 스프링의 압력과 차량 높이를 조절하는 전자제어 에어 서스펜션 시스템을 말한다.

② 차량 주행중에는 에어 소모가 감소하여 차량 연비의 개선효과가 있다.

③ 차량 하중 변화에 따른 차량 높이 조정이 자동으로 빠르게 이루어진다.

④ 도로조건이나 기타 주행조건에 따라서 운전자가 스위치를 조작하여 차량의 높이를 조정할 수 있다.

⑤ 안전성이 확보된 상태에서 차량의 높이 조정 및 닐링(Kneeling : 차체의 앞부분을 내려가게 만드는 차체 기울임 시스템) 기능을 할 수 있다.

⑥ 자기진단 기능을 보유하고 있어 정비성이 용이하고 안전하다.

자동차 관리요령

2장. 자동차 응급조치 요령

1 엔진계통 응급조치 요령 |||||||||||||||

1. 시동모터가 작동되나 시동이 걸리지 않는 경우

추정원인	조치사항
1) 연료가 떨어졌다. 2) 예열작동이 불충분하다. 3) 연료필터가 막혀 있다.	1)연료를 보충한 후 공기빼기를 한다. 2) 예열시스템을 점검한다. 3) 연료필터를 교환한다.

2. 시동모터가 작동되지 않거나 천천히 회전하는 경우

추정원인	조치사항
1) 배터리가 방전되었다. 2) 배터리 단자의 부식, 이완, 빠짐 현상이 있다. 3) 접지 케이블이 이완되어 있다. 4) 엔진오일점도가 너무 높다.	1) 배터리를 충전하거나 교환한다. 2) 배터리 단자의 부식부분을 깨끗하게 처리하고 단단하게 고정한다. 3) 접지 케이블을 단단하게 고정한다. 4) 적정 정도의 오일로 교환한다.

3. 저속 회전하면 엔진이 쉽게 꺼지는 경우

추정원인	조치사항
1) 공회전 속도가 낮다. 2) 에어클리너 필터가 오염되었다. 3) 연료필터가 막혀있다. 4) 밸브 간극이 비정상이다.	1) 공회전 속도를 조절한다. 2) 에어클리너 필터를 청소 또는 교환한다. 3) 연료필터를 교환한다. 4) 밸브 간극을 조정한다.

4. 엔진오일의 소비량이 많다.

추정원인	조치사항
1) 사용되는 오일이 부적당하다. 2) 엔진오일이 누유되고 있다.	1) 규정에 맞는 엔진오일로 교환한다. 2) 오일 계통을 점검하여 풀려 있는 부분은 다시 조인다.

5. 연료 소비량이 많다.

추정원인	조치사항
1) 연료누출이 있다. 2) 타이어 공기압이 부족하다. 3) 클러치가 미끄러진다. 4) 브레이크가 제동된 상태에 있다.	1) 연료계통을 점검하고 누출부위에 풀려 있는 부분을 다시 조인다. 2) 적정 공기압으로 조정한다. 3) 클러치 간극을 조정하거나 클러치 디스크를 교환한다. 4) 브레이크 라이닝 간극을 조정한다.

6. 배기가스 색이 검다.

추정원인	조치사항
1) 에어클리너 필터가 오염되었다. 2) 밸브 간극이 비정상이다.	1) 에어클리너 필터 청소 또는 교환한다. 2) 밸브 간극을 조정한다.

7. 오버히트 한다.(엔진이 과열되었다)

추정원인	조치사항
1) 냉각수 부족 또는 누수되고 있다. 2) 팬벨트의 장력이 지나치게 느슨하다.(워터펌프 작동이 원활하지 않아 냉각수 순환이 불량해지고 엔진 과열) 3) 냉각팬이 작동되지 않는다. 4) 라디에이터 캡의 장착이 불완전하다. 5) 서모스탯(온도조절기 : thermostat)이 정상 작동하지 않는다.	1) 냉각수 보충 또는 누수부위를 수리한다. 2) 팬벨트 장력을 조정한다. 3) 냉각팬 전기배선 등을 수리한다. 4) 라디에이터 캡을 확실하게 장착한다. 5) 서모스탯을 교환한다.

2 조향계통 응급조치 요령 |||||||||||||||

1. 핸들이 무겁다.

추정원인	조치사항
1) 앞바퀴의 공기압이 부족하다. 2) 파워스티어링 오일이 부족하다.	1) 적정 공기압으로 조정한다. 2) 파워스티어링 오일을 보충하고 공기를 빼준다.

2. 스티어링 휠(핸들)이 떨린다.

추정원인	조치사항
1) 타이어의 무게중심이 맞지 않는다. 2) 휠 너트(허브 너트)가 풀려 있다. 3) 타이어 공기압이 각 타이어마다 다르다. 4) 타이어가 편마모 되어 있다.	1) 타이어를 점검하여 무게중심을 조정한다. 2) 규정토크(주어진 회전축을 중심으로 회전시키는 능력)로 조인다. 3) 적정 공기압으로 조정한다. 4) 타이어를 교환한다.

3 제동계통 응급조치 요령 |||||||||||||||

1. 브레이크 제동효과가 나쁘다

추정원인	조치사항
1) 공기압이 과다하다. 2) 공기누설(타이어 공기가 빠져 나가는 현상)이 있다. 3) 라이닝 간극 과다 또는 마모상태가 심하다. 4) 타이어 마모가 심하다.	1) 적정 공기압으로 조정한다. 2) 브레이크 계통을 점검하여 풀려 있는 부분을 다시 조인다. 3) 라이닝 간극을 조정 또는 라이닝을 교환한다. 4) 타이어를 교환한다.

2. 브레이크가 편제동 된다.

추정원인	조치사항
1) 좌우 타이어 공기압이 다르다. 2) 타이어가 편마모 되어있다. 3) 좌우 라이닝 간극이 다르다.	1) 적정 공기압으로 조정한다. 2) 편마모된 타이어를 교환한다. 3) 라이닝 간극을 조정한다.

4 전기 계통의 응급조치 요령 |||||||||||||||

배터리가 자주 방전된다.

추정원인	조치사항
1) 배터리 단자의 벗겨짐, 풀림, 부식이 있다. 2) 팬벨트가 느슨하게 되어 있다. 3) 배터리액이 부족하다. 4) 배터리 수명이 다 되었다.	1) 배터리 단자의 부식부분을 제거하고 조인다. 2) 팬벨트의 장력을 조정한다. 3) 배터리액을 보충한다. 4) 배터리를 교환한다.

제2편 자동차 관리요령

3장. 자동차의 구조 및 특성

1 동력전달장치

① 엔진에서 발생된 동력을 구동 바퀴에 전달하는 장치
② 클러치, 변속기, 추진축, 종감속 기어장치, 차동장치, 구동바퀴로 구성되어 있다.

1. 클러치

엔진의 동력을 변속기에 전달하거나 차단하는 역할을 하며, 엔진 시동을 작동시킬 때나 기어를 변속할 때에는 동력을 끊고, 출발할 때에는 엔진의 동력을 서서히 연결하는 일을 한다.

(1) 클러치의 필요성
① 시동시 엔진을 무부하 상태로 유지한다.
② 엔진의 동력을 차단하여 기어 변속이 원활하게 이루어지도록 한다.
③ 엔진의 동력을 차단하여 자동차의 관성 주행이 되도록 한다.

(2) 클러치의 구비조건
① 냉각이 잘 되어 과열하지 않아야 한다.
② 구조가 간단하고, 다루기 쉬우며 고장이 적어야 한다.
③ 회전력 단속 작용이 확실하며, 조작이 쉬워야 한다.
④ 회전부분의 평형이 좋아야 한다.
⑤ 회전관성이 적어야 한다.
⑥ 동력의 차단이 신속하고 확실해야 한다.
⑦ 동력의 전달을 시작할 경우에는 미끄러지면서 서서히 전달되어야 한다.
⑧ 클러치가 접속된 후에는 미끄러지는 일이 없어야 한다.
⑨ 회전 부분은 동적 및 정적 평형이 좋아야 한다.
⑩ 방열이 양호하고 과열되지 않아야 한다.
⑪ 구조가 간단하고 고장이 적어야 한다.

(3) 클러치가 미끄러지는 원인
① 클러치 페달의 자유간극(유격)이 없다.
② 클러치 디스크의 마멸이 심하다.
③ 클러치 디스크에 오일이 묻어 있다.
④ 클러치 스프링의 장력이 약하다.

(4) 클러치가 미끄러질 때의 영향
① 연료 소비량이 증가한다.
② 엔진이 과열한다.
③ 등판능력이 감소한다.
④ 구동력이 감소하여 출발이 어렵고, 증속이 잘되지 않는다.

(5) 클러치 차단이 잘되지 않는 원인
① 클러치 페달의 자유간극이 크다.
② 릴리스 베어링이 손상되었거나 파손되었다.
③ 클러치 디스크의 흔들림이 크다.
④ 유압장치에 공기가 혼입되었다.
⑤ 클러치 구성부품이 심하게 마멸되었다.

2. 변속기

도로의 상태, 주행속도, 적재 하중 등에 따라 변하는 구동력에 대응하기 위해 엔진과 추진축 사이에 설치되어 엔진의 출력을 자동차 주행속도에 알맞게 회전력과 속도로 바꾸어서 구동바퀴에 전달하는 장치를 말한다.

(1) 변속기의 필요성
① 출발 및 등판 주행시 큰 구동력을 얻는다.
② 엔진의 회전 속도를 감속하여 회전력을 증대시킨다.
③ 엔진을 시동할 때 무부하 상태로 한다.
④ 자동차의 후진을 위하여 필요하다.

(2) 변속기의 구비조건
① 연속적으로 또는 자동적으로 변속이 되어야 한다.
② 조작이 쉽고, 신속, 확실, 작동 소음이 작아야 한다.
③ 동력전달 효율이 좋아야 한다.
④ 가볍고 단단하며, 다루기 쉬워야 한다.

(3) 자동변속기
① 장점
　㉮ 기어변속이 자동으로 이루어져 운전이 편리한다.
　㉯ 발진과 가·감속이 원활하여 승차감이 좋다.
　㉰ 조작 미숙으로 인한 시동 꺼짐이 없다.
　㉱ 유체가 댐퍼(쇽업소버) 역할을 하기 때문에 충격이나 진동이 적다
② 단점
　㉮ 수동 변속기에 비해 연료의 소비율이 10% 정도 많다.
　㉯ 구조가 복잡하고 가격이 비싸다.
　㉰ 자동차를 밀거나 끌어서 시동할 수 없다.
③ 자동변속기의 오일 색깔
　㉮ 정상 : 투명도가 높은 붉은 색
　㉯ 갈색 : 가혹한 상태에서 사용되거나, 장시간 사용한 경우
　㉰ 투명도가 없어지고 검은 색을 띨 때 : 자동변속기 내부의 클러치 디스크의 마멸분말에 의한 오손, 기어가 마멸된 경우
　㉱ 니스 모양으로 된 경우 : 오일이 매우 고온에 노출된 경우
　㉲ 백색 : 오일에 수분이 다량으로 유입된 경우

3. 타이어

(1) 주요기능
① 자동차의 하중을 지탱하는 기능을 한다.
② 엔진의 구동력 및 브레이크의 제동력을 노면에 전달하는 기능을 한다.
③ 노면으로부터 전달되는 충격을 완화시키는 기능을 한다.
④ 자동차의 진행방향을 전환 또는 유지시키는 기능을 한다.

(2) 튜브리스 타이어(튜브 없는 타이어)의 장·단점
① 튜브 타이어에 비해 공기압을 유지하는 성능이 좋다.
② 못에 찔려도 공기가 급격히 새지 않는다.
③ 타이어 내부의 공기가 직접 림에 접촉하고 있기 때문에 주행 중에 발생하는 열의 발산이 좋아 발열이 적다.
④ 튜브 물림 등 튜브로 인한 고장이 없다.
⑤ 튜브 조립이 없으므로 펑크 수리가 간단하고, 작업능률이 향상된다.
⑥ 림이 변형되면 타이어와의 밀착이 불량하여 공기가 새기 쉽다.
⑦ 유리 조각 등에 의해 손상되면 수리하기가 어렵다.

(3) 타이어 형상에 따른 타이어의 분류와 특성
① 레이디얼 타이어(Radial tire)
㉮ 고속으로 주행할 때에는 안전성이 크다.
㉯ 충격을 흡수하는 강도가 작아 승차감이 좋지 않다.
㉰ 접지면적이 크고 타이어 수명이 길다.
㉱ 스탠딩웨이브 현상이 잘 일어나지 않는다.
㉲ 트레드가 하중에 의한 변형이 적다.
㉳ 회전할 때에 구심력이 좋다.
㉴ 저속으로 주행할때에는 조향 핸들이 다소 무겁다.

② 스노우 타이어(Snow tire)
㉮ 눈길에서 체인을 장착하지 않고 주행할 수 있도록 제작된 타이어로 바퀴가 고정되면 제동거리가 길어진다.
㉯ 스핀을 일으키면 견인력이 감소하므로 출발을 천천히 해야 한다.
㉰ 구동 바퀴에 걸리는 하중을 크게 해야 한다.
㉱ 트레드부가 50%이상 마멸되면 제 기능을 발휘하지 못한다.

(4) 타이어의 특성
① 스탠딩 웨이브 현상(Standing Wave)
타이어 공기압이 낮은 상태로 고속 주행 중 어느 속도 이상이 되면 타이어 트레드와 노면과의 접촉부 뒷면의 원주상에 파형이 발생된다. 원주상에서 파형을 보면 정지되어 있는 것과 같이 보이기 때문에 스탠딩 웨이브라고 하며, 150km/h 전후의 속도에서 발생한다.

② 수막 현상(Hydroplaning)
수막 현상은 비가 올 때 노면의 빗물에 의해 타이어가 노면에 직접 접촉되지 않고 수막만큼 공중에 떠있는 상태를 말하는 것으로 이를 방지하기 위해서는
㉮ 트레드의 마모가 적은 타이어를 사용한다.
㉯ 타이어의 공기 압력을 높인다.
㉰ 리브형 패턴의 타이어를 사용한다.
㉱ 트레드 패턴을 카프형으로 셰이빙 가공한 것을 사용한다.
㉲ 주행 속도를 감속한다.(저속으로 주행)

2 현가장치

① 차축과 프레임을 연결하여 주행 중 발생되는 진동 및 충격을 완화하는 장치로 주행 중 진동이나 충격을 완화시켜 차체나 각 장치에 전달되는 것을 방지한다.
② 차체나 화물의 손상을 방지하고 승차감과 자동차의 주행 안전성을 향상시킨다.
③ 섀시 스프링, 쇽업소버, 스태빌라이저 등으로 구성되어 있다.

1. 현가장치의 주요기능
① 적정한 자동차의 높이를 유지한다.
② 상하방향이 유연하여 차체가 노면에서 받는 충격을 완화시킨다.
③ 올바른 휠 얼라인먼트를 유지한다.
④ 차체의 무게를 지지한다.
⑤ 타이어의 접지상태를 유지한다.
⑥ 주행방향을 조정한다.

2. 현기장치의 구성
(1) 스프링
차체와 차축사이에 설치되어 주행 중 노면에서의 충격이나 진동을 흡수하여 차체에 전달되지 않게 하는 것

① 판 스프링
㉮ 판 스프링은 적당히 구부린 띠 모양의 스프링 강을 몇 장 겹쳐 그 중심에서 볼트로 조인 것을 말한다. 버스나 화물차에 사용한다.
㉯ 스프링 자체의 강성으로 차축을 정해진 위치에 지지할 수 있어 구조가 간단하다.
㉰ 판간 마찰에 의한 진동의 억제작용이 크다.
㉱ 내구성이 크다.
㉲ 판간 마찰이 있기 때문에 작은 진동은 흡수가 곤란하다.

② 코일 스프링
㉮ 단위 중량당 흡수율이 판 스프링보다 크고 유연하다.
㉯ 판 스프링보다 승차감이 우수하다.
㉰ 코일 사이에 마찰이 없기 때문에 진동의 감쇠 작용이 없다.
㉱ 옆 방향의 작용력(비틀림)에 대한 저항력이 없다.
㉲ 차축의 지지에 링크나 쇽업소버를 사용하여야 하기 때문에 구조가 복잡하다.

③ 토션 바 스프링
㉮ 스프링 강의 막대로 비틀림 탄성에 의한 복원성을 이용하여 완충작용을 한다.
㉯ 스프링의 힘은 바의 길이, 단면적, 단면의 치수, 재질에 따라 결정된다.
㉰ 한쪽 끝을 차축에 고정하고 다른 한쪽 끝은 프레임에 고정되어 있다.
㉱ 단위 중량당 에너지 흡수율이 다른 스프링에 비해 크다.
㉲ 다른 스프링보다 가볍고 구조가 간단하다.
㉳ 작은 진동 흡수가 양호하여 승차감이 향상된다.
㉴ 오른쪽(R)과 왼쪽(L)의 표시가 있어 구분하여 설치하여야 한다.
㉵ 코일 스프링과 같이 감쇠 작용을 할 수 없다.
㉶ 쇽업소버와 함께 사용하여야 한다.

④ 공기 스프링
㉮ 공기의 압축 탄성을 이용하여 완충 작용을 한다.
㉯ 승차감이 우수하기 때문에 장거리 주행 자동차 및 대형버스에 사용된다.
㉰ 고유 진동이 작기 때문에 효과가 유연하다.
㉱ 공기 자체에 감쇠성이 있기 때문에 작은 진동을 흡수할 수 있다.
㉲ 하중의 변화와 관계없이 차체의 높이를 일정하게 유지할 수 있다.
㉳ 스프링의 세기가 하중에 비례하여 변화되기 때문에 승차감의 변화가 없다.
㉴ 구조가 복잡하고 제작비가 비싸다.

(2) 쇽 업소버
① 노면에서 발생한 스프링의 진동을 재빨리 흡수하여 승차감을 향상시키고 동시에 스프링의 피로를 줄이기 위해 설치하는 장치이다.
② 움직임을 멈추려고 하지 않는 스프링에 대하여 역 방향으로 힘을 발생시켜 진동의 흡수를 앞당긴다.
③ 스프링의 상·하 운동에너지를 열에너지로 변환시켜 준다.
④ 노면에서 발생하는 진동에 대해 일정 상태까지 그 진동을 정지시키는 힘인 감쇠력이 좋아야 한다.

(3) 스태빌라이저
① 좌·우 바퀴가 동시에 상·하 운동을 할 때에는 작용을 하지 않으나 좌·우 바퀴가 서로 다르게 상·하 운동을 할 때 작용하여 차체의 기울기를 감소시켜 주는 장치이다.
② 커브 길에서 자동차가 선회할 때 원심력 때문에 차체가 기울어지는 것을 감소시켜 차체가 롤링(좌·우 진동)하는 것을 방지하여 준다.
③ 토션 바의 일종으로 양끝이 좌·우의 로어 컨트롤 암에 연결되며 가운데는 차체에 설치된다.

3 조향장치

① 자동차의 주행 방향을 임의로 바꾸는 장치로 기계식 조향 장치와 동력 조향 장치로 구분된다.
② 조향 휠, 조향 축, 조향 기어 박스, 동력 실린더, 오일 펌프, 타이 로드, 조향 너클로 구성되어 있다.

1. 조향 장치의 구비조건

① 조향 조작이 주행 중 발생되는 충격에 영향을 받지 않을 것.
② 조작하기 쉽고 방향 변환이 원활하게 이루어질 것.
③ 회전반경이 작아서 좁은 곳에서도 방향 변환이 원활하게 이루어질 것.
④ 주행 중 섀시 및 보디에 무리한 힘이 작용되지 않을 것.
⑤ 고속 주행에서도 조향 핸들이 안정될 것.
⑥ 조향 핸들의 회전과 바퀴 선회차가 크지 않을 것.
⑦ 수명이 길고 다루기나 정비가 쉬울 것.

2. 조향 장치의 고장 원인

(1) 조향 핸들이 무거운 원인

① 타이어의 공기압이 부족하다.
② 조향기어의 톱니바퀴가 마모되었다.
③ 조향기어 박스 내의 오일이 부족하다.
④ 앞바퀴의 정렬 상태가 불량하다.
⑤ 타이어의 마멸이 과다하다.

(2) 조향 핸들이 한쪽으로 쏠리는 원인

① 타이어의 공기압이 불균일하다.
② 앞바퀴의 정렬 상태가 불량하다.
③ 쇽업소버의 작동 상태가 불량하다.
④ 허브 베어링의 마멸이 과다하다.

3. 동력조향장치

자동차의 대형화 및 저압 타이어의 사용으로 앞바퀴의 접지압력과 면적이 증가하여 신속하고 경쾌한 조향이 어렵게 됨에 따라 가볍고 원활한 조향조작을 위해 엔진의 동력으로 오일펌프를 구동시켜 발생한 유압을 이용하여 조향핸들의 조작력을 경감시키는 장치를 말한다.

(1) 장점

① 적은 힘으로 조향 조작을 할 수 있다.
② 노면의 충격을 흡수하여 핸들에 전달되는 것을 방지한다.
③ 앞바퀴의 시미현상(바퀴가 좌·우로 흔들리는 현상)을 방지하는 효과가 있다.
④ 조향조작이 신속하고 경쾌하다.
⑤ 앞바퀴가 펑크 났을 때 조향핸들이 갑자기 꺾이지 않아 위험도가 낮다.

(2) 단점

① 기계식에 비해 구조가 복잡하고 값이 비싸다.
② 고장이 발생한 경우에는 정비가 어렵다.
③ 오일펌프 구동에 엔진의 출력이 일부 소비된다.

4. 휠 얼라이먼트

(1) 휠 얼라이먼트의 역할

① 조향 핸들의 조작을 가볍게 한다 : 캠버와 조향축(킹핀) 경사작의 작용
② 조향 핸들의 조직을 확실하게 하고 안전성을 준다 : 캐스터의 작용
③ 조향 핸들에 복원성을 준다 : 캐스터와 조향축(킹핀) 경사각의 작용
④ 타이어의 마멸을 최소로 한다 : 토인의 작용

(2) 휠 얼라이먼트의 필요한 시기

① 자동차가 한 쪽으로 쏠림현상이 발생한 경우
② 자동차 하체가 충격을 받았거나 사고가 발생한 경우
③ 핸들이나 자동차의 떨림이 발생한 경우
④ 타이어를 교환한 경우
⑤ 자동차에서 롤링(좌·우 진동)이 발생한 경우
⑥ 핸들의 중심이 어긋난 경우
⑦ 타이어 편마모가 발생한 경우

(3) 캠버(Camber)

① 앞바퀴를 앞에서 보았을 때 타이어 중심선이 수선에 대해 어떤 각도를 이룬 것.
② 정의 캠버 : 타이어의 중심선이 수선에 대해 바깥쪽으로 기울은 상태
③ 부의 캠버 : 타이어의 중심선이 수선에 대해 안쪽으로 기울은 상태
④ 0의 캠버 : 타이어 중심선과 수선이 일치된 상태
⑤ 조향 핸들의 조작을 가볍게 한다.
⑥ 수직 방향의 하중에 의한 앞 차축의 휨을 방지한다.
⑦ 바퀴의 아래쪽이 바깥쪽으로 벌어지는 것을 방지한다.

(4) 캐스터(Caster)

① 앞바퀴를 옆에서 보았을 때 조향축(킹핀)의 중심선이 수선에 대해 어떤 각도를 이룬 것
② 정의 캐스터 : 킹핀의 상단부가 뒤쪽으로 기울은 상태
③ 부의 캐스터 : 킹핀의 상단부가 앞쪽으로 기울은 상태
④ 0의 캐스터 : 킹핀의 상단부가 어느 쪽으로도 기울어지지 않은 상태
⑤ 주행 중 바퀴에 방향성(직진성)을 준다.
⑥ 조향 하였을 때 직진 방향으로 되돌아오는 복원력이 발생된다.

(5) 토인(Toe-in)

① 자동차 앞바퀴를 위에서 내려다보면 양쪽 바퀴의 중심선 사이의 거리가 앞쪽이 뒤쪽보다 약간 작게 되어 있는 것을 말한다.
② 앞바퀴를 평행하게 회전시킨다.
③ 바퀴가 옆방향으로 미끄러지는 것과 타이어 마멸을 방지한다.
④ 조향 링키지의 마멸에 의해 토 아웃되는 것을 방지한다.

(6) 조향축(킹핀) 경사각

① 캠버와 함께 조향 핸들의 조작력을 가볍게 한다.
② 앞바퀴의 시미현상을(바퀴가 좌·우로 흔들리는 현상)을 일으키지 않도록 한다.
③ 캐스터와 함께 앞바퀴에 복원성을 주어 직진 위치로 쉽게 되돌아 가게 한다.

4 제동장치

① 주행 중에 자동차의 속도를 감속 또는 정지시키는 역할을 한다.
② 자동차의 주차 상태를 유지시키는 역할을 한다.
③ 마찰력을 이용하여 자동차의 운동 에너지를 열에너지로 바꾸어 제동 작용을 한다.

1. 공기식 브레이크

① 압축 공기를 이용하여 제동력을 발생시키는 형식이다.
② 브레이크 페달을 밟으면 압축 공이가 브레이크 슈를 드럼에 압착시켜 제동력을 발생한다.

(1) **공기 압축기**

① 공기 압축기는 크랭크축 풀리와 구동 벨트에 의해 구동된다.

② 엔진 회전 속도의 1/2로 구동되어 공기를 압축시키는 역할을 한다.

③ 압축열에 의해 발생된 수증기는 공기 드라이어에 의해 제거된다.

④ 공기 압축기의 실린더 헤드에는 언로더 밸브와 압력 조정기가 설치되어 있다.

⑤ 언로더 밸브 : 공기 압축기의 흡입 밸브에 설치되어 압축 작용을 정지시키는 역할을 한다.

⑥ 압력 조정기 ; 공기 탱크 내의 압력을 일정하게 유지시키는 역할을 한다.

(2) **공기 탱크**

① 공기 탱크는 프레임의 사이드 멤버에 설치되어 압축 공기를 저장하는 역할을 한다.

② 공기 탱크 내의 압력은 5~7kgf/cm² 이다.

③ 안전밸브가 설치되어 탱크 내의 압력이 규정압력 이상이 되면 자동으로 대기 중에 방출하여 안전을 유지 한다.

(3) **브레이크 밸브**

페달을 밟으면 플런저가 배출 밸브를 눌러 공기 탱크의 압축 공기가 앞 브레이크 체임버와 릴레이 밸브에 보내져 브레이크 작용을 한다.

(4) **릴레이 밸브**

① 브레이크 밸브에서 공급된 압축 공기를 뒤 브레이크 체임버에 공급하는 역할을 한다.

② 브레이크 밸브에서 다이어프램 상부에 압축 공기가 공급되면 배기 밸브가 닫힌다.

③ 공기 밸브가 열려 압축 공기를 뒤 브레이크 체임버에 공급하여 제동력이 발생된다.

④ 브레이크 페달을 놓으면 다이어프램 상부의 압축 공기는 브레이크 밸브를 통하여 대기 중으로 배출된다.

⑤ 다이어프램 하부의 공기 압력에 의해 다이어프램이 이동하여 공기 밸브는 닫히고 배출 밸브는 열린다.

⑥ 브레이크 체임버에 공급되는 압축 공기는 대기 중으로 배출되어 제동력이 해제된다.

(5) **퀵 릴리스 밸브**

① 브레이크 밸브에서 공기가 배출되므로 퀵 릴리스 밸브는 스프링장력에 의해 리턴된다.

② 이때 배출 포트가 열려 브레이크 체임버에 공급된 압축 공기가 신속하게 배출된다.

③ 브레이크 체임버 내의 공기가 브레이크밸브까지 가지않고 배출 되기 때문에 브레이크가 신속히 해제된다.

(6) **브레이크 체임버**

① 브레이크 체임버는 공기의 압력을 기계적 에너지로 변환시키는 역할을 한다.

② 압축 공기가 유입되어 다이어프램에 가해지고 푸시로드를 밀면 레버를 통하여 브레이크 캠을 작동시킨다

③ 브레이크 페달을 놓으면 스프링의 장력에 의해 푸시로드와 다이어프램이 리턴 된다.

④ 따라서 브레이크 캠을 리턴시켜 브레이크를 해제시킴과 동시에 공기의 배출을 돕는다.

(7) **저압 표시기**

공기 압력이 낮으면 접점이 달혀 계기판의 경고등을 점등시킨다.

(8) **체크 밸브**

언로더 밸브가 작용할 때 공기 탱크의 공기가 압축기로 역류되는 것을 방지한다.

2. **공기식 브레이크 장·단점**

(1) 장점

① 차량의 중량에 제한을 받지 않는다.

② 공기가 다소 누출되어도 브레이크 성능이 현저하게 저하되지 않아 안전도가 높다.

③ 오일을 사용하지 않기 때문에 베이퍼 록 현상이 발생되지 않는다.

④ 페달을 밟는 양에 따라서 제동력이 조절된다.

⑤ 압축 공기의 압력을 높이면 더 큰 제동력을 얻을 수 있다.

(2) 단점

① 구조가 복잡하고 유압 브레이크보다 값이 비싸다.

② 엔진출력을 사용하므로 연료소비량이 많다.

3. **ABS(Anti-lock Break System)**

(1) 개요

자동차 주행 중 제동할 때 타이어의 고착 현상을 미연에 방지하여 노면에 달라붙는 힘을 유지하므로 사전에 사고의 위험성을 감소시키는 예방 안전장치이다.

(2) **ABS의 특징**

① 바퀴의 미끄러짐이 없는 제동 효과를 얻을 수 있다.

② 자동차의 방향 안정성, 조종성능을 확보해 준다.

③ 앞바퀴의 고착에 의한 조향 능력 상실을 방지한다.

④ 뒷바퀴의 조기 고착으로 인한 옆 방향 미끄러짐을 방지한다.

⑤ 노면의 상태가 변해도 최대 제동효과를 얻을 수 있다.

4. **감속 브레이크**

(1) 개요

감속 브레이크란 풋 브레이크의 보조로 사용되는 브레이크로 자동차가 고속 대형화함에 따라 풋 브레이크를 자주 사용하는 것은 베이퍼 록이나 페이드 현상이 발생할 가능성이 높아져 안전한 운전을 할 수 없게 됨에 따라 개발된 것이 감속 브레이크이다. 감속 브레이크는 제3의 브레이크라고도 하며, 엔진 브레이크, 배기 브레이크 등이 있다.

① 엔진 브레이크 : 엔진의 회전 저항을 이용한 것으로 언덕길을 내려갈 때 가속 페달을 놓거나, 저속기어를 사용하면 회전저항에 의한 제동력이 발생한다.

② 배기 브레이크 : 배기관 내에 설치된 밸브를 통해 배기가스 또는 공기를 압축한 후 배기 파이프 내의 압력이 배기 밸브 스프링 장력과 평형이 될 때까지 높게 하여 제동력을 얻는다.

(2) **감속 브레이크의 장점**

① 풋 브레이크를 사용하는 횟수가 줄기 때문에 주행할 때의 안전도가 향상되고, 운전자의 피로를 줄일 수 있다.

② 브레이크 슈, 드럼 혹은 타이어의 마모를 줄일 수 있다.

③ 눈, 비 등으로 인한 타이어 미끄럼을 줄일 수 있다.

④ 클러치 사용횟수가 줄게 됨에 따라 클러치 관련 부품의 마모가 감소한다.

⑤ 브레이크가 작동할 때 이상 소음을 내지 않으므로 승객에게 불쾌감을 주지 않는다.

제2편 자동차 관리요령

4장. 자동차의 검사 및 보험 등

1 자동차 검사

1. 자동차검사의 필요성

① 자동차 결함으로 인한 교통사고 사상자 사전 예방
② 자동차 배출가스로 인한 대기오염 최소화
③ 불법개조 등 안전기준 위반 차량 색출로 운행질서 확립
④ 자동차보험 미가입 자동차의 교통사고로부터 국민피해 예방

2. 자동차종합검사(배출가스 검사 + 안전도 검사)

(1) 개념

자동차 정기검사와 배출가스 정밀검사 및 특정경유자동차 배출가스 검사의 검사항목을 하나의 검사로 통합하고 검사 시기를 자동차 정기 검사 시기로 통합하여 한 번의 검사로 모든 검사가 완료되도록 함으로써 자동차검사로 인한 국민의 불편을 최소화하고 편익을 도모하기 위해 시행하는 제도로 다음 각 호에 대하여 실시하는 자동차종합검사를 받은 경우에는 자동차 정기검사, 배출가스 정밀검사 및 특정 경유 자동차 검사를 받은 것으로 본다.

① 자동차의 동일성 확인 및 배출가스 관련 장치 등의 작동 상태 확인을 관능검사(사람의 감각기관으로 자동차의 상태를 확인하는 검사) 및 기능검사로 하는 공통 분야
② 자동차 안전검사 분야
③ 자동차 배출가스 정밀검사 분야

(2) 대상자동차 및 검사 유효기간

검사 대상		적용 차량	검사 유효기간
승용자동차	비사업용	차량이 4년 초과인 자동차	2년
	사업용	차량이 2년 초과인 자동차	1년
경형·소형의 승합 및 화물자동차	비사업용	차량이 3년 초과인 자동차	1년
	사업용	차량이 2년 초과인 자동차	1년
사업용 대형화물자동차		차량이 2년 초과인 자동차	6개월
그 밖의 자동차	비사업용	차량이 3년 초과인 자동차	차령 5년까지는 1년, 이후부터는 6개월
	사업용	차량이 2년 초과인 자동차	차령 5년까지는 1년, 이후부터는 6개월

(3) 자동차종합검사 유효기간

① 검사 유효기간 계산 방법
  ㉮ 자동차관리법에 따라 신규등록을 하는 경우 : 신규등록일부터 계산
  ㉯ 자동차종합검사기간 내에 종합검사를 신청하여 적합 판정을 받은 경우 : 직전 검사 유효기간 마지막 날의 다음 날부터 계산
  ㉰ 자동차종합검사기간 전 또는 후에 자동차종합검사를 신청하여 적합 판정을 받은 경우 : 자동차종합검사를 받은 날의 다음 날부터 계산
  ㉱ 재검사기간 내에 적합 판정을 받은 경우 ; 자동차종합검사를 받은 것으로 보는 날의 다음 날부터 계산

② 자동차 소유자가 자동차종합검사를 받아야 하는 기간
  ㉮ 자동차종합검사 유효기간의 마지막 날(검사 유효기간을 연장하거나 검사를 유예한 경우에는 그 연장 또는 유예된 기간의 마지막 날) 전후 각각 31일 이내에 받아야 한다.

㉯ 소유권 변동 또는 사용본거지 변경 등의 사유로 자동차종합검사의 대상이 된 자동차 중 자동차정기검사의 기간 중에 있거나 자동차정기검사의 기간이 지난 자동차는 변경등록을 한 날부터 62일 이내에 자동차종합검사를 받아야 한다.

3. 자동차 정기검사(안전도 검사)

(1) 개념

자동차관리법에 따라 종합검사 시행지역 외 지역에 대하여 안전도 분야에 대한 검사를 시행하며, 배출가스 검사는 공회전상태에서 배출가스를 측정한다.

(2) 검사유효기간

구 분		검사 유효기간
비사업용 승용자동차 및 피견인 자동차		2년(신조차로서 법 제43조 제5항에 따른 신규검사를 받은 것으로 보는 자동차의 최초검사유효기간은 4년)
사업용 승용자동차		1년(신조차로서 법 제43조 제5항에 따른 신규검사를 받은 것으로 보는 자동차의 최초검사유효기간은 2년)
경형 및 소형 화물자동차		1년
사업용 대형 화물자동차	차량이 2년 이하인 경우	1년
	차량이 2년 경과된 경우	6월
그 밖의 자동차	차량이 5년 이하인 경우	1년
	차량이 5년 경과된 경우	6월

3) 검사방법 및 항목

종합검사의 안전도 검사 분야의 검사방법 및 검사항목과 동일하게 시행

4. 구조변경검사

구조변경 승인을 받은 날부터 45일 이내에 교통안전 공단 자동차검사소에서 안전기준 적합여부 및 승인받은 내용대로 변경하였는가에 대하여 검사를 받아야 하는 일련의 행정절차를 말한다.

(1) 구조변경 승인구비서류

① 구조·장치변경승인신청서 : 자동차소유자가 신청, 대리인인 경우 소유자(운송회사)의 위임장 및 인감증명서 첨부 필요
② 변경 전·후 주요제원 대비표
③ 변경 전·후 자동차의 외관도 : 외관도 및 설계도면에 변경내용(축간거리, 승객좌석간 거리 등)이 정확히 표시·기재되어 있어야 함
④ 변경하고자 하는 구조·장치의 설계도 : 특수한 장치 등을 설치할 경우 장치에 대한 상세도면 또는 설계도 포함
⑤ 당해 자동차의 제작자가 변경 후의 자동차의 성능과 안전도가 적정하다고 인정한 서류 : 차대 또는 차체가 동일한 승용자동차·승합자동차의 승차정원 중 가장 많은 것의 범위 안에서 당해 자동차의 제작자가 변경 후의 성능과 안전도가 적정하다고 인정하여 승차정원을 증가시키는 경우

(2) 구조변경승인 불가 항목

    ① 차량의 총중량이 증가되는 구조 또는 장치의 변경

    ② 승차정원이 증가하는 승차장치 변경

    ③ 자동차의 종류가 변경되는 구조 또는 장치의 변경

    ④ 변경전보다 성능 또는 안전도가 저하될 우려가 있는 경우의 변경

5. 임시검사

(1) 임시검사를 받는 경우

    ① 불법개조 또는 불법정비 등에 대한 안전성 확보를 위한 검사

    ② 사업용 자동차의 차령연장을 위한 검사

    ③ 자동차 소유자의 신청을 받아 시행하는 검사

(2) 임시검사 신청서류

    ① 임시검사신청서

    ② 자동차등록증

    ③ 자동차점검·정비·검사 또는 원상복구명령서(해당하는 경우만 첨부)

6. 신규검사

(1) 신규검사를 받아야 하는 경우

    ① 여객자동차 운수사업법에 의하여 면허, 등록, 인가 또는 신고가 실효하거나 취소되어 말소한 경우

    ② 자동차를 교육·연구목적으로 사용하는 등 대통령령이 정하는 사유에 해당하는 경우

      ㉠ 자동차 자기인증을 하기 위해 등록한 자

      ㉡ 국가간 상호인증 성능시험을 대행할 수 있도록 지정된 자

      ㉢ 자동차 연구개발 목적의 기업부설연구소를 보유한 자

      ㉣ 해외자동차업체와 계약을 체결하여 부품개발 등의 개발 업무를 수행하는 자

      ㉤ 전기장동차 등 친환경·첨단미래형 자동차의 개발·보급을 위하여 필요하다고 국토교통부장관이 인정하는 자

    ③ 자동차의 차대번호가 등록원부상의 차대번호와 달리 직권 말소된 자동차

    ④ 속임수나 그 밖의 부정한 방법으로 등록되어 말소된 자동차

    ⑤ 수출을 위해 말소한 자동차

    ⑥ 도난당한 자동차를 회수한 경우

(2) 신규검사 신청서류

    ① 신규검사 신청서

    ② 출처증명서류[말소사실증명서 또는 수입신고서, 자기인증면제확인서(자기인증면제대상차량에 한함)]

    ③ 제원표

2 자동차 보험 및 공제

1. 자동차 보험 및 공제 미가입에 따른 과태료

(1) 자동차 운행으로 다른 사람이 사망하거나 부상한 경우에 피해자(피해자가 사망한 경우에는 손해배상을 받을 권리를 가진 자)에게 책임보험금을 지급할 책임을 지는 책임보험이나 책임 공제에 미가입한 경우

    ① 가입하지 아니한 기간이 10일 이내인 경우 : 3만원

    ② 가입하지 아니한 기간이 10일을 초과한 경우 : 3만원에 11일째부터 1일마다 8천원을 가산한 금액

(2) 책임보험 또는 책임공제에 가입하는 것 외에 자동차의 운행으로 다른 사람의 재물이 멸실되거나 훼손된 경우에 피해자에게 사고 1건당 1천만원의 범위에서 사고로 인하여 피해자에게 발생한 손해액을 지급할 책임을 지는 보험업법에 따른 보험이나 여객자동차 운수사업단에 따른 공제에 미가입한 경우

    ① 가입하지 아니한 기간이 10일 이내인 경우 : 5천원

    ② 가입하지 아니한 기간이 10일을 초과한 경우 : 5천원에 11일째부터 1일마다 2천원을 가산한 금액

    ③ 최고 한도금액 : 자동차 1대당 30만원

01 일상점검에 대한 설명으로 옳지 않은 것은?

㉮ 자동차를 운행하는 사람이 매일 자동차를 운행하기 전에 실시하는 점검이다.

㉯ 일상점검은 안전운행에 필요한 점검으로 운전자의 의무이다.

㉰ 일상점검은 반드시 실시하여야 한다.

㉱ 매일 자동차를 운행한 사람이 자동차를 운행한 후에 실시하는 점검이다.

02 운행 전 운전석에서의 점검사항이 아닌 것은?

㉮ 반사기 및 번호판의 오염, 손상은 없는지 점검한다.

㉯ 연료 게이지량을 점검한다.

㉰ 브레이크 페달 유격 및 작동상태를 점검한다.

㉱ 룸미러, 경음기, 계기점등 상태를 점검한다.

> **해설**
> **용어의 정의** 반사기 및 번호판의 오염, 손상 상태 점검은 외관 점검사항이다.

03 일상점검 항목 중 엔진 룸 내부 점검사항이 아닌 것은?

㉮ 엔진오일, 냉각수가 충분한가를 점검한다.

㉯ 스프링 연결부위의 손상 또는 균열 여부를 점검한다.

㉰ 누수, 누유는 없는지를 점검한다.

㉱ 클러치액, 와셔액 등은 충분한지를 점검한다.

> **해설**
> 차의 외관 점검 항목은 완충 스프링 상태, 바퀴 상태, 램프 상태, 등록번호판 파손 및 식별가능성, 배기가스 색깔 등

04 다음 중 천연가스를 고압으로 압축하여 만든 기체 상태의 연료는?

㉮ LPG   ㉯ LNG

㉰ PLG   ㉱ CNG

> **해설**
> LPG는 액화석유가스, CNG는 압축천연가스, LNG는 액화 천연가스이다.

05 세차할 때의 주의사항 중 틀린 것은?

㉮ 자동차의 더러움이 심할 때에는 가정용 중성세제를 이용하여 세척한다.

㉯ 엔진룸은 에어를 이용하여 세척한다.

㉰ 겨울철에 세차하는 경우에는 물기를 완전히 제거한다.

㉱ 기름 또는 왁스가 묻어 있는 걸레로 전면유리를 닦지 않는다.

> **해설**
> 자동차의 더러움이 심할 때에는 고무제품의 변색을 예방하기 위하여 자동차 전용 세척제를 사용한다.

06 버스운전자가 운행 중 지켜야 할 안전수칙이다. 맞지 않는 것은?

㉮ 음주, 과로한 상태에서 운전은 금지한다.

㉯ 창문, 밖으로 손이나 얼굴 등을 내밀지 않도록 주의한다.

㉰ 좌석, 핸들, 미러를 조정한다.

㉱ 도어 개방 상태에서의 운행을 금지한다.

> **해설**
> 좌석, 핸들, 미러 등은 운행 전에 미리 조정한다.

07 자동차를 운행하기 전에 운전석에서 점검할 사항으로 틀린 것은?

㉮ 클러치 페달의 유격 및 작동상태

㉯ 브레이크 리저버 탱크 에어 압력의 상태

㉰ 와이퍼의 작동 상태

㉱ 휠 너트의 조임 상태

08 자동차의 일상점검에 관련된 내용으로 거리가 먼 것은?

㉮ 경사가 없는 평탄한 장소에서 점검한다.

㉯ 변속레버는 P(주차)에 위치시킨 후 주차 브레이크를 당겨 놓는다.

㉰ 점검은 환기가 잘되는 장소에서 실시한다.

㉱ 엔진을 점검할 때에는 반드시 엔진 시동상태에서 점검한다.

> **해설**
> 엔진 시동상태에서 점검해야 할 사항이 아니면 엔진시동을 끄고 한다.

09 매일 자동차를 운행하는 사람이 운행하기 전에 실시하는 점검을 무엇이라 하는가?

㉮ 정기점검   ㉯ 일상점검

㉰ 수시점검   ㉱ 정밀점검

> **해설**
> 일상점검은 안전운행에 필요한 점검이고 운전자의 의무이며, 매일 자동차를 운행하는 사람이 자동차를 운행하기 전에 반드시 실시하여야 한다.

10 자동차를 운행하기 전에 엔진을 점검하는 사항으로 틀린 것은?

㉮ 각종벨트의 장력은 적당하며 손상된 곳은 없는지 점검한다.

㉯ 엔진 오일의 양은 적당하며 점도는 이상이 없는지 점검한다.

㉰ 배터리 액 및 청결상태를 점검한다.

㉱ 냉각수의 양은 적당하며 불순물이 섞이지는 않았는지 점검한다.

정답 01. ㉱ 02. ㉮ 03. ㉯ 04. ㉱ 05. ㉮ 06. ㉰ 07. ㉱ 08. ㉱ 09. ㉯ 10. ㉰

11 자동차를 운행하기 전에 자동차 주위에서 점검하여야 하는 사항으로 알맞은 것은?

㉮ 엔진소리에 잡음은 없는지 점검한다.
㉯ 공기 압력은 충분하며 잘 충전되고 있는지 점검한다.
㉰ 라디에이터 캡과 연료탱크 캡은 이상 없이 채워져 있는지 점검한다.
㉱ 시동시에 잡음이 없으며 시동이 잘 되는지 점검한다.

12 다음은 자동차를 출발하기 전에 확인할 사항을 설명한 것으로 틀린 것은?

㉮ 공기 압력은 충분하며 잘 충전되고 있는지 확인한다.
㉯ 후사경의 위치와 각도는 적절한지 확인한다.
㉰ 클러치 작동과 동력전달에 이상이 없는지 확인한다.
㉱ 엔진 소리에 잡음은 없는지 확인한다.

13 자동차를 운행한 후 운전자가 자동차 주위에서 점검할 사항으로 옳지 않은 것은?

㉮ 차체에 굴곡이나 손상된 곳은 없는지 점검한다.
㉯ 조향장치, 현가장치의 나사 풀림은 없는지 점검한다.
㉰ 차체에 부품이 없어진 곳은 없는지 점검한다.
㉱ 본넷트의 고리가 빠지지는 않았는지 점검한다.

🚌 해설
운행 후 운전자가 자동차 주위(외관)에서 점검할 사항
① 차체가 기울어지지 않았는지 점검한다.
② 차체에 굴곡이나 손상된 곳은 없는지 점검한다.
③ 차체에 부품이 없어진 곳은 없는지 점검한다.
④ 본넷트의 고리가 빠지지는 않았는지 점검한다.

14 다음은 CNG 자동차의 구조에 대한 설명이다. 틀린 것은?

㉮ 저장된 용기의 연료는 배관라인을 따라서 저압의 상태를 고압으로 조정하여 엔진의 연소실로 주입된다.
㉯ 고압의 CNG를 충전하기 위한 용기가 설치되어 있다.
㉰ 용기에 부착되어 있는 용기 부속품으로 자동실린더 밸브, 수동실린더 밸브, 압력 방출장치가 있다
㉱ 유량이 설계 설정 값을 초과하는 경우, 자동으로 흐름을 차단하거나 제한하는 밸브인 과류방지 밸브가 부속품으로 구성되어 있다.

🚌 해설
저장된 용기의 연료는 배관라인을 따라서 고압의 상태에서 저압으로 조정하여 엔진의 연소실로 주입된다.

15 냉각수가 규정 이하일 경우 냉각수량 경고음이 울린다. 조치가 맞는 것은?

㉮ 냉각수량과 벨트의 이상 유무 확인한다.
㉯ 엔진 오일량 및 오일 상태를 점검한다.
㉰ 냉각계통의 누수 유무를 점검한다.
㉱ 윤활 계통의 누유 유무를 점검한다.

🚌 해설
보기 중 ㉮, ㉰항은 엔진 냉각수 온도가 과도하게 높아져 수온 경고음이 울릴 때의 조치이며, ㉱항은 엔진오일 입력 경고음이 울릴 때의 조치에 해당된다.

16 다음은 운전석 전·후 위치 조절 순서다. 맞는 것은?

㉮ 좌석 쿠션에 있는 조절레버를 당긴다. → 조절레버를 놓으면 고정된다. → 좌석을 전·후 원하는 위치로 조절한다. → 좌석을 앞·뒤로 가볍게 흔들어 고정되었는지 확인한다.
㉯ 좌석을 전·후 원하는 위치로 조절한다. → 좌석 쿠션에 있는 조절 레버를 당긴다. → 조절 레버를 놓으면 고정된다. → 좌석을 앞·뒤로 가볍게 흔들어 고정되었는지 확인한다.
㉰ 좌석을 앞·뒤로 가볍게 흔들어 고정되었는지 확인하다. → 조절 레버를 당긴다. → 좌석을 전·후 원하는 위치로 조절한다. → 조절 레버를 놓으면 고정된다.
㉱ 좌석 쿠션에 있는 조절 레버를 당긴다. → 좌석을 전·후 원하는 위치로 조절한다. → 조절 레버를 놓으면 고정된다. → 조절 후에는 앞뒤로 가볍게 흔들어 고정되었는지 확인한다.

17 다음은 겨울철 버스 운행에 대한 설명이다. 옳지 않은 것은?

㉮ 엔진 시동 후에는 적당한 워밍업을 한 후 운행한다.
㉯ 눈길이나 빙판에서는 가속 페달이나 핸들을 급하게 조작하면 위험하다.
㉰ 타이어 체인을 장착한 경우에는 50km/h 이내 또는 체인 제작사에서 추천하는 규정 속도 이하로 주행한다.
㉱ 차의 하체 부위에 있는 얼음 덩어리를 운행 전에 제거한다.

🚌 해설
타이어 체인을 장착한 경우에는 30km/h 이내 또는 체인 제작사에서 추천하는 규정속도 이하로 주행한다.

18 운행 중에 운전자가 유의하여야 할 사항을 설명한 것으로 옳은 것은?

㉮ 차체가 이상하게 흔들리거나 진동하지는 않는지 유의한다.
㉯ 타이어는 정상으로 마모되고 있는지 유의한다.
㉰ 에어가 누설되는 곳은 없는지 유의한다.
㉱ 오일이나 냉각수가 새는 곳은 없는지 유의한다.

19 운전자가 자동차를 운행한 후 하체에 대하여 점검할 사항으로 알맞은 것은?

㉮ 차체가 기울어지지 않았는지 점검한다.
㉯ 차체에 굴곡이나 손상된 곳은 없는지 점검한다.
㉰ 차체에 부품이 없어진 곳은 없는지 점검한다.
㉱ 휠 너트가 빠져 없거나 풀리지는 않았는지 점검한다.

🚌 해설
운행한 후 운전자가 하체에 대하여 점검할 사항
① 타이어는 정상으로 마모되고 있는지 점검한다.
② 볼트, 너트가 풀린 곳은 없는지 점검한다.
③ 조향장치, 현기장치의 나사 풀림은 없는지 점검한다.
④ 휠 너트가 빠져 없거나 풀리지는 않았는지 점검한다.
⑤ 에어가 누설되는 곳은 없는지 점검한다.

정답 11. ㉰ 12. ㉰ 13. ㉯ 14. ㉮ 15. ㉰ 16. ㉱ 17. ㉰ 18. ㉮ 19. ㉱

20 안전벨트의 착용에 대한 설명으로 잘못된 것은?

㉮ 신체의 상해를 예방하기 위하여 가까운 거리라도 안전벨트를 착용하여야 한다.

㉯ 안전벨트가 꼬이지 않도록 하여 아래 엉덩이 부분에 착용하여야 한다.

㉰ 허리 부위의 안전벨트는 골반 위치에 착용하여야 한다.

㉱ 안전벨트를 목 주위로 감아서 어깨 안쪽으로 오도록 착용하여야 한다.

🚌해설
탑승자가 기대거나 구부리지 않고 좌석에 깊이 걸쳐 앉아 등을 등받이에 기대에 똑바로 앉은 상태에서 안전벨트의 어깨띠 부분은 가슴 부위를 지나도록 착용하여야 한다.

21 자동차를 운행하는 중에 운전자가 지켜야할 안전수칙에 대한 설명이다. 올바르지 않은 것은?

㉮ 창문 밖으로 손이나 얼굴 등을 내밀지 않도록 주의하고 운행한다.

㉯ 운행 중에 연료를 절약하기 위하여 엔진의 시동을 끄고 운행한다.

㉰ 높이 제한이 있는 도로에서는 항상 차량의 높이에 주의하여 운행한다.

㉱ 터널 밖이나 다리 위에서는 돌풍에 주의하여 운행한다.

🚌해설
운전자가 운행 중에 지켜야 할 안전수칙
① 과로나 음주 상태에서 운전을 하여서는 안된다.
② 창문 밖으로 손이나 얼굴 등을 내밀지 않도록 주의한다.
③ 주행 중에는 엔진을 정지시켜서는 안된다.
④ 도어를 개방한 상태로 운행해서는 안된다.
⑤ 터널 밖이나 다리 위에서의 돌풍에 주의하여 운행한다.
⑥ 높이 제한이 있는 도로에서는 항상 차량의 높이에 주의한다

22 고속도로 운행 전에 점검해야 할 사항이 아닌 것은?

㉮ 연료 ㉯ 미션오일

㉰ 냉각수 ㉱ 타이어 공기압

🚌해설
고속도로 운행 전 점검사항 : 연료, 냉각수, 엔진오일, 각종 벨트, 타이어 공기압 등

23 다음은 자동차 운전 중 진동과 소리가 날 때의 원인과 응급조치에 관한 설명이다. 옳지 않은 것은?

㉮ 쇠가 마주치는 소리가 날 때에는 밸브장치에서 나는 소리로, 밸브 간극 조정으로 고쳐질 수 있다.

㉯ 가속페달을 힘껏 밟는 순간 '끼익!' 하는 소리가 나는 경우는 팬벨트 또는 기타의 V벨트가 이완되어 걸려있는 풀리와의 미끄러짐에 의해 일어난다.

㉰ 클러치를 밟고 있을 때 '달달달' 떨리는 소리와 함께 차체가 떨리고 있다면 클러치 릴리스 베어링의 고장이다. 정비공장에서 교환하여야 한다.

㉱ 브레이크 페달을 밟아 차를 세우려고 할 때 바퀴에서 '끽!' 하는 소리가 나는 경우는 바퀴의 휠너트의 이완이나 공기 부족일 때 나는 소리이다.

🚌해설
브레이크 페달을 밟아 차를 세우려고 할 때 바퀴에서 '끽!'하는 소리가 나는 경우는 브레이크 라이닝의 마모가 심하거나 라이닝에 오일이 묻어 있을 때 일어나는 현상이다.

24 자동차를 운행하기 전에 지켜야할 안전 수칙으로 틀린 것은?

㉮ 손목이 핸들의 가장 가까운 곳에 닿도록 시트를 조정한다.

㉯ 안전벨트의 착용을 습관화 한다.

㉰ 운전에 방해되는 물건은 제거한다.

㉱ 일상점검을 생활화 한다.

🚌해설
자동차를 운행하기 전에 지켜야할 안전수칙
① 안전벨트의 착용을 습관화 한다. ② 운전에 방해되는 물건을 제거한다.
③ 올바른 운전 자세를 유지한다. ④ 좌석, 핸들, 미러를 조정한다.
⑤ 일상점검을 생활화 한다.

25 다음은 엔진시동이 걸리지 않는 경우에 해당하는 것이다. 해당되지 않는 것은?

㉮ 엔진 내부가 얼어 있을 때

㉯ 배터리 단자의 연결 상태 불량으로 시동모터가 회전하지 않을 때

㉰ 배터리가 방전되어 있을 때

㉱ 전기장치에 고장이 있을 때

🚌해설
엔진 내부가 얼어 있으면 냉각수가 순환되지 않아 오버히트가 발생할 수 있다.

26 브레이크 제동효과가 나쁜 원인 중 해당되지 않는 것은?

㉮ 공기압이 과다하다.

㉯ 타이어 마모가 심하다.

㉰ 타이어의 무게 중심이 맞지 않는다.

㉱ 타이어 공기가 빠져나가는 현상이 있다.

🚌해설
타이어의 무게 중심이 맞지 않는 경우는 핸들이 떨리는 원인이 된다.

27 자동차 연료 주입구 개폐와 관련된 사항으로 틀린 것은?

㉮ 연료 주입구 캡을 분리할 때는 시계 반대방향으로 돌리고, 닫으려면 주입구 캡을 시계방향으로 돌린다.

㉯ 연료 캡에서 연료가 새거나 바람 빠지는 소리가 들리면 연료캡을 완전히 분리하기 전에 이런 상황이 멈출 때까지 대기한다.

㉰ 연료를 충전할 때에는 항상 엔진을 정지시키고 연료 주입구 근처에 불꽃이나 화염을 가까이 하지 않는다.

㉱ 연료 캡을 열 때에는 연료에 압력이 가해져 있을 수 있으므로 최대한 빨리 분리한다.

🚌해설
연료 캡을 열 때에는 연료에 압력이 가해져 있을 수 있으므로 천천히 분리하여야 한다.

28 압축천연가스 자동차에 사용되는 CNG 연료의 특징에 대한 설명이 올바르지 않은 것은?

㉮ 탄소량이 적어 발열량당 이산화탄소의 배출량이 많다.

㉯ 옥탄가가 120~136으로 높고 세탄가는 낮으며, 오토 사이클 엔진에 적합한 연료이다.

㉰ 혼합기 형성이 용이하고 희박 연소가 가능하며, 입자상 물질의 생성이 적다.

㉱ 천연가스는 메탄을 주성분으로 한 수소계의 연료이며, 메탄의 비등점은 -162℃이다.

정답 20. ㉱ 21. ㉯ 22. ㉯ 23. ㉱ 24. ㉮ 25. ㉮ 26. ㉰ 27. ㉱ 28. ㉮

🚌 해설

CNG 연료의 특징
① 천연가스는 메탄(83~99%)을 주성분으로 한 수소계의 연료이다.
② 메탄의 비등점은 -162℃이며, 상온에서는 기체이다.
③ 옥탄가(120~136)는 높고 세탄가는 낮으며, 탄소수가 적고 독성이 낮다.
④ 혼합기 형성이 용이하고 희박 연소가 가능하며, 입자상 물질의 생성이 적다.
⑤ 저온 상태에서도 시동성이 우수하다.
⑥ 탄소량이 적어 발열량당 CO_2 배출량이 적다.
⑦ 유황분이 없어 SO_2 가스를 방출하지 않는다.

29 터보차저 차량을 운행한 후 충분한 공회전을 실시하여 온도를 낮춘 후 엔진을 정지시키는 이유를 올바르게 설명한 것은?

㉮ 압축기 날개의 손상을 방지하기 위하여
㉯ 터보차저 베어링부의 소착을 방지하기 위하여
㉰ 터빈 날개의 손상을 방지하기 위하여
㉱ 웨이스트 게이트 밸브의 손상을 방지하기 위하여

🚌 해설

터보차저는 운행 중 rpm을 하기 때문에 고온 상태이므로 급속히 엔진을 정지시키면 열 방출이 이루어지지 않기 때문에 터보차저 베어링의 소착이 발생된다. 이를 방지하기 위하여 충분한 공회전으로 온도를 낮춘 후 엔진을 정지시켜야 한다.

30 연료소비량이 많을 경우 조치사항이다. 틀린 것은?

㉮ 연료 누출여부를(연료계통) 점검한다.
㉯ 적정 타이어 공기압으로 조정한다.
㉰ 브레이크 라이닝 간극을 조정한다.
㉱ 에어클리어 필터 청소 또는 교환한다.

🚌 해설

에어클리어 필터 청소 또는 교환하는 조치사항은 배기가스색이 검을 경우 조치사항이다.

31 압축 천연가스 자동차의 가스 공급라인에서 가스가 누출될 때의 조치 요령을 설명한 것으로 옳지 않은 것은?

㉮ 엔진 시동을 끈 후 메인 전원 스위치를 끈다.
㉯ 탑승하고 있는 승객을 안전한 곳으로 대피시킨다.
㉰ 커넥터 등 연결부위에서 누출되는 경우 급격히 조인다.
㉱ 누설 부위를 비눗물 또는 가스검진기 등으로 확인한다.

🚌 해설

가스 공급라인에서 가스가 누출될 때 조치요령
① 엔진 시동을 끈 후 메인 전원 스위치를 끈다.
② 차량 부근으로 화기의 접근을 차단하여야 한다.
③ 탑승하고 있는 승객을 안전한 곳으로 대피시킨다.
④ 누설 부위를 비눗물 또는 가스검진기 등으로 확인한다.
⑤ 가스 공급라인의 몸체가 파열된 경우 교환한다.
⑥ 커넥터 등 연결부위에서 누출되는 경우 조금씩 누출이 멈출 때까지 조인다.
⑦ 계속 누출되는 경우 사람의 접근을 차단하고 가스가 모두 배출될 때까지 기다린다.

32 천연가스의 상태별 종류에서 천연가스를 액화시켜 부피를 현저히 작게 만들어 저장, 운반 등 사용상의 효율성을 높이기 위한 액화가스를 무엇이라 하는가?

㉮ CNG(Compressed Natural Gas)
㉯ LNG(Liquified Natural Gas)
㉰ ANG(Aborbed Natural Gas)
㉱ LPG(Liquified Petroleum Gas)

33 다음 중 동력 전달장치인 클러치에 대한 설명이다. 옳지 않은 것은?

㉮ 엔진의 동력을 변속기에 전달하거나 차단하는 역할을 한다.
㉯ 관성 운전을 가능하게 한다.
㉰ 클러치는 구조가 간단하고, 다루기 쉬우며 고장이 적어야 한다.
㉱ 엔진 시동을 작동시킬 때나, 기어를 변속할 때에는 동력을 연결하고, 출발할 때에는 엔진의 동력을 서서히 끊는 일을 한다.

🚌 해설

용어설명
· **클러치** : 엔진의 동력을 변속기에 전달하거나 차단하는 역할을 하며, 엔진시동을 작동시킬 때나 기어를 변속할 때에는 동력을 끊고, 출발할 때에는 엔진의 동력을 서서히 연결하는 일을 한다.
· **관성운전** : 주행 중 내리막길이나 신호등을 앞에 두고 가속페달에서 발을 떼면 특정 속도로 떨어질 때까지 연료공급이 차단되고 관성력에 의해 주행하는 운전
· **퓨얼 컷(Fuel cut)** : 가속 페달에서 발을 떼면 특정 속도로 떨어질 때까지 연료공급이 차단되는 현상

34 다음은 수막현상을 방지하기 위하여 주의해야 할 사항이다. 틀린 것은?

㉮ 마모된 타이어를 사용하지 않는다.
㉯ 공기압을 조금 낮게 한다.
㉰ 공기압을 조금 높게 한다.
㉱ 배수효과가 좋은 타이어를 사용한다.

35 다음 중 스탠딩 웨이브 현상(Standing Wave)에 대한 설명이다. 옳지 않은 것은?

㉮ 자동차가 고속 주행할 때 타이어 접지부에 열이 축적되어 변형이 나타나는 현상
㉯ 일반 구조의 승용차용 타이어의 경우 대략 150km/h 전후의 주행 속도에서 스탠딩 웨이브 현상이 발생한다.
㉰ 스탠딩 웨이브 현상은 바이어스 타이어보다 래디얼 타이어에서 더 심하게 나타난다.
㉱ 고속 주행이 많을 경우 타이어의 공기압을 표준 공기압보다 10~30% 높여야 한다.

🚌 해설

스탠딩 웨이브 현상
타이어 공기압이 낮은 상태에서 자동차가 고속으로 달릴 때 일정한 속도 이상이 되면 타이어 접지부의 바로 뒷부분이 부풀어 물결처럼 주름이 접히는 현상을 말한다. 이 현상은 래디얼 타이어보다 바이어스 타이어에서 더 심하게 나타난다.

36 다음은 자동차 운행시 브레이크의 조작 요령에 대한 설명이다. 알맞은 것은?

㉮ 브레이크 페달을 급격히 밟으면 안정된 제동 성능을 얻을 수 있다.
㉯ 내리막길에서는 풋 브레이크만을 작동시키면서 내려간다.
㉰ 브레이크 페달을 2~3회 나누어 밟으면 뒤따라오는 자동차에 제동 정보를 제공하여 후미 추돌을 방지할 수 있다.
㉱ 주행 중 제동은 핸들을 붙잡고 기어를 중립으로 한 상태에서 제동하여야 한다.

정답 29. ㉯ 30. ㉱ 31. ㉰ 32. ㉯ 33. ㉱ 34. ㉯ 35. ㉰ 36. ㉰

37 천연가스의 상태별 종류에서 천연가스를 고압으로 압축하여 고압의 용기에 저장한 기체상태의 연료를 무엇이라 하는가?

㉮ CNG(Compressed Natural Gas)
㉯ LNG(Liquified Natural Gas)
㉰ ANG(Aborbed Natural Gas)
㉱ LPG(Liquified Petroleum Gas)

38 자동 변속기의 특징에 대한 설명 중 맞지 않는 것은?

㉮ 기어변속이 자동으로 이루어져 운전이 편리한다.
㉯ 조작 미숙으로 인한 시동 꺼짐이 없다.
㉰ 연료 소비율이 약 10% 정도 많아진다.
㉱ 구조가 간단하고 가격이 비싸다.

39 클러치가 미끄러질 때는 어떤 영향을 미치는가, 옳지 않은 것은?

㉮ 연료소비량이 감소한다.
㉯ 엔진이 과열한다.
㉰ 등판능력이 증가한다.
㉱ 구동력이 감소하여 출발이 어렵고 증속이 잘 되지 않는다.

40 자동차를 험한 도로에서 주행할 때의 요령에 대하여 설명한 것으로 다음 중 알맞은 것은?

㉮ 제동할 때는 브레이크 페달을 급격히 밟아 자동차가 정지하도록 한다.
㉯ 비포장도로, 눈길, 빙판길, 진흙탕 길에서는 속도를 높이며 제동거리를 충분히 확보한다.
㉰ 요철이 심한 도로에서는 가속하여 주행한다.
㉱ 험한 도로를 주행하는 경우 저단 기어로 가속페달을 일정하게 밟고 기어 변속이나 가속은 하지 않는다.

41 급제동 또는 미끄러운 도로에서 제동할 때 바퀴의 잠김 현상을 방지하여 핸들의 조향 성능을 유지시켜주는 장치를 무엇이라 하는가?

㉮ ABS(Anti-lock Brake System)
㉯ EPS(Electronic Power Steering System)
㉰ ECAS(Electronically Controled Air Suspension)
㉱ CRDI(Common Fail Diesel Injection).

42 클러치에서 차단이 잘되지 않는 원인을 열거한 것으로 해당되지 않는 것은?

㉮ 클러치 페달의 자유간극이 없다.
㉯ 유압장치에 공기가 혼입 되었다.
㉰ 릴리스 베어링이 손상되었거나 파손되었다.
㉱ 클러치 디스크의 흔들림이 크다.

> 🚌 **해설**
> **클러치 차단이 잘되지 않는 원인**
> ① 클러치 페달의 자유간극이 크다.
> ② 킬리스 베어링이 손상되었거나 파손되었다.
> ③ 클러치 디스크이 흔들림이 크다.
> ④ 유압장치에 공기가 혼입되었다.
> ⑤ 클러치 구성부품이 심하게 마멸되었다.

43 클러치 조작방버 중 옳은 것은?

㉮ 빠르게 전달시키고 느리게 차단한다.
㉯ 느리게 차단시키고 빠르게 전달한다.
㉰ 빠르게 차단시키고 느리게 전달시킨다.
㉱ 느리게 차단시키고 느리게 전달시킨다.

44 다음은 자동차에 승차하거나 하차할 때 자동차 밖에서 도어의 개폐에 대한 설명 중 옳지 않은 것은?

㉮ 도어 개폐 시에는 도어 잠금 스위치의 해제 여부를 확인한다.
㉯ 도어 개폐 스위치에 키를 꽂고 왼쪽으로 돌리면 열리고 오른쪽으로 돌리면 닫힌다.
㉰ 키를 이용하여 도어를 열고 닫을 수 있으며, 잠그고 해제할 수 있다.
㉱ 키 홈이 얼어 열리지 않을 경우에는 가볍게 두드리거나 키를 뜨겁게 하여 연다.

> 🚌 **해설**
> **자동차 밖에서 도어를 개폐하는 요령**
> ① 키를 이용하여 도어를 열고 닫을 수 있으며, 잠그고 해제할 수 있다.
> ② 도어 개폐 스위치에 키를 꽂고 오른쪽으로 돌리면 열리고 왼쪽으로 돌리면 닫힌다.
> ③ 키 홈이 얼어 열리지 않을 경우에는 가볍게 두드리거나 키를 뜨겁게 하여 연다.
> ④ 도어 개폐 시에는 도어 잠금 스위치의 해제 여부를 확인한다.

45 악천후 시 자동차를 주행하는 요령에 대하여 설명한 것으로 다음 중 틀린 것은?

㉮ 비가 내릴 경우 급제동을 위하여 차간 거리를 충분히 유지한다.
㉯ 노면이 젖어있는 도로를 주행할 경우 앞차와의 안전거리를 확보하고 서행하는 동안 여러 번에 걸쳐 브레이크 페달을 밟아준다.
㉰ 물이 고인 곳을 주행한 경우 여러 번에 걸쳐 브레이크 페달을 밟아 브레이크를 건조시킨다.
㉱ 안개가 끼었거나 기상조건이 나빠 시계가 불량할 경우 속도를 줄이고 미등 및 안개등 또는 전조등을 점등시킨 상태로 운행한다.

> 🚌 **해설**
> **악천후 시 자동차를 주행하는 요령**
> ① 비가 내릴 경우 급제동을 피하고 차간 거리를 충분히 유지한다.
> ② 물이 고인 곳을 주행한 경우 여러 번에 걸쳐 브레이크 페달을 밟아 브레이크를 건조시킨다.
> ③ 노면이 젖어있는 도로를 주행할 경우 앞차와의 안전거리를 확보하고 서행하는 동안 여러 번에 걸쳐 브레이크 페달을 밟아준다.
> ④ 안개가 끼었거나 기상조건이 나빠 시계가 불량할 경우 속도를 줄이고 미등 및 안개등 또는 전조등을 점등시킨 상태로 운행한다.
> ⑤ 폭우가 내릴 경우 충분한 제동거리를 확보할 수 있도록 감속한다.

46 자동차를 경제적으로 운행하는 요령에 대하여 설명한 것으로 다음 중 알맞은 것은?

㉮ 경제속도를 준수하고 타이어 압력을 적정하게 유지할 필요가 없다.
㉯ 목적지를 확실하게 파악한 후 운행한다.
㉰ 연료가 떨어질 때를 대비해 가득 주유한다.
㉱ 에어컨을 항상 저단으로 켜 둔다.

정답 37. ㉮   38. ㉱   39. ㉰   40. ㉱   41. ㉮   42. ㉮   43. ㉰   44. ㉯   45. ㉮   46. ㉯

47 자동차를 출발 또는 주행 중 가속을 하였을 때 엔진의 회전속도는 상승하지만 출발이 잘 안되거나 주행속도가 올라가지 않는 경우의 원인으로 알맞은 것은?

㉮ 클러치 페달의 자유간극이 없다.
㉯ 클러치 페달의 자유간극이 너무 크다.
㉰ 릴리스 베어링이 손상되었거나 파손되었다.
㉱ 클러치 디스크의 흔들림이 크다.

🚌해설

클러치가 미끄러지는 원인
① 클러치 페달의 자유간극(유격)이 없다.
② 클러치 디스크의 마멸이 심하다.
③ 클러치 디스크에 오일이 묻어 있다.
④ 클러치 스프링의 장력이 약하다.

48 다음 중 수동변속기에 요구되는 조건이 아닌 것은?

㉮ 가볍고, 단단하며, 다루기 쉬워야 한다.
㉯ 연속적으로 또는 자동적으로 변속이 되어야 한다.
㉰ 회전관성이 커야 한다.
㉱ 동력전달 효율이 좋아야 한다.

🚌해설

변속기의 구비조건
① 가볍고, 단단하며, 다루기 쉬워야 한다.
② 조작이 쉽고, 신속 확실하며, 작동소음이 작아야 한다.
③ 연속적으로 또는 자동적으로 변속이 되어야 한다.
④ 동력전달 효율이 좋아야 한다.

49 자동차의 연료 소비량이 많은 경우 추정되는 원인의 설명으로 알맞은 것은?

㉮ 타이어의 무게 중심이 맞지 않는다.
㉯ 라이닝 간극 과다 또는 마모상태가 심하다.
㉰ 클러치가 미끄러진다.
㉱ 타이어가 편마모 되어 있다.

🚌해설

연료 소비가 많은 경우 추정되는 원인
① 연료누출이 있다.
② 타이어 공기압이 부족하다.
③ 클러치가 미끄러진다.
④ 브레이크가 제동된 상태에 있다.

50 자동차를 운행 중에 브레이크 페달을 밟았을 때 제동효과가 나쁜 경우 추정되는 원인으로 틀린 것은?

㉮ 타이어의 공기압이 과다하다.
㉯ 타이어 공기가 빠져 나가는 현상이 있다.
㉰ 라이닝 간극 과다 또는 마모상태가 심하다.
㉱ 타이어의 무게 중심이 맞지 않는다.

🚌해설

브레이크의 제동효과가 나쁜 경우 추정되는 원인
① 타이어의 공기압이 과다하다.
② 타이어 공기가 빠져 나가는 현상이 있다.
③ 라이닝 간극 과다 또는 마모상태가 심하다.
④ 타이어 마모가 심하다.

51 기계식 클러치에서 미끄러짐의 판별 사항에 해당하지 않는 것은?

㉮ 연료의 소비량이 적어진다.
㉯ 등판할 때 클러치 디스크의 타는 냄새가 난다.
㉰ 엔진이 과열한다.
㉱ 자동차의 증속이 잘되지 않는다.

🚌해설

클러치가 미끄러질 때의 영향
① 연료 소비량이 증가한다.
② 엔진이 과열한다.
③ 등판능력이 감소한다.
④ 구동력이 감소하여 출발이 어렵고 증속이 잘되지 않는다.

52 다음 중 엔진이오버히트가 발생되는 원인이 아닌 것은?

㉮ 동절기의 경우 냉각수에 부동액이 들어있지 않은 경우
㉯ 라디에이터의 용량이 클 때
㉰ 엔진 내부가 얼어 냉각수가 순환하지 않는 경우
㉱ 엔진의 냉각수가 부족한 경우

🚌해설

엔진의 오버히트가 발생하는 원인
① 냉각수가 부족한 경우
② 냉각수에 부동액이 들어있지 않은 경우(추운 날씨)
③ 엔진 내부가 얼어 냉각수가 순환하지 않는 경우

53 자동변속기 오일이 색깔이 검은색일 경우 그 원인은?

㉮ 불순물 혼입
㉯ 오일의 열화 및 클러치 디스크 마모
㉰ 불완전 연소
㉱ 에어클리너 막힘

🚌해설

자동변속기의 오일 색깔
① 정상 : 투명도가 높은 붉은 색
② 갈색 : 가혹한 상태에서 사용되거나, 장시간 사용한 경우
③ 투명도가 없어지고 검은 색을 띌 때 : 자동변속기 내부의 클러치 디스크의 마멸분말에 의한 오손, 기어가 마멸된 경우
④ 니스 모양으로 된 경우 : 오일이 매우 고온이 노출된 경우
⑤ 백색 : 오일에 수분이 다량으로 유입된 경우

54 타이어 형상에 의한 분류에 해당되지 않는 것은 무엇인가?

㉮ 레이디얼 타이어   ㉯ 튜브리스 타이어
㉰ 스노우 타이어   ㉱ 바이어스 타이어

🚌해설

타이어의 형상에 따라 바이어스 타이어, 레이디얼 타이어, 스노우 타이어로 구분한다.

55 타이어의 기능에 대한 설명으로 해당되지 않는 것은?

㉮ 자동차의 하중을 지탱하는 기능을 한다.
㉯ 엔진의 구동력 및 브레이크의 제동력을 노면에 전달하는 기능을 한다.
㉰ 노면으로부터 전달되는 충격을 완화시키는 기능을 한다.
㉱ 내열성이 양호하도록 밀착력을 보호하는 기능을 한다.

정답 47. ㉮ 48. ㉰ 49. ㉰ 50. ㉱ 51. ㉮ 52. ㉯ 53. ㉯ 54. ㉯ 55. ㉱

타이어의 기능
① 자동차의 하중을 지탱하는 기능을 한다.
② 엔진의 구동력 및 브레이크의 제동력을 노면에 전달하는 기능을 한다.
③ 노면으로부터 전달되는 충격을 완화시키는 기능을 한다.
④ 자동차의 진행방향을 전환 또는 유지시키는 기능을 한다.

🚌 해설
수막현상을 방지하는 방법
① 저속을 주행한다.
② 마모된 타이어를 사용하지 않는다.
③ 타이어의 공기압을 조금 높게 한다.
④ 배수효과가 좋은 타이어를 사용한다.(리브형)

56 다음은 휠 얼라인먼트가 필요한 시기를 설명한 것이다. 맞지 않는 것은?

㉮ 타이어가 마모되었을 때
㉯ 자동차 하체가 충격을 받았거나 사고가 발생한 경우
㉰ 타이어를 교환한 경우
㉱ 핸들의 중심이 어긋난 경우

🚌 해설
휠 얼라인먼트가 필요한 시기는 위 보기 ㉯, ㉰, ㉱항 이외에 타이어 편마모가 발생한 경우, 자동차가 한쪽으로 쏠림현상이 발생한 경우, 자동차에서 롤링(좌우진동)이 발생한 경우, 핸들이나 자동차의 떨림이 발생한 경우 필요하다.

57 레이디얼(radial) 타이어의 특성에 대하여 설명을 한 것이다. 다음 중 단점에 해당되는 것은?

㉮ 접지면적이 크고 타이어 수명이 길다.
㉯ 충격을 흡수하는 강도가 작아 승차감이 좋지 않다.
㉰ 트레드가 하중에 의한 변형이 적다.
㉱ 고속으로 주행할 때에는 안전성이 크다.

58 다음 중 휠 얼라인먼트의 역할이 아닌 것은?

㉮ 조향 핸들의 조작을 확실하게 하고 안전성을 준다. → 캐스터의 작용
㉯ 조향 핸들에 복원성을 부여한다. → 캐스터와 조향축(킹핀) 경사각의 작용
㉰ 조향 핸들의 조작을 어렵게 한다. → 캠버와 조향축(킹핀) 경사각의 작용
㉱ 타이어 마멸을 최소로 한다. → 토인의 작용

🚌 해설
조향 핸들의 조작을 가볍게 한다. – 캠버와 조향축(킹핀) 경사각의 작용

59 감속브레이크의 장점 설명 중 잘못 설명된 것은?

㉮ 브레이크 슈, 드럼, 혹은 타이어의 마모를 줄일 수 있다.
㉯ 눈, 비 등으로 인한 타이어 미끄럼이 발생한다.
㉰ 클러치 사용 횟수가 줄게 됨에 따라 클러치 관련 부품의 마모가 감소된다.
㉱ 주행할 때 안전도가 향상되고 운전자의 피로를 줄일 수 있다.

🚌 해설
눈, 비 등으로 인한 타이어 미끄럼을 줄일 수 있다.

60 수막(Hydroplaning) 현상을 방지하는 방법이 아닌 것은?

㉮ 마모된 타이어를 사용하지 않는다.
㉯ 타이어의 공기압을 조금 높인다.
㉰ 러그형 패턴의 타이어를 사용한다.
㉱ 배수효과가 좋은 타이어를 사용한다.

61 다음은 코일 스프링에 대하여 설명한 것으로 장점에 해당되는 것은?

㉮ 차축의 지지에 링크나 쇽업소버를 사용하여야 하기 때문에 구조가 복잡하다.
㉯ 옆 방향의 작용력(비틀림)에 대한 저항력이 없다.
㉰ 코일 사이에 마찰이 없기 때문에 진동의 감쇠 작용이 없다.
㉱ 단위 중량당 흡수율이 판 스프링보다 크고 유연하다.

🚌 해설
코일 스프링의 장점
① 단위 중량당 흡수율이 판 스프링보다 크고 유연하다.
② 판 스프링보다 승차감이 우수하다.

62 현가장치에서 하중 변화에 따른 차고를 일정하게 할 수 있으며, 승차감이 그다지 변하지 않는 장점이 있는 스프링은?

㉮ 고무 스프링
㉯ 공기 스프링
㉰ 토션 바 스프링
㉱ 코일 스프링

🚌 해설
공기 스프링
① 공기의 압축 탄성을 이용하여 완충 작용을 한다.
② 고유 진동이 작기 때문에 효과가 유연하다.
③ 공기 자체에 감쇠성이 있기 때문에 작은 진동을 흡수할 수 있다.
④ 하중의 변화와 관계없이 차체의 높이를 일정하게 유지할 수 있다.
⑤ 스프링의 세기가 하중에 비례하여 변화되기 때문에 승차감의 변화가 없다.

63 쇽 업소버의 설치 목적은?

㉮ 현가 스프링의 자유진동을 흡수한다.
㉯ 스프링의 설치를 더욱 튼튼하게 한다.
㉰ 공전현상을 증가시켜 준다.
㉱ 차체를 보강하고 타이어 마모를 방지한다.

64 다음은 동력 조향장치에 대하여 설명한 것으로 단점에 해당되는 것은?

㉮ 적은 힘으로 조향 조작을 할 수 있다.
㉯ 노면의 충격을 흡수하여 핸들에 전달되는 것을 방지한다.
㉰ 앞바퀴의 시미현상(바퀴가 좌·우로 흔들리는 현상)을 방지하는 효과가 있다.
㉱ 오일펌프 구동에 엔진의 출력이 일부 소비된다.

🚌 해설
동력 조향장치의 단점
① 기계식에 비해 구조가 복잡하고 값이 비싸다.
② 고장이 발생한 경우에는 정비가 어렵다.
③ 오일펌프 구동에 엔진의 출력이 일부 소비된다.

정답 56. ㉮ 57. ㉯ 58. ㉰ 59. ㉯ 60. ㉰ 61. ㉱ 62. ㉯ 63. ㉮ 64. ㉱

65 다음에서 조향장치가 갖추어야 할 조건이 아닌 것은 어느 것인가?

㉮ 조향 조작이 주행 주의 충격에 영향을 받지 않을 것
㉯ 조향 핸들의 회전과 바퀴의 선회의 차가 클 것
㉰ 회전 반경이 작아서 좁은 곳에서도 방향 변환이 원활하게 이루어
질 것
㉱ 조작하기 쉽고 방향 전환이 원활하게 행하여 질 것

🚌해설

조향 장치의 구비조건
① 조향 조직이 주행 중 발생되는 충격에 영향을 받지 않을 것
② 조작하기 쉽고 방향 변환이 원활하게 이루어질 것
③ 회전반경이 작아서 좁은 곳에서도 방향 변환이 원활하게이루어질 것
④ 주행 중 섀시 및 보디에 무리한 힘이 작용되지 않을 것
⑤ 고속 주행에서도 조향 핸들이 안정될 것
⑥ 조향 핸들의 회전과 바퀴 선회차가 크기 않을 것
⑦ 수명이 길고 다루거나 정비가 쉬울 것

66 다음 중 현가장치의 구성요소가 아닌 것은?

㉮ 스프링　　　　　㉯ 브레이크
㉰ 쇽 업소버　　　　㉱ 스태빌라이저

🚌해설

브레이크는 제동장치이다.

67 자동차 앞바퀴를 옆으로 보았을 때 앞 차축을 고정하는 조향축(킹핀)이 수직선과 어떤 각도를 두고 설치되어 있는 것을 무엇이라 하는가?

㉮ 캐스터(Caster)　　　㉯ 캠버(Camber)
㉰ 조향축(킹핀) 경사각　　㉱ 토인(Toe-in)

68 다음은 구조 변경 검사 신청서류이다. 해당되지 않는 것은?

㉮ 자동차 등록증
㉯ 운전 면허증
㉰ 구조·장치 변경 승인서
㉱ 변경 전·후의 주요 제원 대비표

🚌해설

구조변경검사 신청 서류
• 자동차 등록증
• 구조·장치 변경 승인서
• 변경 전·후의 주요제원 대비표
• 변경 전·후의 자동차의 외관도(외관 변경이 있는 경우)
• 변경하고자 하는 구조·장치의 설계도
• 구조·장치 변경작업 완료 증명서

69 앞바퀴에 수직방향으로작용하는 하중에 의한 앞차축의 휨을 방지하고 조향핸들의 조작을 가볍게 하기 위하여 시행하는 휠 얼라이먼트는?

㉮ 캐스터　　　　　㉯ 토인
㉰ 캠버　　　　　　㉱ 킹핀경사각

🚌해설

캠버는 조향축(킹핀) 경사각과 함께 조향핸들의 조작을 가볍게 하고 수직 하중에 의한 앞 차축의 휨을 방지하며, 하중을 받았을 때 앞바퀴의 아래쪽이 벌어지는 것을 방지한다.

70 캠버에 관한 설명 중 틀린 것은?

㉮ 정면에서 보았을 때 차륜 중심선이 수직선에 대해 경사되어 있는
상태를 말한다.
㉯ 정(+)의 캠버란 차륜 중심선의 위쪽이 안으로 기울어진 상태를 말
한다.
㉰ 정(+)의 캠버는 차륜 중심선의 위쪽이 밖으로 기울어진 상태를 말
한다.
㉱ 부(-)의 캠버는 차륜 중심선의 위쪽이 안으로 기울어진 상태를 말
한다.

71 다음 중 공기 브레이크 구성부품과 관계 없는 것은?

㉮ 브레이크 밸브
㉯ 레벨링 밸브
㉰ 릴레이 밸브
㉱ 언로더 밸브

🚌해설

공기 브레이크의 구성품
① 브레이크 밸브 : 제동시 압축 공기를 앞 브레이크 체임버와 릴레이 밸브에 공급
하는 역할을 한다.
② 릴레이 밸브 : 압축 공기를 뒤 브레이크 체임버에 공급하는 역할을 한다.
③ 언로더 밸브 : 압력 조절 밸브와 연동되어 작용하며, 동기탱크 내의 압력이
5~7kgf/cm² 이상으로 상승하면 공기 압축기의 흡입 밸브가 계
속 열려 있도록 하여 압축작용을 정지시키는 역할을 한다.
④ 안전 밸브 : 공기탱크 내의 압력이 상승하여 9.7kgh/cm² 에 이르면 밸브가 열
려 탱크의 압축 공기를 대기 중으로 배출시켜 규정 압력 이상으로 상
승되는 것을 방지한다.
⑤ 체크 밸브 : 공기탱크 입구 부근에 설치되어 압축 공기의 역류를 방지하는 역할
을 한다.

72 공기 브레이크에서 압축 공기압을 이용하여 캠을 기계적 힘으로바꾸어 주는 구성 부품은?

㉮ 브레이크 밸브
㉯ 퀵 릴리스 밸브
㉰ 브레이크 체임버
㉱ 언로드 밸브

🚌해설

브레이크 체임버는 공기의 압력을 기계적 에너지로 변환시키는 역할을 하며, 압축 공기가 유입되어 다이어프램에 가해지면 푸시로드를 밀어 레버를 통하여 브레이크 캠을 작동시킨다.

73 압축 공기식 브레이크 장치의 구성부품 중 운전자의 브레이크 페달 밟는 정도에 따라 제동효과를 통제하는 것은?

㉮ 브레이크 밸브
㉯ 로드 센싱 밸브
㉰ 브레이크 드럼
㉱ 퀵 릴리스 밸브

🚌해설

페달을 밟으면 플런저가 배출 밸브를 눌러 공기 탱크의 압축 공기가 앞 브레이크 체임버와 릴레이 밸브에 보내져 브레이크 작용을 한다.

정답　65. ㉯　66. ㉯　67. ㉮　68. ㉯　69. ㉰　70. ㉯　71. ㉯　72. ㉰　73. ㉮

74 감속 브레이크(제3브레이크) 종류가 아닌 것은?

㉮ 주차 브레이크 ㉯ 배기 브레이크
㉰ 와전류 리타더 ㉱ 하이드롤릭 리타더

🚌 해설

감속 브레이크(제3브레이크)의 종류
① 배기 브레이크 : 엔진 브레이크의 효과를 향상시키기 위해 배기관에 회전이 가능한 로터리 밸브가 설치되어 있으며, 로터리 밸브를 닫아 배기관 내에서 압축되도록 한 것을 배가 브레이크라 한다.
② 하이드롤릭 리타더 : 추진축에 설치되어 유체 클러치와 같은 방법으로 작동되며, 작동 유체의 유입량을 변환시켜 제어하는 감속 브레이크로 로터와 스테이터로 구성되어 있다.
③ 와전류 리타더 : 추진축과 함께 회전할 수 있도록 토터가 스테이터 앞뒤에 설치되어 있으며, 로터에 와전류가 발생되면 자장과 상호 작용으로 제동력이 발생된다.
④ 엔진 브레이크 : 가속 페달을 놓으면 피스톤 헤드에 형성되는 압력과 부압에 의해 제동 효과가 발생된다. 효과가 크지 않기 때문에 긴 내리막 길에서 변속기어를 저속에 놓으면 브레이크 효과가 향상된다.

75 자동차의 ABS 특징으로 올바른 것은?

㉮ 바퀴가 로크 되는 것을 방지하여 조향 안정성 유지
㉯ 스핀 현상을 발생시켜 안정성 유지
㉰ 제동시 한쪽 쏠림 현상을 발생시켜 안정성 유지
㉱ 제동거리를 증가시켜 안정성 유지

76 공기식 제동장치에 대한 설명으로 틀린 것은?

㉮ 차량의 중량이 증가되면 사용이 곤란하다.
㉯ 공기가 약간 누설되어도 사용이 가능하다.
㉰ 베이퍼록이 발생되지 않는다.
㉱ 공기의 압력을 높이면 더 큰 제동력을 얻을 수 있다.

77 공기 브레이크에서 제동력을 크게 하기 위해서 조정하여야 할 밸브는?

㉮ 브레이크 밸브 ㉯ 안전 밸브
㉰ 체크 밸브 ㉱ 언로더 밸브

78 압축 공기식 브레이크에서 공기 탱크의 압력을 일정하게 유지하고 공기 탱크내의 압력에 의해 압축기를 다시 가동시키는 역할을 하는 장치는?

㉮ 드레인 밸브(Drain Valve)
㉯ 언로더 밸브(Unloader Valve)
㉰ 체크 밸브(Check Valve)
㉱ 로드센싱 밸브(Load Sensing Valve)

🚌 해설

언로더 밸브는 압력 조절 밸브와 연동되어 작용하며, 공기탱크 내의 압력이 $5 \sim 7 kgf/cm^2$ 이상으로 상승하면 공기 압축기의 흡입 밸브가 계속 열려 있도록 하여 압축작용을 정지시키는 역할을 한다.

79 주행 중 조향바퀴에 복원력을 주어 직진위치로 쉽게 돌아오게 하는 휠 얼라이먼트와 가장 많은 관련이 있는 것은?

㉮ 캠버 ㉯ 캐스터
㉰ 토인 ㉱ 토아웃

🚌 해설

캐스트는 중행 중 조향바퀴에 방향성을 주며, 조향하였을 때 직진방향으로의 복원력을 준다.

80 자동차 소유자가 자동차 종합검사를 받아야 하는 기간이 맞는 것은?

㉮ 자동차 종합 검사 유효기간의 마지막 날 전후 각각 31일 이내
㉯ 자동차 종합 검사 유효기간의 마지막 날 전후 각각 21일 이내
㉰ 자동차 종합 검사 유효기간의 마지막 날 전후 각각 15일 이내
㉱ 자동차 종합 검사 유효기간의 마지막 날 전후 각각 10일 이내

제 **3** 편
안전운행

◖ 출제예상문제 ◗

1 교통사고의 요인

1. 인간에 의한 사고 원인은 다음과 같다.

① **신체 – 생리적 요인** : 피로, 음주, 약물, 신경성 질환의 유무 등이 포함된다.

② **운전태도와 사고에 대한 태도** : 태도요인으로 전자는 교통법규 및 단속에 대한 인식, 속도지향성 및 자기중심성 등을, 후자는 운전상황에서의 위험에 대한 경험, 사고발생확률에 대한 믿음과 사고의 심리적 측면을 각각 의미한다.

③ **사회 환경적 요인** : 근무환경, 직업에 대한 만족도, 주행환경에 대한 친숙성 등이 있다.

④ **운전기술의 부족** : 차로유지 및 대상의 회피와 같은 두 과제의 처리에 있어 주의를 분할하거나 이를 통합하는 능력 등이 해당된다.

2. 사고의 간접원인

'알코올에 의한 기능저하', '약물에 의한 기능저하', '피로', '경험부족' 등이 비교적 영향정도가 큰 것으로 나타났다.

2 버스 교통사고의 주요 유형

1. 버스 교통사고와 관련된 주요 특성

① 버스의 길이는 승용차의 2배 정도 길이이고, 무게는 10배 이상이나 된다.
② 버스 주위에 접근하더라도 버스의 운전석에는 잘 볼 수 없는 부분이 승용차 등에 비해 훨씬 넓다.
③ 버스의 좌우회전시의 내륜차는 승용차에 비해 훨씬 크다. 그만큼 회전시에 주변에 있는 물체와 접촉할 가능성이 높아진다.
④ 버스의 급가속, 급제동은 승객의 안전에 영향을 바로 미친다. 그만큼 출발, 정지 시에 부드러운 조작이 중요하다.
⑤ 버스 운전자는 승객들의 운전방해 행위(운전자와의 대화 시도, 간섭, 승객 간의 고성 대화, 장난 등)에 쉽게 주의가 분산된다.
⑥ 버스정류장에서의 승객 승하차 관련 위험에 노출되어 있다. 노약자의 경우는 승하차시에도 발을 잘못 디뎌 다칠 수가 있다.

2. 버스 교통사고의 대표 유형 10가지

[유형 1] 회전, 급정거 등으로 인한 차내 승객 사고

발생상황	발생 원인
•버스 직진 또는 회전 •커브, 타 차량 등으로 인한 급격한 차로 변경 및 회전, 급정거 등	•전방 멀리까지의 교통상황 관찰 및 주의의 결여, 차간거리유지 실패

[유형 2] 회전 중 주·정차, 진행 차량, 보행자 등과의 접촉사고

발생상황	발생 원인
•버스 좌회전 또는 우회전 •회전 방향의 다른 차량 등에 대한 주의의 고착, 부적절한 속도	•회전 방향의 불법 주·정차 차량 또는 보행자 등에 대한 부주의

[유형 3] 동일방향 후미추돌사고

발생상황	발생 원인
•버스 직진 및 앞 차량 추종 •타 차량 등의 끼어들기로 인한 선행 차의 갑작스런 정지 또는 감속 등에 따른 위험 등 •급제동, 차로변경	•전방 멀리까지의 교통상황 관찰 및 주의의 결여, 차간거리유지 실패, 빗길 및 눈길 제동 방법 및 주행 방법 등에 대한 숙지의 미숙

[유형 4] 진로변경 중 접촉사고

발생상황	발생 원인
•버스 직진 •전방의 장애물, 교차로 진입 등으로 인한 진로변경	•버스의 사각 지점에 들어온 차량 등에 대한 관찰 및 주의의 결여, 진입간격 유지의 실패

[유형 5] 승·하차시 사고

발생상황	발생 원인
•버스 정차 및 승·하차 •이륜차의 진행시 하차 중인 승객의 위험	•버스 정차 위치, 버스 운전자의 개문에 대한 판단 착오, 정차차량 등으로 인한 시야 장애, 이륜차에 대한 주의 결여 등

[유형 6] 횡단 보행자 등과의 사고

발생상황	발생 원인
•버스 직진 중 •횡단보도 부근, 이면도로 진출입부 주변 접근	•보행자, 자전거, 이륜차 등의 횡단에 대한 부주의

[유형 7] 가장자리 차로 진행 중 사고

발생상황	발생 원인
•버스 직진 중 •가장자리 차로 주행, 장애물	•가장자리 차로의 주차차량, 보행자, 자전거, 이륜차 등에 대한 부주의

[유형 8] 교차로 신호위반 사고

발생상황	발생 원인
•버스 직진, 좌·우회전 •신호 바뀌기 전·후	•조급함과 좌우 관찰의 결여, 신호에 대한 자의적 해석 등

[유형 9] 눈, 빗길 미끄러짐 사고

발생상황	발생 원인
•버스 직진 또는 회전 •커브, 미끄러운 노면 등에서의 과속 등	•눈·비시 젖은 노면에 대한 관찰 및 주의의 결여, 제동방법의 미숙 등

[유형10] 1차사고로 인한 후속 사고

발생상황	발생 원인
•버스 직진 •앞차 등의 근접 추종	•전방 상황에 대한 주의와 결여, 인지 지연, 조작 실수등

2장. 운전자요인과 안전운행

1 시력과 운전

1. 정지시력

시력은 물체의 모양이나 위치를 분별하는 눈의 능력으로, 흔히 정지시력은 일정거리에서 일정한 시표를 보고 모양을 확인할 수 있는지를 가지고 측정하는 시력이다. 정지시력을 측정하는 대표적인 방법이 란돌트 시표 (Landolt's rings)에 의한 측정이다.

① **제1종 운전면허** : 두 눈을 동시에 뜨고 잰 시력이 0.8 이상이고, 양쪽 눈의 시력이 각각 0.5 이상이어야 한다.

② **제2종 운전면허** : 두 눈을 동시에 뜨고 잰 시력이 0.5이상일 것. 다만, 한쪽 눈을 보지 못하는 사람은 다른 쪽 눈의 시력이 0.6 이상이어야 한다.

2. 동체시력

동체시력이란 움직이는 물체 또는 움직이면서 다른 자동차나 사람등의 물체를 보는 시력을 말한다. 동체시력의 특성은 다음과 같다.

① 동체시력은 물체의 이동속도가 빠를수록 저하된다.
② 동체시력은 정지시력과 어느 정도 비례 관계를 갖는다.
③ 동체시력은 조도(밝기)가 낮은 상황에서는 쉽게 저하 되며, 50대 이상에서는 야간에 움직이는 물체를 제대로 식별하지 못하는 것이 주요 사고 요인으로도 작용한다.

3. 시야와 깊이지각

① 인간이 전방의 어떤 사물을 주시할 때, 그 사물을 분명하게 볼 수 있게 하는 눈의 영역을 중심시라고 한다.
② 그 좌우로 움직이는 물체 등을 인식할 수 있게 하는 눈의 영역을 주변시라고 한다.
③ 시야는 이 중심사와 주변시를 포함해서 주위의 물체를 확인할 수 있는 범위를 말한다. 시야란 바로 눈의 위치를 바꾸지 않고도 볼 수 있는 좌우의 범위이다.
④ 정지 상태에서의 시야는 정상인의 경우 한쪽 눈 기준 대략 160° 정도이며, 양안 시야는 보통 약 180~200° 정도이다.
㉮ 시야는 움직이는 상태에 있을 때는 움직이는 속도에 따라 축소되는 특성을 갖는다.
㉯ 한 곳에 주의가 집중되어 있을 때에 인지할 수 있는 시야 범위는 좁아지는 특성이 있다.
⑤ 깊이지각은 양안 또는 단안 단서를 이용하여 물체의 거리를 효과적으로 판단하는 능력이다. 조도가 낮은 상황에서 깊이 지각 능력은 매우 떨어지기 때문에 야간에 자주 운전하는 특정 직업의 운전자들에게는 문제가 될 수 있다. 깊이를 지각하는 능력을 흔히 입체시라고도 부른다.

4. 야간시력

빛을 적게 받아들여 어두운 부분까지 볼 수 있게 하는 과정을 명순응이라고 한다. 불빛이 사라지면 다시 동공은 어두운 곳을 잘 보려고 빛을 많이 받아들이기 위해 확대되는 데, 이과정을 암순응이라고 한다. 명순응과 암순응 과정에서 동공이 충분히 축소 또는 확대되는 데까지는 약간의 시간이 필요하며, 그때까지는 일시적으로 앞을 잘 볼 수 없는 위험상태가 된다. 이러한 위험에 대처하는 방법은 다음과 같다.

① 대향차량의 전조등 불빛을 직접적으로 보지 않는다. 전조등 불빛을 피해 멀리 도로 오른쪽 가장자리 방향을 바라보면서 주변시로 다가오는 차를 계속해서 주시하도록 한다.
② 만약에 불빛에 의해 순간적으로 앞을 잘 볼 수 없다면 속도를 줄인다.
③ 가파른 도로나 커브길 등에서와 같이 대향차의 전조등이 정면으로 비칠 가능성이 있는 상황에서는 가능한 그에 대비한 주의를 한다.

기타 야간시력과 관련지어 지적되는 주요 현상으로는 다음과 같은 것이 있다.

① **현혹현상** : 운행 중 갑자기 빛이 눈에 비치면 순간적으로 장애물을 볼 수 없는 현상으로 마주 오는 차량의 전조등 불빛을 직접 보았을 때 순간적으로 시력이 상실되는 현상을 말한다.

② **증발현상** : 야간에 대향차의 전조등 눈부심으로 인해 순간적으로 보행자를 잘 볼 수 없게 되는 현상으로 보행자가 교차하는 차량의 불빛 중간에 있게 되면 운전자가 순간적으로 보행자를 전혀 보지 못하는 현상을 말한다.

2 심신 상태의 운전

1. 감정과 운전

(1) 감정이 운전에 미치는 영향

① 부주의와 집중력 저하
② 정보 처리 능력의 저하

(2) 감정을 통제하는 법

① **운전과 무관한 것에서 비롯된 감정**

운전하는 동안만큼은 흥분된 감정을 진정시키고, 오히려 부주의 상태에 빠지기 쉬운 자신을 다독거리면서 안전하게 운전하는데 정신을 집중해야 한다. 만일 감정의 자제가 되지 않는다면 운전을 포기하는 것이 바람직하다.

② **운전상황에서 야기되는 감정**

다른 사람의 행위를 가급적이면 불가피한 상황에 의한 행동으로 이해하려고 노력하는 한편, 자신도 상황에 따라서는 그와 같은 행위를 어쩔 수 없이 할 수도 있다는 것을 인정함으로써 너그러운 마음을 갖는다.

(3) 운전 중의 스트레스와 흥분을 최소화하는 방법

㉮ 사전에 준비한다.
㉯ 타운전자의 실수를 예상한다.
㉰ 기분 나쁘거나 우울한 상태에서는 운전을 피한다.

2. 피로와 졸음운전

(1) 피로가 운전에 미치는 영향

피로의 가장 큰 원인은 수면 부족이나 전날의 음주이다. 만일 음주나 수면부족으로 피로를 느낀다면 운전을 피하고 쉬는 것이 상책이다. 사고의 상당수는 운전자의 음주나 수면부족으로 인한 피로에서 야기된다.

(2) 운전 중 피로를 낮추는 법

① 차안에는 항상 신선한 공기가 충분히 유입되도록 한다. 차가 너무 덥거나 환기 상태가 나쁘면, 쉽게 피로감과 졸음을 느끼게 된다.

② 태양빛이 강하거나 눈의 반사가 심할 때는 선글라스를 착용한다.

③ 지루하게 느껴지거나 졸음이 올 때는 라디오를 틀거나, 노래 부르기, 휘파람 불기 또는 혼자 소리 내어 말하기 등의 방법을 써 본다.

④ 정기적으로 차를 멈추어 차에서 나와, 몇 분 동안 산책을 하거나 가벼운 체조를 한다.

⑤ 운전 중에 계속 피곤함을 느끼게 된다면, 운전을 지속하기보다는 차를 멈추는 편이 낫다.

(2) 졸음운전의 징후

① 눈이 스르르 감긴다든가 전방을 제대로 주시할 수 없어진다.

② 머리를 똑바로유지하기가 힘들어진다.

③ 하품이 자주 난다.

④ 이 생각 저 생각이 나면서 생각이 단절된다.

⑤ 지난 몇 km를 어디를 운전해 왔는지 가물가물하다.

⑥ 차선을 제대로 유지 못하고 차가 좌우로 조금씩 왔다 갔다 하는 것을 느낀다.

⑦ 앞차에 바짝 붙는다거나 교통신호를 놓친다.

⑧ 순간적으로 차도에서 갓길로 벗어나가거나 거의 사고 직전에 이르기도 한다.

3. 음주와 약물 운전의 회피

(1) 술에 대한 잘못된 상식

① 운동을 하거나 사우나를 하는 것, 그리고 커피를 마시면 술이 빨리 깬다.

② 알코올은 음식이나 음료일 뿐이다.

③ 술을 마시면 생각이 더 명료해 진다.

④ 술 마시면 얼굴이 빨개지는 사람은 건강하기 때문이다.

⑤ 술 마실때는 담배 맛이 좋다.

⑥ 간장이 튼튼하면 아무리 술을 마셔도 괜찮다.

(2) 알코올이 운전에 미치는 영향

① 심리·운동 협응능력 저하

② 시력의 지각능력 저하

③ 주의 집중능력 감소

④ 정보 처리능력 둔화

⑤ 판단능력 감소

⑥ 차선을 지키는 능력 감소

(3) 음주운전이 위험한 이유

① 발견지연으로 인한 사고 위험 증가

② 운전에 대한 통제력 약화로 과잉조작에 의한 사고 증가

③ 시력저하와 졸음 등으로 인한 사고의 증가

④ 2차 사고유발

⑤ 사고의 대형화

⑥ 마신 양에 따른 사고 위험도의 지속적 증가

(4) 음주운전 차량의 증후

① 경찰관이 정차 명령을 하였을 때 제대로 정차하지 못하거나 급정차하는 자동차

② 단속현장을 보고 멈칫하거나 눈치를 보는 자동차

③ 야간에 아주 천천히 달리는 자동차

④ 깜깜한 밤에 미등만 켜고 주행하는 자동차

⑤ 기어를 바꿀 때 기어소리가 심한 자동차

⑥ 전조등이 미세하게 좌·우로 왔다갔다 하는 자동차

⑦ 앞차의 뒤를 너무 가까이 따라가는 차량

⑧ 과도하게 넓은 반경으로 회전하는 차량

⑨ 2개 차로에 걸쳐서 운전하는 차량

⑩ 신호에 대한 반응이 과도하게 지연되는 차량

⑪ 운전행위와 반대되는 방향지시등을 조작하는 차량

⑫ 지그재그 운전을 수시로 하는 차량

⑬ 교통신호나 안전표지와 다른 반응을 보이는 차량 등

(5) 약물이 인체에 미치는 영향

① 향정신성 의약품들은 중추신경계와 뇌에 영향을 미침으로써 알코올 이상으로 안전운전에 미치는 영향이 큰 약물들이다.

② 진정제는 반사 능력을 둔화시키고, 조정능력을 약화시키며, 흥분제는 도취감을 낳아 위험 감행성을 높인다.

③ 환각제는 인간의 인지, 판단, 조작 등 제반 기능을 왜곡시킴으로써 운전 상황에 적절히 대응할 수 없게 만든다.

(6) 운전자의 약물복용 수칙

① 약복용 시 주의사항과 부작용에 대한 설명을 반드시 읽고 확인한다.

② 1~2잔의 술이라도 약물과 함께 복용하지 않도록 한다.

③ 교통약자 등과의 도로 공유

1. 보행자

(1) 보행자 옆을 지나갈 때

① 모든 차의 운전자는 도로에 차도가 설치되지 아니한 좁은 도로, 안전지대 등 보행자의 옆을 지나는 때에는 안전한 거리를 두고 서행해야 한다.

② 주정차하고 있는 차 옆을 지나는 때에는 차문을 열고 사람이 내리거나 갑자기 사람이 튀어나오는 경우가 있으므로 서행하면서 확인하는 주의가 필요하다.

(2) 횡단하는 보행자의 보호

① 모든 차의 운전자는 횡단보도가 없는 교차로나 그 부근을 보행자가 횡단하고 있을 때에는 그 통행을 방해해서는 안 된다.

② 횡단보도 부근에서는 횡단하는 사람이나 자전거 등이 없는 것이 분명히 확인된 경우 외에는 그 직전이나 정지선에 정지할 수 있는 속도로 줄이고 일시정지하여 보행자 등의 통행을 방해해서는 안된다.

③ 교통정리가 행하여지고 있는 교차로에서 좌·우회전하려는 경우와 보행자전용 도로가 설치된 경우, 신호기 또는 경찰공무원 등의 신호나 지시에 따라 도로를 횡단하는 보행자의 통행을 방해하여서는 안된다.

④ 보행자 전용도로가 설치된 경우에도 자동차 등의 통행이 허용된자동차 등의 운전자는 보행자의 걸음걸이 속도로 운행하거나 일시 정지하여 보행자의 통행을 방해하지 않도록 해야한다.

보행자 보호의 주요 주의사항은 다음과 같다.

① 시야가 차단된 상황에서 나타나는 보행자를 특히 조심한다.

② 차량신호가 녹색이라도 완전히 비워 있는지를 확인하지 않은 상태에서 횡단보도에 들어가서는 안된다.

③ 신호에 따라 횡단하는 보행자의 앞뒤에서 그들을 압박하거나 재촉해서는 안된다.

④ 회전할때는 언제나 회전 방향의 도로를 건너는 보행자가 있을 수 있음을 유의한다.

⑤ 어린이 보호구역내에서는 특별히 주의한다.

⑥ 주거지역내에서는 어린이의 존재여부를 주의 깊게 관찰한다.

⑦ 맹인이나 장애인에게는 우선적으로 양보를 한다.

(3) 어린이나 신체장애인의 보호

① 어린이가 보호자 없이 걸어가고 있을 때, 도로를 횡단하고 있을 때에는 일시정지하거나 서행하면서 안전하게 통행할 수 있도록 해야 한다.

② 어린이는 흥미로운 것에 정신이 팔려서 갑자기 도로 위로 튀어나올 수도 있고, 판단력의 미숙으로 무리하게 도로를 횡단하려고 하기 때문에 특별히 주의를 해야 한다.

③ 앞을 보지 못하는 사람이 흰색 지팡이를 이용하거나, 맹도견을 이용하여 도로를 횡단하고 있는 때 또는 지하도, 육교 등 도로 횡단 시설을 이용할 수 없는 신체 장애인이 도로를 횡단하고 있는 때에도, 일시 정지하여 신체 장애인이 안전하게 통행할 수 있도록 해야 한다.

(4) 노인 등의 보행

① 사람들은 나이가 들어감에 따라 개인차는 있지만 신체기능이 떨어지는 변화로 인해서 보행속도가 느려지고 지팡이, 보행 보조 장구를 사용함으로 보행자세 등이 불안정해진다.

② 위험에 대한 판단과 회피가 늦어 사고를 당하는 경우가 많기 때문에 이러한 노인들의 통행을 발견했을 때는 일시정지하거나 서행하면서 안전하게 통행할 수 있도록 해야 한다.

(5) 어린이 통학버스의 특별보호

① 어린이 통학버스가 어린이 또는 유아를 태우고 있다는 표시를 하고 도로를 통행하는 때에 모든 차의 운전자는 어린이 통학버스를 앞지르지 못한다.

② 어린이나 유아가 타고 내리는 중임을 나타내는 어린이 통학버스가 정차한 차로와 그 차로의 바로 옆 차로를 통행하는 차의 운전차는 어린이 통학버스에 이르기 전 일시정지하여 안전을 확인 후 서행한다.

③ 중앙선이 설치되지 아니한 도로와 편도 1차로인 도로의 반대방향에서 진행하는 차의 운전자는 어린이 통학버스에 이르기 전 일시정지하여 안전을 확인한 후 서행한다.

2. 자전거와 이륜자동차

① 자전거, 이륜차에 대해서는 차로 내에서 점유할 공간을 내 주어야한다.

② 자전거, 이륜차를 앞지를때는 특별히 주의한다.

③ 교차로에서는 특별히 자전거나 이륜차가 있는지를 잘 살핀다.

④ 길가에 주정차를 하려고 하거나 주정차 상태에서 출발하려고 할때는 특별히 자전거, 이륜차의 접근 여부에 주의를 한다.

⑤ 이륜차나 자전거의 갑작스런 움직임에 대해 예측한다.

⑥ 야간에 가장자리 차로로 주행할 때는 자전거의 주행여부에 주의한다.

3. 대형자동차

① 다른 차와는 충분한 안전거리를 유지한다.

② 승용차 등이 대형차의 사각지점에 들어오지 않도록 주의한다.

③ 앞지를 때는 충분한 공간 간격을 유지한다.

④ 대형차로 회전할 때는 회전할 수 있는 충분한 공간 간격을 확보한다.

1 자동차의 물리적 현상

1. 원심력

① 차가 길모퉁이나 커브를 돌 때는 핸들을 돌리면 주행하던 차로나 도로를 벗어나려는 힘이 작용하게 되고, 이러한 힘이 노면과 타이어 사이에서 발생하는 마찰저항보다 커지면 차는 옆으로 미끄러져 차로나 도로를 벗어나게 될 위험이 증가한다.

② 차가 길모퉁이나 커브를 빠른 속도로 진입하면 노면을 잡고 있으려는 타이어의 접지력보다 원심력이 더 크게 작용하여 사고 발생위험이 증가한다.

③ 원심력은 속도의 제곱에 비례하여 커지고, 커브의 반경이 작을수록 크게 작용하며, 차의 중량에도 비례하여 커진다.

④ 원심력은 속도가 빠를수록, 커브 반경이 작을수록, 차의 중량이 무거울수록 커지게 되며, 특히 속도의 제곱에 비례해서 커진다.

⑤ 커브가 예각을 이룰수록 즉 커브반경이 작을수록 원심력은 커지므로 안전하게 회전하려면 이러한 커브에서 보다 더 감속하여야 한다.

2. 스탠딩 웨이브 현상(Standing wave)

① **스탠딩 웨이브** : 타이어가 노면과 맞닿은 부분에서는 차의 하중에 의해 타이어의 찌그러짐 현상이 발생하지만 타이어가 회전하면 타이어의 공기압에 의해 곧 회복된다. 이러한 현상은 주행 중에 반복되며 고속으로 주행할 때에는 타이어의 회전속도가 빨라지면 접지면에서 발생한 타이어의 변형이 다음 접지 시점까지 복원되지 않고 진동의 물결로 남게 되는 현상을 말한다.

② **스탠딩 웨이브 현상을 예방하기 위해서는**

㉮ 주행 중인 속도를 줄인다.
㉯ 타이어 공기압은 평상치보다 높인다.
㉰ 과다 마모된 타이어나 재생타이어의 사용을 자제한다.

3. 수막현상(Hydroplaning)

① **수막현상** : 자동차가 물이 고인 노면을 고속으로 주행할 때 타이어의 트레드 홈 사이에 있는 물을 헤치는 기능이 감소되어 노면 접지력을 상실하게 되는 현상으로 타이어 접지면 앞 쪽에서 들어오는 물의 압력에 의해 타이어가 노면으로부터 떠올라 물위를 미끄러지는 현상을 말한다. 이러한 물의 압력은 자동차 속도의 두 배 그리고 유체밀도에 비례한다.

② 수막현상은 수상스키를 타는 것과 같은 현상으로 물이 고인 도로를 고속으로 주행할 때 일정속도 이상이면 타이어의 트레드가 노면의 물을 완전히 밀어내지 못하고, 타이어 앞 쪽에 발생한 얇은 수막으로 노면으로부터 떨어져 제동력 및 조향력을 상실하게 되는 현상이다.

③ 타이어가 완전히 노면으로부터 떨어질 때의 속도를 수막현상 발생 임계속도라 하고, 수막현상이 일어나면 구동력이 전달되지 않는 축의 타이어는 물과의 저항에 의해 회전속도가 감소되어 구동축은 공회전과 같은 상태가 되고 자동차는 관성력만으로 활주하게 된다.

④ 수막현상이 발생하면 제동력은 물론 모든 타이어는 본래의 운동 기능이 소실되어 핸들로 자동차를 통제할 수 없게 된다. 수막현상은 차의 속도, 고인 물의 깊이, 타이어의 패턴, 타이어의 마모정도, 타이어의 공기압, 노면 상태 등의 영향을 받는다.

⑤ 수막현상을 예방하기 위해서는 다음과 같은 조치가 필요하다.

㉮ 고속으로 주행하지 않는다.
㉯ 과다 마모된 타이어를 사용하지 않는다.
㉰ 공기압을 평상시보다 조금 높게 한다.
㉱ 배수효과가 좋은 타이어 패턴(리브형 타이어)을 사용한다.

4. 페이드(Fade) 현상

① **페이드 현상** : 내리막길을 내려갈 때 브레이크를 반복하여 사용하면 마찰열이 라이닝에 축적되어 브레이크의 제동력이 저하되는 현상을 말한다.

② 페이드가 발생하는 이유는 브레이크 라이닝의 온도상승으로 과열되어 라이닝의 마찰계수가 저하됨에 따라 페달을 강하게 밟아도 제동이 잘 되지 않는다.

> **해설**
>
> **워터 페이드(Water Fade) 현상**
>
> ㉮ 브레이크 마찰재가 물에 젖으면 마찰계수가 작아져 브레이크의 제동력이 저하되는 현상을 워터 페이드라 한다.
>
> ㉯ 물이 고인 도로에서 자동차를 정차시켰거나 수중 주행을 하였을 때 이 현상이 일어날 수 있으며 브레이크가 전혀 작용되지 않을 수도 있다.
>
> ㉰ 워터 페이드 현상이 발생하면 마찰열에 의해 브레이크가 회복되도록 브레이크 페달을 반복해 밟으면서 천천히 주행한다.

5. 베이퍼 록(Vapour lock) 현상

① **베이퍼 록 현상** : 긴 내리막길에서 브레이크를 지나치게 사용하면 차륜 부분의 마찰열 때문에 휠 실린더나 브레이크 파이프 속에서 브레이크액이 기화되고, 브레이크 회로 내에 공기가 유입된 것처럼 기포가 발생하여 브레이크 페달을 밟아도 스펀지를 밟는 것 같고 유압이 제대로 전달되지 않아 브레이크가 작용하지 않는 현상을 말한다.

② 베이퍼 록(Vapour lock) 현상이 발생하는 주요 이유는 다음과 같다.

㉮ 긴 내리막길에서 계속 브레이크를 사용하여 브레이크 드럼이 과열되었을 때
㉯ 브레이크 드럼과 라이닝 간격이 작아 라이닝이 끌리게 됨에 따라 드럼이 과열되었을 때
㉰ 불량한 브레이크 오일을 사용하였을 때
㉱ 브레이크 오일의 변질로 비등점이 저하되었을 때

③ 베이퍼 록 현상을 방지하기 위해서는 엔진브레이크를 사용하여 저단기어를 유지하면서 풋 브레이크 사용을 줄인다.

6. 모닝 록(Morning lock) 현상

① **모닝 록 현상** : 비가 자주 오거나 습도가 높은 날 또는 오랜 시간 주차한 후에는 브레이크 드럼에 미세한 녹이 발생하게 되는데 이러한 현상을 말한다.

② 모닝 록 현상이 발생하면 브레이크 드럼과 라이닝, 브레이크 패드와 디스크의 마찰계수가 높아져 평소보다 브레이크가 지나치게 예민하게 작동한다.

③ 모닝 록 현상이 발생하였을 때 평소의 감각대로 브레이크를 밟게 되면 급제동이 되어 사고가 발생할 수 있다.

④ 아침에 운행을 시작할 때나 장시간 주차한 다음 운행을 시작하는 경우에는 출발하기 전에 브레이크를 몇 차례 밟아 녹을 일부 제거하여 주는 것이 좋다.

⑤ 모닝 록 현상은 서행하면서 브레이크를 몇 차례 밟아주면 녹이 자연스럽게 제거되면서 해소된다.

7. 선회 특성과 방향 안정성

① 커브 길에서는 핸들을 돌린 각도와 실제 주행하는 차량의 회전각도가 다르게 나타나는 경우가 있으며, 이러한 현상은 언더 스티어(Under steer) 또는 오버 스티어(Over steer)라 한다. 차량의 구동방식, 차량 하중의 이동과 상태, 타이어의 종류와 상태 등이 영향을 미친다.

② 언더 스티어(Under steer)

㉮ 코너링 상태에서 구동력이 원심력보다 작아 타이어가 그립의 한계를 넘어서 핸들을 돌린 각도만큼 라인을 타지 못하고 코너 바깥쪽으로 밀려나가는 현상이다.

㉯ 언더 스티어(Under steer) 현상은 흔히 전륜구동(Front wheel Front drive) 차량에서 주로 발생한다.

㉰ 핸들을 지나치게 꺾거나 과속, 브레이크 잠김 등이 원인이 되어 발생할 수 있다.

㉱ 타이어그립이 더 떨어질수록 언더 스티어가 심하고(바깥쪽으로 밀려나갈수록) 경우에 따라선 스핀이나 그와 유사한 사고를 초래한다.

㉲ 커브 길을 돌 때에 속도가 너무 높거나, 가속이 진행되는 동안에는 원심력을 극복 할 수 있는 충분한 마찰력이 발생하기 어렵다.

㉳ 앞바퀴와 노면과의 마찰력 감소에 의해 슬립각이 커지면 언더스티어 현상이 발생할 수 있으므로 앞바퀴의 마찰력을 유지하기 위해 커브길 진입 전에 가속페달에서 발을 떼거나 브레이크를 밟아 감속한 후 진입하면 앞바퀴와 마찰력이 증대되어 언더 스티어 현상을 방지할 수 있다.

③ 오버 스티어(Over steer)

㉮ 코너링시 운전자가 핸들을 꺾었을 때 그 꺾은 범위보다 차량 앞쪽이 진행 방향의 안쪽(코너 안쪽)으로 더 돌아가려고 하는 현상이다.

㉯ 오버 스티어(Over Steer) 현상은 흔히 후륜구동(Front wheel Rear drive) 차량에서 주로 발생한다.

㉰ 구동력을 가진 뒤 타이어는 계속 앞으로 나아가려고 하고 차량 앞은 이미 꺾인 핸들 각도로 인해 그 꺾인 쪽으로 빠르게 진행하게 되므로 코너 안쪽으로 말려들어오게 되는 현상이다.

㉱ 오버 스티어 예방을 위해서는 커브길 진입 전에 충분히 감속하여야 한다. 만일 오버 스티어 현상이 발생할 때는 가속페달을 살짝 밟아 뒷바퀴의 구동력을 유지하면서 동시에 감은 핸들을 살짝 풀어줌으로서 방향을 유지하도록 한다.

8. 내륜차와 외륜차

① 차량 바퀴의 궤적을 보면 직진할 때는 앞바퀴가 지나간 자국을 그대로 따라가지만, 핸들을 돌렸을 때에는 바퀴가 모두 제각기 서로 다른 원을 그리면서 통과하게 된다.

② 앞바퀴의 궤적과 뒷바퀴의 궤적 간에는 차이가 발생하게 되며, 앞바퀴의 안쪽과 뒷바퀴의 안쪽 궤적 간의 차이를 내륜차라 하고 바깥 바퀴의 궤적 간의 차이를 외륜차라 한다.

③ 소형차에 비해 축간거리가 긴 대형차에서 내륜차 또는 외륜차가 크게 발생한다.

④ 차가 회전할 때에는 내, 외륜차에 의한 여러 가지 교통사고 위험이 발생한다.

㉮ 내륜차에 의한 사고 위험

㉠ 전진 추차를 위해 주차공간으로 진입도중 차의 뒷부분이 주차되어 있는 차와 충돌할 수 있다.

㉡ 커브 길의 원활한 회전을 위해 확보한 공간으로 끼어든 이륜차나 소형승용차를 발견하지 못해 충돌사고가 발생할 수 있다.

㉢ 차량이 보도 위에 서있는 보행자를 차의 뒷부분으로 스치고 지나가거나, 보행자의 발등을 뒷바퀴가 타고 넘어갈 수 있다.

㉯ 외륜차에 의한 사고 위험

㉠ 후진주차를 위해 주차공간으로 진입도중 차의 앞부분이 다른 차량이나 물체와 충돌할 수 있다.

㉡ 버스가 1차로에서 좌회전하는 도중에 차의 뒷부분이 2차로에서 주행 중이던 승용차와 충돌할 수 있다.

9. 타이어 마모에 영향을 주는 요소

(1) 타이어 공기압

① 타이어의 공기압이 낮으면 승차감은 좋아지나, 타이어 숄더 부분에 마찰력이 집중되어 타이어 수명이 짧아지게 된다.

② 타이어의 공기압이 높으면 승차감이 나빠지며, 트레드 중앙부분의 마모가 촉진된다.

(2) 차의 하중

① 타이어에 걸리는 차의 하중이 커지면 공기압이 부족한 것처럼 타이어는 크게 굴곡되어 타이어의 마모를 촉진하게 된다.

② 타이어에 걸리는 차의 하중이 커지면 마찰력과 발열량이 증가하여 타이어의 내마모성을 저하시키게 된다.

(3) 차의 속도

① 타이어가 노면과의 사이에서 미끄럼을 생기게 하는 마찰력은 타이어의 마모를 촉진시킨다.

② 속도가 증가하면 타이어의 내부온도도 상승하여 트레드 고무의 내마모성이 저하된다.

(4) 커브(도로의 굽은 부분)

① 차가 커브를 돌 때에는 관성에 의한 원심력과 타이어의 구동력 간의 마찰력 차이에 의해 미끄러짐 현상이 발생하면 타이어 마모를 촉진하게 된다.

② 커브의 구부러진 상태나 커브구간이 반복될수록 타이어 마모는 촉진된다.

(5) 브레이크

① 고속주행 중에 급제동한 경우는 저속주행 중에 급제동한 경우 보다 타이어 마모는 증가한다.

② 브레이크를 밟는 횟수가 많으면 많을수록 또는 브레이크를 밟기 직전의 속도가 빠르면 빠를수록 타이어의 마모량은 커진다.

(6) 노면

① 포장도로는 비포장도로를 주행하였을 때보다 타이어 마모를 줄일 수 있다.

② 콘크리트 포장도로는 아스팔트 포장도로보다 타이어 마모가 더 발생한다.

(7) 기타

① 정비 불량 : 타이어 휠의 정렬 불량이나 차량의 서스펜션 불량 등은 타이어의 자연스런 회전을 방해하여 타이어 이상마모 등의 원인이 된다.

② 기온 : 기온이 올라가는 여름철은 타이어 마모가 촉진되는 경향이 있다.

③ 운전자의 운전습관, 타이어의 트레드 패턴 등도 타이어 마모에 영향을 미친다.

2 자동차의 정지거리

1. 공주거리와 공주시간

① 운전자가 자동차를 정지시켜야 할 상황임을 인지하고 브레이크로 발을 옮겨 브레이크가 작동을 시작하기 전 까지 이동한 거리를 공주거리라 한다.

② 공주거리 동안 자동차가 진행한 시간을 공주시간이라 한다.

2. 제동거리와 제동시간

① 운전자가 브레이크에 발을 올려 브레이크가 막 작동을 시작하는 순간부터 자동차가 완전히 정지할 때까지 이동한 거리를 제동거리라 한다.

② 제동거리 동안 자동차가 진행한 시간을 제동시간이라 한다.

3. 정지거리와 정지시간

① 운전자가 위험을 인지하고 자동차를 정지시키려고 시작하는 순간부터 자동차가 완전히 정지할 때까지 이동한 거리를 정지거리라 한다. 이 정지거리 동안 자동차가 진행한 시간을 정지시간이라 한다.

② 정지거리는 공주거리와 제동거리를 합한 거리를 말하며, 정지시간은 공주시간과 제동시간을 합한 시간을 말한다.

> **해설**
>
> **정지거리에 영향을 주는 요소**
>
> ① 운전자 요인 : 인지반응속도, 운행속도, 피로도, 신체적 특성 등
> ② 자동차 요인 : 자동차의 종류, 타이어의 마모정도, 브레이크의 성능 등
> ③ 도로 요인 : 노면종류, 노면상태 등

1 용어의 정의 및 설명

1. 가변차로

① 가변차로는 방향별 교통량이 특정시간대에 현저하게 차이가 발생하는 도로에서 교통량이 많은 쪽으로 차로수가 확대될 수 있도록 신호기에 의하여 차로의 진행방향을 지시하는 차로를 말한다.

② 가변차로는 차량의 운행속도를 향상시켜 구간 통행시간을 줄여준다.

③ 가변차로는 차량의 지체를 감소시켜 에너지 소비량과 배기가스 배출량의 감소 효과를 기대할 수 있다.

④ 가변차로를 시행할 때에는 가로변 주정차 금지, 좌회전 통행 제한, 충분한 신호시설의 설치, 차선 도색등 노면표시에 대한 개선이 필요하다.

⑤ 경부고속도로에서 출퇴근 시간대의 원활한 교통소통을 위해 길어깨(갓길)를 활용한 가변차로제를 시행하고 있으며, 차로 제어용 가변 전광표지판, 노면표시 등 교통안전시설 및 도로안내표지판을 병행 설치하여 운영하고 있다.

2. 양보차로

① 양보차로는 양방향 2차로 앞지르기 금지구간에서 자동차의 원활한 소통을 도모하고, 도로 안전성을 제고하기 위해 갓길 쪽으로 설치하는 저속 자동차의 주행차로를 말한다.

② 양보차로는 저속 자동차로 인해 동일 진행방향 뒤차의 속도감소를 유발시키고, 반대차로를 이용한 앞지르기가 불가능할 경우 원활한 소통을 위해 설치하게 된다.

③ 양보차로가 효과적으로 운영되기 위해서는 하나의 자동차라도 저속 자동차를 뒤따를때에는 양보하는 것이 바람직하다.

3. 앞지르기차로

① 앞지르기차로는 저속 자동차로 인한 뒤차의 속도감소를 방지하고, 반대차로를 이용한 앞지르기가 불가능할 경우 원활한 소통을 위해 도로 중앙 측에 설치하는 고속 자동차의 주행차로를 말한다.

② 앞지르기차로는 2차로 도로에서 주행속도를 확보하기 위해 오르막차로와 교량 및 터널구간을 제외한 구간에 설치된다.

4. 기타 용어

① **차로 수** : 양방향 차로(오르막차로, 회전차로, 변속차로 및 양보차로를 제외)의 수를 합한 것을 말한다.

　㉮ **오르막차로** : 오르막 구간에서 저속 자동차를 다른 자동차와 분리하여 통행시키기 위해 설치하는 차로

　㉯ **회전차로** : 자동차가 우회전, 좌회전 또는 유턴을 할 수 있도록 직진하는 차로와 분리하여 설치하는 차로

　㉰ **변속차로** : 자동차를 가속시키거나 감속시키기 위하여 설치하는 차로로 교차로, 인터체인지 등에 주로 설치되며 가·감속차로라고도 함

② **측대** : 갓길 또는 중앙분리대의 일부분으로 포장 끝부분 보호, 측방의 여유 확보, 운전자의 시선을 유도하는 기능을 갖는다.

③ **주·정차대** : 자동차의 주차 또는 정차에 이용하기 위하여 차도에 설치하는 도로의 부분을 말한다.

④ **분리대** : 자동차의 통행 방향에 따라 분리하거나 성질이 다른 같은 방향의 교통을 분리하기 위하여 설치하는 도로의 부분이나 시설물을 말한다.

⑤ **편경사** : 평면곡선부에서 자동차가 원심력에 저항할 수 있도록 하기 위하여 설치하는 횡단경사를 말한다.

⑥ **도류화** : 자동차와 보행자를 안전하고 질서 있게 이동시킬 목적으로 회전차로, 변속차로, 교통섬, 노면표시 등을 이용하여 상충하는 교통류를 분리시키거나 통제하여 명확한 통행경로를 지시해 주는 것을 말한다. 교차로 내에서 주행경로를 명확히 하기 위한 도류화의 목적은 안전성과 쾌적성을 향상시키는 것 외에 다음과 같은 목적이 있다.

　㉮ 두 개 이상 자동차 진행방향이 교차하지 않도록 통행경로를 제공한다.

　㉯ 자동차가 합류, 분류 또는 교차하는 위치와 각도를 조정한다.

　㉰ 교차로 면적을 조정함으로써 자동차간에 상충되는 면적을 줄인다.

　㉱ 자동차가 진행해야할 경로를 명확히 제공한다.

　㉲ 보행자 안전지대를 설치하기 위한 장소를 제공한다.

　㉳ 자동차의 통행속도를 안전한 상태로 통제한다.

　㉴ 분리된 회전차로는 회전차량의 대기 장소를 제공한다.

⑦ **교통섬** : 보행자의 안전한 횡단을 위한 대피섬과 자동차의 교통을 유도하는 분리대를 총칭하여 말한다. 교통섬을 설치하는 목적은 다음과 같다.

　㉮ 도로교통의 흐름을 안전하게 유도

　㉯ 보행자가 도로를 횡단할 때 대피섬 제공

　㉰ 신호등, 도로표지, 안전표지, 조명 등 노상시설의 설치장소 제공

⑧ **교통약자** : 장애인, 고령자, 임산부, 영유아를 동반한 사람, 어린이 등 생활함에 있어 이동에 불편을 느끼는 사람을 말한다.

⑨ **시거(視距)** : 운전자가 자동차 진행방향에 있는 장애물 또는 위험 요소를 인지하고 제동하여 정지하거나 또는 장애물을 피해서 주행할 수 있는 거리를 말한다. 주행상의 안전과 쾌적성을 확보하는데 매우 중요한 요소로 정지시거와 앞지르기시거가 있다.

⑩ **상충** : 2개 이상의 교통류가 동일한 도로 공간을 사용하려 할 때 발생하는 교통류의 교차 합류 또는 분류되는 현상을 말한다.

2 도로의 선형과 교통사고

1. 평면선형과 교통사고

① 도로의 곡선반경이 작을수록 사고발생 위험이 증가하므로 급격한 평면곡선 도로를 운행하는 경우에는 운전자의 각별한 주의가 요구된다.

② 평면곡선 도로를 주행할 때에는 원심력에 의해 곡선 바깥쪽으로 진행하려는 힘을 받게 된다.

③ 곡선반경이 작은 도로에서는 원심력으로 인해 고속으로 주행할 때에는 차량 전도 위험이 증가하며, 비가 올 때에는 노면과의 마찰력이 떨어져 미끄러질 위험이 증가한다.

④ 특히, 도심지나 저속운영 구간 등 편경사가 설치되어 있지 않은 평면곡선 구간에서 고속으로 곡선부를 주행할 때에는 원심력에 의한 도로 외부 쏠림현상으로 차량의 이탈사고가 빈번하게 발생할 수 있다.

⑤ 곡선부 등에서는 차량의 이탈사고를 방지하기 위해 방호울타리를 설치할 수 있으며, 방호울타리의 주요기능은 다음과 같다.

　㉮ 자동차의 차도이탈을 방지하는 것

　㉯ 탑승자의 상해 및 자동차의 파손을 감소시키는 것

ⓓ 자동차를 정상적인 진행방향으로 복귀시키는 것
ⓔ 운전자의 시선을 유도하는 것

2. 종단선형과 교통사고

① 일반적으로 종단경사(오르막 내리막 경사)가 커짐에 따라 자동차 속도 변화가 커 사고발생이 증가할 수 있으며, 내리막길에서의 사고율이 오르막길에서보다 높은 것으로 나타나고 있다.

② 종단곡선의 정점(산꼭대기, 산등성이)에서는 전방에 대한 시거가 단축되어 운전자에게 불안감을 조성할 수 있다.

③ 양호한 선형조건에서 제한되는 시거가 불규칙적으로 나타나면 평균사고율보다 높은 사고율을 보일 수 있다.

3 도로의 횡단면과 교통사고

1. 차로와 교통사고

① 일반적으로 횡단면의 차로폭이 넓을수록 운전자의 안정감이 증진되어 교통사고예방 효과가 있으며, 차로폭이 과다하게 넓으면 운전자의 경각심이 사라져 제한속도보다 높은 속도로 주행하여 교통사고가 발생할 수 있다.

② 차로를 구분하기 위한 차선을 설치한 경우에는 차선을 설치하지 않은 경우보다 교통사고 발생률이 낮다.

2. 중앙분리대와 교통사고

① 중앙분리대는 왕복하는 차량의 정면충돌을 방지하기 위하여 도로면보다 높게 콘크리트 방호벽 또는 방호울타리를 설치하는 것을 말하며, 분리대와 측대로 구성된다.

② 중앙분리대는 정면충돌사고를 차량단독사고로 변환시킴으로써 사고로 인한 위험을 감소시킨다.

③ 중앙분리대의 폭이 넓을수록 대향차량과의 충돌 위험은 감소한다.

④ 중앙분리대의 기능
ⓐ 상·하 차도의 교통을 분리시켜 차량의 중앙선 침범에 의한 치명적인 정면충돌 사고를 방지하고, 도로 중심축의 교통마찰을 감소시켜 원활한 교통소통을 유지한다.
ⓑ 광폭분리대의 경우 사고 및 고장차량이 정지할 수 있는 여유 공간을 제공한다.
ⓒ 필요에 따라 유턴 등을 방지하여 교통혼잡이 발생하지 않도록 하여 안전성을 높인다.
ⓓ 도로표지 및 기타 교통관제시설 등을 설치할 수 있는 공간을 제공한다.
ⓔ 평면교차로가 있는 도로에서는 폭이 충분할 때 좌회전 차로로 활용할 수 있어 교통소통에 유리하다.
ⓕ 횡단하는 보행자에게 안전성이 제공됨으로써 안전한 횡단이 확보된다.
ⓖ 야간에 주행할 때 발생하는 전조등 불빛에 의한 눈부심이 방지된다.

3. 길어깨(갓길)와 교통사고

① 길어깨는 도로를 보호하고 비상시에 이용하기 위하여 차도와 연결하여 설치하는 도로의 부분으로 갓길이라고도 한다.

② 길어깨가 넓으면 차량의 이동공간이 넓고, 시계가 넓으며, 고장차량을 주행차로 밖으로 이동시킬 수 있어 안전 확보가 용이하다.

③ 일반적으로 길어깨폭이 넓은 곳은 길어깨폭이 좁은 곳보다 교통사고가 감소한다.

④ 길어깨의 기능
ⓐ 고장차가 대피할 수 있는 공간을 제공하여 교통 혼잡을 방지하는 역할을 한다.
ⓑ 도로 측방의 여유 폭은 교통의 안전성과 쾌적성을 확보할 수 있다.
ⓒ 도로관리 작업공간이나 지하매설물 등을 설치할 수 있는 장소를 제공한다.

⑤ 포장된 길어깨의 장점
ⓐ 긴급자동차의 주행을 원활하게 한다.
ⓑ 차도 끝의 처짐이나 이탈을 방지한다.
ⓒ 물의 흐름으로 인한 노면 패임을 방지한다.
ⓓ 보도가 없는 도로에서는 보행의 편의를 제공한다.

4. 교량과 교통사고

① 교량의 폭, 교량 접근도로의 형태 등이 교통사고와 밀접한 관계가 있다.
② 교량 접근도로의 폭에 비해 교량의 폭이 좁으면 사고위험이 증가한다.
③ 교량 접근도로의 폭과 교량의 폭이 같을 때에는 사고위험이 감소한다.
④ 교량 접근도로의 폭과 교량의 폭이 서로 다른 경우에도 교통통제설비, 즉 안전표지, 시선유도시설, 접근도로에 노면표시 등을 설치하면 운전자의 경각심을 불러 일으켜 사고 감소효과가 발생할 수 있다.

4 회전교차로

1. 회전교차로

① 회전교차로란 교통류가 신호등 없이 교차로 중앙의 원형교통섬을 중심으로 회전하여 교차부를 통과하도록 하는 평면교차로의 일종이다.

② 회전교차로의 일반적인 특징은 다음과 같다.
ⓐ 회전교차로로 진입하는 자동차가 교차로 내부의 회전차로에서 주행하는 자동차에게 양보한다.
ⓑ 신호등이 없는 교차로에 비해 상충 횟수가 적다.
ⓒ 교차로 진입은 저속으로 운영하여야 한다.
ⓓ 교차로 진입과 대기에 대한 운전자의 의사결정이 간단하다.
ⓔ 교통상황의 변화로 인한 운전자 피로를 줄일 수 있다.
ⓕ 신호교차로에 비해 유지관리 비용이 적게 든다.
ⓖ 인접도로 및 지역에 대한 접근성을 높여 준다.
ⓗ 사고빈도가 낮아 교통안전 수준을 향상시킨다.
ⓘ 지체시간이 감소되어 연료 소모와 배기가스를 줄일 수 있다.

2. 회전교차로 기본 운영 원리

① 교차로에 진입하는 자동차는 회전 중인 자동차에게 양보한다.
② 회전차로 내부에서 주행 중인 자동차를 방해할 때에는 진입하지 않는다.
③ 회전차로 내에 여유 공간이 있을 때까지 양보선에 대기한다.
④ 접근차로에서 정지지체로 인해 대기하는 자동차가 발생할 수 있다.
⑤ 교차로 내부에서 회전 정체는 발생하지 않는다.(교통 혼잡이 발생하지 않는다.)
⑥ 회전교차로에 진입할 때에는 충분히 속도를 줄인 후 진입한다.
⑦ 회전교차로를 통과할 때에는 모든 자동차가 중앙교통섬을 중심으로 시계 반대방향으로 회전하며 통행한다.

3. 회전교차로와 로터리(교통서클)의 차이점

① 로터리(Rotary) 또는 교통서클(Traffic circle)이란 교통이 복잡한 네거리 같은 곳에 교통정리를 위하여 원형으로 만들어 놓은 교차로로 진입하는 자동차에게 통행우선권이 있으며, 상대적으로 높은 속도로 진입

할 수 있고, 로터리 내에서 통행속도가 높아 교통사고가 빈번히 발생할 수 있다.

② 회전교차로와 로터리(교통서클)의 차이점

구 분	회전교차로(Roundabout)	로터리(Rotary) 또는 교통서클(Traffic circle)
진입방식	·진입자동차가 양보 ·회전자동차에게 통행우선권	·회전자동차가 양보 ·진입자동차에게 통행우선권
진입부	·저속 진입	·고속 진입
회전부	·고속으로 회전차로 운행 불가 ·소규모 회전반지름 위주	·고속으로 회전차로 운행 가능 ·대규모 회전반지름 위주
분리교통섬	·감속 또는 방향 분리를 위해 필수 설치	·선택 설치

4. 회전교차로 설치를 통한 교차로 서비스 향상

① **교통소통 측면** : 교통량이 상대적으로 많은 비신호 교차로 또는 교통량이 적은 신호 교차로에서 지체가 발생할 경우 교통소통 향상을 목적으로 설치한다.

② **교통안전 측면** : 사고발생 빈도가 높거나 심각도가 높은 사고가 발생하는 등 교차로 안전에 문제가 될 때 교차로 안전성 향상을 목적으로 설치한다.

  ㉮ 교통사고 잦은 곳으로 지정된 교차로

  ㉯ 교차로의 사고유형 중 직각 충돌사고 및 정면 충돌사고가 빈번하게 발생하는 교차로

  ㉰ 주도로와 부도로의 통행 속도차가 큰 교차로

  ㉱ 부상, 사망사고 등의 심각도가 높은 교통사고 발생 교차로

③ **도로미관 측면** : 교차로 미관 향상을 위해 설치한다.

④ **비용절감 측면** : 교차로 유지관리 비용을 절감하기 위해 설치한다.

5 도로의 안전시설

1. 시선유도시설

① 시선유도시설이란 주간 또는 야간에 운전자의 시선을 유도하기 위해 설치된 안전시설로 시선 유도표지, 갈매기표지, 표지병 등이 있다.

② 시선유도표지는 직선 및 곡선 구간에서 운전자에게 전방의 도로조건이 변화되는 상황을 반사체를 사용하여 안내해 줌으로써 안전하고 원활한 차량주행을 유도하는 시설물이다.

③ 갈매기표지는 급한 곡선 도로에서 운전자의 시선을 명확히 유도하기 위해 곡선 정도에 따라 갈매기표지를 사용하여 운전자의 원활한 차량주행을 유도하는 시설물이다.

④ 표지병은 야간 및 악천후에 운전자의 시선을 명확히 유도하기 위해 도로 표면에 설치하는 시설물이다.

2. 방호울타리

① 방호울타리는 주행 중에 진행 방향을 잘못 잡은 차량이 도로 밖, 대향차로 또는 보도 등으로 이탈하는 것을 방지하거나 차량이 구조물과 직접 충돌하는 것을 방지하여 탑승자의 상해 및 자동차의 파손을 최소한도로 줄이고 자동차를 정상 진행 방향으로 복귀시키도록 설치된 시설을 말한다.

② 방호울타리는 운전자의 시선을 유도하고 보행자의 무단횡단을 방지하는 기능도 갖고 있다.

③ 방호울타리는 설치 위치 및 기능에 따라 노측용, 중앙분리대용, 보도용 및 교량용으로 구분되며, 시설물 강도에 따라 가요성 방호울타리(가드레일, 케이블 등)와 강성 방호울타리(콘크리트 등)로 구분된다.

  ㉮ **노측용 방호울타리** : 자동차가 도로 밖으로 이탈하는 것을 방지하기 위하여 도로의 길어깨 측에 설치하는 방호울타리

  ㉯ **중앙분리대용 방호울타리** : 왕복방향으로 통행하는 자동차들이 대향차도 쪽으로 이탈하는 것을 방지하기 위해 도로 중앙의 분리대 내에 설치하는 방호울타리

  ㉰ **보도용 방호울타리** : 자동차가 도로 밖으로 벗어나 보도를 침범하여 일어나는 교통사고로부터 보행자 등을 보호하기 위하여 설치하는 방호울타리

  ㉱ **교량용 방호울타리** : 교량 위에서 자동차가 차도로부터 교량바깥, 보도 등으로 벗어나는 것을 방지하기 위해서 설치하는 방호울타리

3. 충격흡수시설

① 충격흡수시설은 주행 차로를 벗어난 차량이 도로상의 구조물 등과 충돌하기 전에 자동차의 충격에너지를 흡수하여 정지하도록 하거나, 자동차의 방향을 교정하여 본래의 주행 차로로 복귀시켜주는 기능을 한다.

② 충격흡수시설은 교각(橋脚 : 다리를 받치는 기둥) 및 교대(橋臺 : 다리의 양쪽 끝을 받치는 기둥), 지하차도 기둥 등 자동차의 충돌이 예상되는 장소에 설치하여 자동차가 구조물과의 직접적인 충돌로 인한 사고 피해를 줄이기 위해 설치한다.

4. 과속방지시설

① 과속방지시설이란 도로 구간에서 낮은 주행 속도가 요구되는 일정지역에서 통행 자동차의 과속 주행을 방지하기 위해 설치하는 시설을 말한다.

② 과속방지시설은 다음과 같은 장소에 설치된다.

  ㉮ 학교, 유치원, 어린이 놀이터, 근린공원, 마을 통과 지점 등으로 자동차의 속도를 저속으로 규제할 필요가 있는 구간

  ㉯ 보·차도의 구분이 없는 도로로서 보행자가 많거나 어린이의 놀이로 교통사고 위험이 있다고 판단되는 구간

  ㉰ 공동주택, 근린 상업시설, 학교, 병원, 종교시설 등 자동차의 출입이 많아 속도규제가 필요하다고 판단되는 구간

  ㉱ 자동차의 통행속도를 30km/h 이하로 제한할 필요가 있다고 인정되는 구간

5. 도로반사경

① 도로반사경은 운전자의 시거 조건이 양호하지 못한 장소에서 거울면을 통해 사물을 비추어줌으로써 운전자가 적절하게 전방의 상황을 인지하고 안전한 행동을 취할 수 있도록 하기 위해 설치하는 시설을 말한다.

② 도로반사경은 교차하는 자동차, 보행자, 장애물 등을 가장 잘 확인할 수 있는 위치에 설치한다.

  ㉮ 단일로의 경우 : 곡선반경이 작아 시거가 확보되지 않는 장소에 설치된다.

  ㉯ 교차로의 경우 : 비신호 교차로에서 교차로 모서리에 장애물이 위치해 있어 운전자의 좌·우 시거가 제한되는 장소에 설치된다.

6. 조명시설

① 조명시설은 도로이용자가 안전하고 불안감 없이 통행할 수 있도록 적절한 조명환경을 확보해줌으로써 운전자에게 심리적 안정감을 제공하는 동시에 운전자의 시선을 유도해 준다.

② 조명시설의 주요기능은 다음과 같다.

  ㉮ 주변이 밝아짐에 따라 교통안전에 도움이 된다.

  ㉯ 도로이용자인 운전자 및 보행자의 불안감을 해소해 준다.

  ㉰ 운전자의 피로가 감소한다.

  ㉱ 범죄발생을 방지하고 감소시킨다.

ⓜ 운전자의 심리적 안정감 및 쾌적감을 제공한다.

ⓑ 운전자의 시선유도를 통해 보다 편안하고 안전한 주행여건을 제공한다.

7. 기타 안전시설

① 미끄럼방지시설은 특정한 구간에서 노면의 미끄럼 저항이 낮아진 곳이나 도로선형이 불량한 구간에서 노면의 미끄럼 저항을 높여 제동거리를 짧게 하거나, 운전자의 주의를 환기시켜 자동차의 안전주행을 확보해주는 시설을 말한다.

② 노면요철포장은 졸음운전 또는 운전자의 부주의로 인해 차로를 이탈하는 것을 방지하기 위해 노면에 인위적인 요철을 만들어 자동차가 통과할 때 타이어에서 발생하는 마찰음과 차체의 진동을 통해 운전자의 주의를 환기시켜 자동차가 원래의 차로로 복귀하도록 유도하는 시설을 말한다.

③ 긴급제동시설은 제동장치에 이상이 발생하였을 때 자동차가 안전한 장소로 진입하여 정지하도록 함으로써 도로이탈 및 충돌사고 등으로 인한 위험을 방지하는 시설을 말한다.

6 도로의 부대시설

1. 버스정류시설

① **버스정류시설**

노선버스가 승객의 승·하차를 위하여 전용으로 이용하는 시설물로 이용자의 편의성과 버스가 무리없이 진출입할 수 있는 위치에 설치한다.

② **버스정류시설의 종류 및 의미**

㉮ **버스정류장(Bus bay)** : 버스승객의 승·하차를 위하여 본선 차로에서 분리하여 설치된 띠 모양의 공간을 말한다.

㉯ **버스정류소(Bus stop)** : 버스승객의 승·하차를 위하여 본선의 오른쪽 차로를 그대로 이용하는 공간을 말한다.

㉰ **간이버스정류장** : 버스승객의 승·하차를 위하여 본선 차로에서 분리하여 최소한의 목적을 달성하기 위하여 설치하는 공간을 말한다.

③ **버스정류장 또는 정류소 위치에 따른 종류**

㉮ 교차로 통과 전(Near-side) 정류장 또는 정류소 : 진행방향 앞에 있는 교차로를 통과하기 전에 있는 정류장을 말한다.

㉯ 교차로 통과 후(Far-side) 정류장 또는 정류소 : 진행방향 앞에 있는 교차로를 통과한 다음에 있는 정류장을 말한다.

㉰ 도로구간 내(Mid-block) 정류장 또는 정류소 : 교차로와 교차로 사이에 있는 단일로의 중간에 있는 정류장을 말한다.

④ **중앙버스전용차로의 버스정류소 위치에 따른 장·단점**

㉮ **교차로 통과 전(Near-side) 정류소**

㉠ **장점** : 교차로 통과 후 버스전용차로 상의 교통량이 많을 때 발생할 수 있는 혼잡을 최소화 할 수 있다. 버스가 출발할 때 교차로를 가속거리로 이용할 수 있다.

㉡ **단점** : 버스전용차로에 있는 자동차와 좌회전하려는 자동차의 상충이 증가한다. 교차로 통과 전 버스전용차로 오른쪽에 정차한 자동차들의 시야가 제한받을 수 있다.

㉯ **교차로 통과 후(Far-side) 정류소**

㉠ **장점** : 버스전용차로 상에 있는 자동차와 좌회전하려는 자동차의 상충이 최소화된다. 교차로가 버스전용차로 상에 있는 차량의 감속에 이용된다.

㉡ **단점** : 출·퇴근 시간대에 버스전용차로 상에 버스들이 교차로까지 대기할 수 있다. 버스정류장에 대기하는 버스로 인해 횡단하는 자동차들은 시야를 제한 받을 수 있다.

㉰ **도로구간 내(Mid-block) 정류소(횡단보도 통합형)**

㉠ **장점** : 버스를 타고자 하는 사람이 진·출입 동선이 일원화되어 가고자 하는 방향의 정류장으로 접근이 편리하다.

㉡ **단점** : 정류장간 무단으로 횡단하는 보행자로 인해 사고 발생위험이 있다.

⑤ **가로변 버스정류장 또는 정류소 위치에 따른 장·단점**

㉮ **교차로 통과 전(Near-side) 정류소**

㉠ **장점** : 일반 운전자가 보행자 및 접근하는 버스의 움직임 확인이 용이하다. 버스에 승차하려는 사람이 횡단보도에 인접한 버스 접근이 용이하다.

㉡ **단점** : 정차하려는 버스와 우회전하려는 자동차가 상충될 수 있다. 횡단하는 보행자가 정차되어 있는 버스로 인해 시야를 제한받을 수 있다.

㉯ **교차로 통과 후(Far-side) 정류장 또는 정류소**

㉠ **장점** : 우회전하려는 자동차 등과의 상충을 최소화 할 수 있다.

㉡ **단점** : 정차하려는 버스로 인해 교차로 상에 대기차량이 발생할 수 있다.

㉰ **도로구간 내(Mid-block) 정류장 또는 정류소**

㉠ **장점** : 자동차와 보행자 사이에 발생할 수 있는 시야제한이 최소화된다.

㉡ **단점** : 정류장 주변에 횡단보도가 없는 경우에는 버스 승객의 무단횡단에 따른 사고 위험이 존재하며, 도로 건너편에 있는 승객은 버스 탑승을 위해 정류장 최단거리에 있는 횡단보도까지 우회하여야 한다.

2. 비상주차대

① 비상주차대란 우측 길어깨의 폭이 협소한 장소에서 고장 난 차량이 도로에서 벗어나 대피할 수 있도록 제공되는 공간을 말한다.

② 설치되는 장소

㉮ 고속도로에서 길어깨 폭이 2.5m 미만으로 설치되는 경우

㉯ 길어깨를 축소하여 건설되는 긴 교량의 경우

㉰ 긴 터널의 경우 등

3. 휴게시설

① 출입이 제한된 도로에서 안전하고 쾌적한 여행을 하기 위해 장시간의 연속주행으로 인한 운전자의 생리적 욕구 및 피로해소와 주유 등의 서비스를 제공하는 장소를 말한다.

② 규모에 따른 휴게시설의 종류

㉮ **일반휴게소** : 사람과 자동차가 필요로 하는 서비스를 제공할 수 있는 시설로 주차장, 녹지공간, 화장실, 급유소, 식당, 매점 등으로 구성

㉯ **간이휴게소** : 짧은 시간 내에 차의 점검 및 운전자의 피로회복을 위한 시설로 주차장, 녹지공간, 화장실 등으로 구성

㉰ **화물차 전용휴게소** : 화물차 운전자를 위한 전용 휴게소로 이용자 특성을 고려한 시설로 식당, 숙박시설, 샤워실, 편의점 등으로 구성

㉱ **쉼터휴게소(소규모 휴게소)** : 운전자의 생리적 욕구만 해소하기 위한 시설로 최소한의 주차장, 화장실과 최소한의 휴식공간으로 구성

1 인지, 판단의 기술

운전의 위험을 다루는 효율적인 정보처리방법은 확인, 예측, 판단, 실행과 정을 따르는 것이다. 확인, 예측, 판단, 실행 과정은 안전운전을 하는데 필수적 과정이다.

1. 확인

(1) 확인과정에서의 실수를 낳은 요인

① 선택적 주시과정에서 어느 한 물체에 시선을 뺏겨 오래 머문다(주의의 고착).

㉮ 좌회전 중 진입방향의 우회전 접근 차량에 시선을 뺏겨, 같이 회전하는 차량에 대해 주의하지 못했다.

㉯ 목적지를 찾느라 전방을 주시하지 못해 보행자와 충돌하였다.

㉰ 교차로 진행신호를 확인하지 않고, 대형차량 뒤를 따라 진행하다 충돌사고가 발생하였다.

② 운전과 무관한 물체에 대한 정보 등을 선택적으로 받아들이는 경우(주위의 분산).

㉮ DMB 시청에 시선을 빼앗겨 앞차와의 안전거리를 확보하지 못해 앞차를 추돌하였다.

㉯ 승객과 대화를 하다가 앞차의 급정지를 늦게 발견하고 제동을 하였으나 추돌을 하였다.

(2) 주의해서 보아야할 것

전방의 탐색시 주의해서 보아야 할 것들은 다른 차로의 차량, 보행자, 자전거 교통의 흐름과 신호 등이다. 특히 화물차량 등 대형차가 있을 때는 대형차량이 가린 것들에 대한 단서에 주의해야 한다.

2. 예측

① **주행로** : 다른 차의 진행 방향과 거리는?

② **행동** : 다른 차의 운전자가 할 것으로 예상되는 행동은?

③ **타이밍** : 다른 차의 운전자가 행동하게 될 시점은?

④ **위험원** : 특정 차량, 자전거 이용자 또는 보행자는 잠재적으로 어떤 위험을 야기할 수 있는가?

⑤ **교차지점** : 정확하게 어떤 지점에서 교차하는 문제가 발생하는가?

3. 판단

운전행동 유형 : 예측 / 지연 회피반응

행동특성	예측 회피 운전행동	지연 회피 운전행동
1. 적응유형	·사전 적응적(preadaptive)	·사후 적응적(postadptive)
2. 위험접근속도	·저속 접근	·고속 접근
3. 행동통제	·조급하지 않음	·조급함
4. 각성수준	·낮은 각성상태	·높은 각성상태
5. 사고 관여율	·낮은 사고 관여율	·높은 사고 관여율
6. 위험 감내성	·비 감내성	·감내성
7. 성격유형	·내향적	·외향적
8. 인지·정서 취약성	·인지요인 취약성	·정서요인 취약성
9. 도로안전 전략 민감성	·인지적 접근	·정서적 접근

※ 예측회피 운전의 기본적 방법

㉮ 속도 가·감속

㉯ 위치 바꾸기(진로변경)

㉰ 다른 운전자에게 신호하기

4. 실행

① 급제동시 브레이크 페달을 급하고 강하게 밟는다고 제동거리가 짧아지는 것은 아니다.

㉮ 브레이크 잠김 상태가 되어 제동력이 상실될 수도 있고, ABS 브레이크를 장착하지 않은 차량에서는 차량의 컨트롤을 잃어버리게 되는 원인이 될 수도 있다.

㉯ 급제동 시에는 신속하게 브레이크를 여러 번 나누어 점진적으로 세게 밟는 제동 방법 등을 잘 구사할 필요가 있다.

② 핸들 조작도 부드러워야 한다. 흔히 핸들 과대 조작, 핸들 과소 조작등으로 인한 사고는 바로 적절한 핸들 조작의 중요성을 말해준다.

③ 횡단보도정지선에 멈추기 위해 브레이크를 밟는다는 것이 실수로 가속페달을 밟아 정지한 차량을 추돌하였다.

④ 물병 또는 신고 있던 슬리퍼가 브레이크 페달에 끼어 제동하지 못하고 앞차와 추돌하였다.

⑤ 좌측 방향지시등을 작동시키고 우측차로로 진입하다가 충돌사고가 발생하였다.

2 안전운전의 5가지 기본 기술

1. 운전 중에 전방 멀리 본다.

〈전방 가까운 곳을 보고 운전할 때의 징후들〉

① 교통의 흐름에 맞지 않을 정도로 너무 빠르게 차를 운전한다.

② 차로의 한 쪽 면으로 치우쳐서 주행한다.

③ 우회전, 좌회전 차량 등에 대한 인지가 늦어서 급브레이크를 밟는다던가, 회전차량에 진로를 막혀버린다.

④ 우회전할 때 넓게 회전한다.

⑤ 시인성이 낮은 상황에서 속도를 줄이지 않는다.

2. 전체적으로 살펴본다.

〈시야 확보가 적은 징후들〉

① 급정거

② 앞차에 바짝 붙어 가는 경우

③ 좌·우회전 등의 차량에 진로를 방해받음

④ 반응이 늦은 경우

⑤ 빈번하게 놀라는 경우

⑥ 급차로 변경 등이 많을 경우

3. 눈을 계속해서 움직인다.

〈시야 고정이 많은 운전자의 특성〉

① 위험에 대응하기 위해 경적이나 전조등을 좀처럼 사용하지 않는다.

② 더러운 창이나 안개에 개의치 않는다.

③ 거울이 더럽거나 방향이 맞지 않는데도 개의치 않는다.
④ 정지선 등에서 정지 후, 다시 출발할 때 좌우를 확인하지 않는다.
⑤ 회전하기 전에 뒤를 확인하지 않는다.
⑥ 자기 차를 앞지르려는 차량의 접근 사실을 미리 확인하지 못한다.

4. 다른 사람들이 자신을 볼 수 있게 한다.

회전을 하거나 차로 변경을 할 경우에는 다른 사람이 미리 알 수 있도록 신호를 보내야 한다.

① 어두울 때는 주차등이 아니라 전조등을 사용한다.
② 비가 올 경우에는 항상 전조등을 사용한다.
③ 경적을 사용할 때는 30m 이상의 거리에서 사용한다.

5. 차가 빠져나갈 공간을 확보한다.

① 주행로 앞쪽으로 고정물체나 장애물이 있는 것으로 의심되는 경우
② 전방 신호등이 일정시간 계속 녹색일 경우(신호가 곧 바뀔 것을 알려 줌).
③ 주차차량 옆을 지날 때 그 차의 운전자가 운전석에 있는 경우(주차차량이 갑자기 빠져 나올지도 모른다).
④ 반대 차로에서 다가오는 차가 좌회전을 할 수도 있는 경우.
⑤ 다른 차가 옆 도로에서 너무 빨리 나올 경우.
⑥ 진출로에서 나오는 차가 자신을 보지 못할 경우.
⑦ 담장이나 수풀, 빌딩, 혹은 주차 차량들로 인해 시야장애를 받을 경우.

안전공간을 확보하기 위해 다음으로 중요한 것은 뒤차가 바짝 붙어오는 상황을 피하는 것이다. 그 방법으로는 다음과 같은 것이 있다.

① 가능하면 뒤차가 지나갈 수 있게 차로를 변경한다.
② 가능하면 속도를 약간 내서 뒤차와의 거리를 늘린다.
③ 브레이크 페달을 가볍게 밟아서 제동등이 들어오게 하여 속도를 줄이려는 의도를 뒤차가 알 수 있게 한다.
④ 정지할 공간을 확보할 수 있게 점진적으로 속도를 줄인다. 이렇게해서 뒤차가 추월할 수 있게 만든다.

③ 방어운전의 기본 기술 |||||||||||||||||||

방어운전은 주요 사고유형 패턴의 실수를 예방하기 위한 방법으로서 위험의 인지, 방어의 이해, 제시간내의 정확한 행동이라는 3단계 시계열적 과정을 핵심요소로 한다.

1. 기본적인 사고유형의 회피

(1) 정면충돌사고

정면 충돌사고는 직선로, 커브 및 좌회전 차량이 있는 교차로에서 주로 발생한다. 대향차량과의 사고를 회피하는 법은 다음과 같다.

① 전방의 도로 상황을 파악한다. 내 차로로 들어오거나 앞지르려고 하는 차나 보행자에 대해 주의한다.
② 정면으로 마주칠 때 핸들조작은 오른쪽으로 한다. 상대차로 쪽으로 틀지 않도록 한다. 상대 운전자 또한 자신의 차로 쪽으로 방향을 틀것이기 때문이다.
③ 속도를 줄이는 것은 주행거리와 충격력을 줄이는 효과가 있다.
④ 오른쪽으로 방향을 조금 틀어 공간을 확보한다. 필요하다면 차도를 벗어나 길가장자리 쪽으로 주행한다. 상대에게 차도를 양보하면 항상 정면충돌을 회피할 수 있다.

(2) 후미 추돌 사고

① 앞차에 대한 주의를 늦추지 않는다.
② 상황을 멀리까지 살펴본다.
③ 충분한 거리를 유지한다.
④ 상대보다 더 빠르게 속도를 줄인다.

(3) 단독사고

① 차 주변의 모든 것을 제대로 판단하지 못하는 빈약한 판단에서 비롯된다. 피곤해 있거나 음주 또는 약물의 영향을 받고 있을 때 많이 발생한다.
② 단독사고를 야기하지 않기 위해서는 심신이 안정된 상태에서 운전해야 한다.
③ 낯선 곳 등의 주행에 있어서는 사전에 주행정보를 수집하여 여유있는 주행이 가능하도록 해야 한다.

(4) 미끄러짐 사고

눈·비 등이 오는 날씨에는 다음과 같은 사항에 주의한다.

① 다른 차량 주변으로 가깝게 다가가지 않는다.
② 수시로 브레이크페달을 작동해서 제동이 제대로 되는지를 살펴본다.
③ 제동상태가 나쁠 경우 도로 조건에 맞춰 속도를 낮춘다.

(5) 차량 결함 사고

브레이크와 타이어 결함 사고가 대표적이다. 이 경우 대처 방법은 다음과 같다.

① 차의 앞바퀴가 터지는 경우 핸들을 단단하게 잡아 차가 한 쪽으로 쏠리는 것을 막고, 의도한 방향을 유지한 다음 속도를 줄인다.
② 뒷바퀴의 바람이 빠지면 차의 후미가 좌우로 흔들리는 것을 느낄 수 있다. 이때 차가 한쪽으로 미끄러지는 것을 느끼면 핸들 방향을 그 방향으로 틀어주며 대처한다. 이때 핸들을 과도하게 틀면 안 되며, 페달은 나누어 밟아서 안전한 곳에 멈춘다.
③ 브레이크 고장 시 앞, 뒤 브레이크가 동시에 나가는 경우는 거의 없다. 만일 이런 경우는 브레이크 페달을 반복해서 빠르고 세게 밟으면서 주차 브레이크도 세게 당기고 기어도 저단으로 바꾼다.
④ 브레이크를 계속 밟아 열이 발생하여 듣지 않는 페이딩 현상이 일어나면 차를 멈추고 브레이크가 식을 때 까지 기다려야 한다.

2. 시인성, 시간, 공간의 관리

방어운전에서는 위험을 인지하고 제시간 내에 행동하는 것이 중요하다. 이를 위해서는 각기 다른 상황에서의 시인성, 시간, 공간을 다루는 방법을 이해해야 한다.

(1) 시인성을 높이는 법

시인성은 자신이 도로의 장애물 등을 확인하는 능력과 다른 운전자나 보행자가 자신을 볼 수 있게 하는 능력이다.

① 운전하기 전의 준비
　㉠ 차 안팎 유리창을 깨끗이 닦는다.
　㉡ 차의 모든 등화를 안팎으로 깨끗이 닦는다.
　㉢ 성에제거기, 와이퍼, 워셔 등이 제대로 작동되는지를 점검한다.
　㉣ 후사경과 사이드 미러를 조정한다. 운전석의 높이도 적절히 조정한다.
　㉤ 선글라스, 점멸등, 창 닦게 등을 준비하여 필요할 때 사용할 수 있도록 한다.

ⓑ 후사경에 매다는 장식물이나 시야를 가리는 차내의 장애물들은 치운다.

② 운전 중 행동

　ㄱ 낮에도 흐린 날 등에는 하향 전조등을 켠다(운전자, 보행자에게 600~700m 전방에서 좀 더 빠르게 볼 수 있게끔 하는 효과가 있다).

　ㄴ 자신의 의도를 다른 도로이용자에게 좀 더 분명히 전달함으로써 자신의 시인성을 최대화 할 수 있다.

　ㄷ 다른 운전자의 사각에 들어가 운전하는 것을 피한다.

　ㄹ 남보다 시력이 떨어지면 항상 안경이나 콘텍트렌즈를 착용한다.

　ㅁ 햇빛 등으로 눈부신 경우는 선글라스를 쓰거나 선바이저를 사용한다.

(2) 시간을 다루는 법

시간을 효율적으로 다루는 몇 가지 기본 원칙은 다음과 같다.

① 안전한 주행경로 선택을 위해 주행 중 20~30초 전방을 탐색한다.(20~30초 전방은 도시에서 40~50km의 속도로 400m 정도의 거리이고, 고속도로 등에서는 80~100km의 속도로 800m 정도의 거리이다.)

② 위험 수준을 높일 수 있는 장애물이나 조건을 12~15초 전방까지 확인한다(12~15초 전방의 장애물은 도시에서는 200m 정도의 거리, 고속도로 등에서는 400m 정도의 거리이다.)

③ 자신의 차와 앞차 간에 최소한 2~3초의 추종거리를 유지한다. 시간을 다루는데 특히 중요한 것은 앞차를 뒤따르는 추종거리이다. 운전자가 앞차가 갑자기 멈춰서는 것 등을 발견하고 회피 시도를 할 수 있기 위해서는 적어도 2~3초 정도의 거리가 필요하다.

(3) 공간을 다루는 법

공간을 다루기 위해서는 다음과 같은 것을 고려할 필요가 있다.

① 속도와 시간, 거리 관계를 항상 염두에 둔다.

② 차 주위에 공간을 평가하고 조절한다.

공간을 다루는 기본적인 요령은 다음과 같다.

① 앞차와 적정한 추종거리를 유지한다. 앞차와의 거리를 적어도 2~3초 정도 유지한다.

② 뒤차와도 2초 정도의 거리를 유지한다.

③ 가능하면 좌우의 차량과도 차 한 대 길이 이상의 거리를 유지한다.

④ 차의 앞뒤나 좌우로 공간이 충분하지 않을 때는 공간을 증가시켜야 한다.

(4) 젖은 도로 노면을 다루는 법

① 비가 오면 노면의 마찰력이 감소하기 때문에 정지거리가 늘어난다.

② 비가 어느 정도 오게 되면 이것들이 빗물에 씻겨나가게 됨으로써 노면은 다시 어느 정도의 마찰력을 회복한다.

③ 비가 많이 오게 되면 이번에는 수막현상을 주의해야 한다.

4 시가지 도로에서의 방어 운전 ||||||||||||||||||

1. 시가지 도로에서의 시인성, 시간, 공간의 관리

(1) 시인성 다루기

① 1~2블록 전방의 상황과 길의 양쪽 부분을 모두 탐색한다.

② 조금이라도 어두울 때는 하향 전조등을 켜도록 한다.

③ 교차로에 접근할 때나 차의 속도를 늦추든지 멈추려고 할 때는 언제든지 후사경과 사이드 미러를 이용해서 차들을 살펴본다.

④ 예정보다 빨리 회전하거나 한쪽으로 붙을 때는 자신의 의도를 신호로 알린다.

⑤ 전방 차량 후미의 등화에 지속적으로 주의하여, 제동과 회전여부 등을 예측한다. 항상 예기치 못한 정지나 회전에도 마음의 준비를 한다.

⑥ 주의표지나 신호에 대해서도 감시를 늦추지 말아야 한다. 또한 경찰차, 앰뷸런스, 소방차 및 기타 긴급차량의 사이렌 소리나 점멸등에 대해서도 주의한다.

⑦ 빌딩이나 주차장 등의 입구나 출구에서도 주의한다. 가까이 접근해서도 잘 볼 수 없는 경우가 많다.

(2) 시간 다루기

① 속도를 낮춘다.

② 교통체증이 발생하면 운전자는 긴장하게 되고, 참을 성이 없어지며, 때로는 난폭해지기도 한다. 항상 사고를 회피하기 위해 멈추거나 핸들을 틀 준비를 한다.

③ 필요할 때 브레이크를 밟을 준비를 함으로서 갑작스런 위험상황에 대비한다.

④ 다른 운전자와 보행자가 자신을 보고 반응할 수 있도록 하기 위해서는 항상 사전에 자신의 의도를 신호로 표시한다.

⑤ 도심교통상의 운전, 특히 러시아워에 있어서는 여유시간을 가지고 주행하도록 한다.

(3) 공간 다루기

① 교통체증으로 서로 근접하는 상황이라도 앞차와는 2초 정도의 거리를 둔다.

② 다른 차 뒤에 멈출 때 앞차의 6~9m 뒤에 멈추도록 한다. 뒤에서 2~3대의 차가 다가와 멈추면 그 때 가볍게 앞으로 나가도록 한다.

③ 다른 차로로 진입할 공간의 여지를 남겨둔다.

④ 항상 앞차가 앞으로 나간 다음에 자신의 차를 앞으로 움직인다.

⑤ 주차한 차와는 가능한 한 여유 공간을 넓게 유지한다.

⑥ 다차로 도로에서 다른 차의 바로 옆 사각으로 주행하는 것을 피한다. 그 차의 앞으로 나가든가 뒤로 빠진다.

⑦ 대향차선의 차와 자신의 차 사이에는 가능한 한 많은 공간을 유지한다.

2. 시가지 교차로에서의 방어운전

(1) 교차로에서의 방어운전

① 신호는 운전자의 눈으로 직접 확인한 후 선신호에 따라 진행하는 차가 없는지 확인하고 출발한다.

② 신호에 따라 진행하는 경우에도 신호를 무시하고 갑자기 달려드는 차 또는 보행자가 있다는 사실에 주의한다.

③ 좌·우회전할 때에는 방향신호등을 정확히 점등한다.

④ 성급한 우회전은 횡단하는 보행자와 충돌할 위험이 증가한다.

⑤ 통과하는 앞차를 맹목적으로 따라가면 신호를 위반할 가능성이 높다.

⑥ 교통정리가 행하여지고 있지 아니하고 좌·우를 확인할 수 없거나 교통이 빈번한 교차로에 진입할 때에는 일시정지하여 안전을 확인한 후 출발한다.

⑦ 내륜차에 의한 사고에 주의한다.

     ㉠ 우회전할 때에는 뒷바퀴로 자전거나 보행자를 치지 않도록 주의한다.

     ㉡ 좌회전할 때에는 정지해 있는 차와 충돌하지 않도록 주의한다.

(2) 교차로 황색신호에서의 방어운전

① 황색신호일 때에는 멈출 수 있도록 감속하여 접근한다.

② 황색신호일 때 모든 차는 정지선 바로 앞에 정지하여야 한다.

③ 이미 교차로 안으로 진입하여 있을 때 황색신호로 변경된 경우에는 신속히 교차로 밖으로 빠져 나간다.

④ 교차로 부근에는 무단 횡단하는 보행자 등 위험요인이 많으므로 돌발 상황에 대비한다.

⑤ 가급적 딜레마구간에 도달하기 전에 속도를 줄여 신호가 변경되면 바로 정지할 수 있도록 준비한다.

     ㉠ 급정지할 경우에는 뒤 차량이 후미를 추돌할 수 있으며, 차내 안전 사고가 발생할 가능성이 높아진다.

     ㉡ 정지선을 초과하여 횡단보도에 정지하면 보행자의 통행에 방해가 된다.

     ㉢ 딜레마구간을 계속 진행하여 황색신호가 끝날 때까지 교차로를 통과하지 못하면 다른 신호를 받고 정상 진입하는 차량과 충돌할 위험이 증가한다.

3. 시가지 이면도로에서의 방어운전

① 주변에 주택 등이 밀집되어 있는 주택가나 동네길, 학교 앞 도로로 보행자의 횡단이나 통행이 많다.

② 길가에서 뛰노는 어린이들이 많아 어린이들과의 접촉사고가 발생할 가능성이 높다. 주요 주의사항은 다음과 같다.

     ㉮ 항상 보행자의 출현 등 돌발 상황에 대비한 방어운전을 한다.

         ㉠ 차량의 속도를 줄인다.

         ㉡ 자동차나 어린이가 갑자기 출현할 수 있다는 생각을 가지고 운전한다.

         ㉢ 언제라도 곧 정지할 수 있는 마음의 준비를 갖춘다.

     ㉯ 위험한 대상물은 계속 주시한다.

         ㉠ 돌출된 간판 등과 충돌하지 않도록 주의한다.

         ㉡ 위험스럽게 느껴지는 자동차나 자전거, 손수레, 보행자 등을 발견하였을 때에는 그의 움직임을 주시하면서 운행한다.

           - 자전거나 이륜차가 통행하고 있을 때에는 통행공간을 배려하면서 운행한다.

           - 자전거나 이륜차의 갑작스럽 회전 등에 대비한다.

           - 주·정차된 차량이 출발하려고 할 때에는 감속하여 안전거리를 확보한다.

5   지방도로에서의 방어 운전 ||||||||||||||||

1. 지방도에서의 시인성, 시간, 공간의 관리

(1) 시인성 다루기

① 주간에 하향전조등을 켠다. 야간에 주위에 다른 차가 없다면 어두운 도로에서는 상향전조등을 켜도 좋다.

② 도로상 또는 주변에 차, 보행자 또는 동물과 장애물 등이 있는지를 살피며, 20~30초 앞의 상황을 확인한다.

③ 문제를 야기할 수 있는 전방 12~15초의 상황을 확인한다.

④ 언덕 너머 또는 커브 안쪽에 있을 수 있는 위험조건에 안전하게 반응할 수 있을 만큼의 속도로 주행한다.

⑤ 큰 차를 너무 가깝게 따라 감으로써 잠재적 위험원에 대한 시야를 차단당하는 일이 없도록 한다.

⑥ 회전 시 차를 길가로 붙일 때, 앞지르기를 할 때 등에서는 자신의 의도를 신호로 나타낸다.

(2) 시간 다루기

① 천천히 움직이는 차를 주시한다. 필요에 따라 속도를 조절한다.

② 교차로, 특히 교통신호등이 설치되어 있지 않은 곳일수록 접근하면서 속도를 줄인다. 언제든지 감속 또는 정지 준비를 한다.

③ 낯선 도로를 운전할 때는 여유시간을 허용한다. 미리 갈 노선을 계획한다.

④ 자갈길, 지저분하거나 도로노면의 표시가 잘 보이지 않는 도로를 주행할 때는 속도를 줄인다.

⑤ 도로 상에 또는 도로 근처에 있는 동물에 접근하거나 이를 통과할 때, 동물이 주행로를 가로질러 건너갈 때는 속도를 줄인다.

(3) 공간 다루기

① 전방을 확인하거나 회피핸들조작을 하는 능력에 영향을 미칠 수 있는 속도, 교통량, 도로 및 도로의 부분의 조건 등에 맞춰 추종거리를 조정한다. 회피공간을 항상 확인해 준다.

② 다른 차량이 바짝 뒤에 따라붙을 때 앞으로 나아갈 수 있도록 가능한 한 충분한 공간을 확보해 준다. 만일 앞에 차가 있다면 추종거리를 증가시킨다.

③ 왕복 2차선 도로상에서는 자신의 차와 대향차 간에 가능한 한 충분한 공간을 유지한다.

④ 앞지르기를 완전하게 할 수 있는 전방이 훤히 트인 곳이 아니면 어떤 오르막길 경사로에서도 앞지르기를 해서는 안 된다.

⑤ 안전에 위협을 가할 수 있는 차량, 동물 또는 기타 물체를 대상으로 도로를 탐색할 때는 사고 위험에 대하여 그 위협 자체를 피할수 있는 행동의 순서를 가늠해 본다.

2. 커브 길의 방어운전

커브 길에서는 다음과 같은 개념과 주행 방법을 익혀야 한다.

·슬로-인, 패스트-아웃(Slow-in, Fast-out) : 커브길에 진입할 때에는 속도를 줄이고, 진출할 때는 속도를 높이라는 뜻

·아웃-인-아웃(Out-In-Out) : 차로 바깥쪽에서 진입하여 안쪽, 바깥쪽 순으로 통과하라는 뜻.

·커브 진입직전에 속도를 감속하여 원심력 발생을 최소화하고, 커브가 끝나는 조금 앞에서 차량의 방향을 바르게 하면서 속도를 가속하여 신속하게 통과할 수 있도록 핸들을 조작한다.

(1) **커브길 주행방법**

① 커브 길에 진입하기 전에 경사도나 도로의 폭을 확인하고 엔진 브레이크를 작동시켜 속도를 줄인다.

② 엔진 브레이크만으로 속도가 충분히 줄지 않으면 풋 브레이크를 사용하여 회전 중에 더 이상 감속하지 않도록 줄인다.

③ 감속된 속도에 맞는 기어로 변속한다.

④ 회전이 끝나는 부분에 도달하였을 때에는 핸들을 바르게 한다.

⑤ 가속페달을 밟아 속도를 서서히 높인다.

(2) **커브길 주행 시의 주의사항**

① 커브 길에서는 기상상태, 노면상태 및 회전속도 등에 따라 차량이 미끄러지거나 전복될 위험이 증가하므로 부득이한 경우가 아니면 급핸들 조작이나 급제동은 하지 않는다.

② 회전 중에 발생하는 가속은 원심력을 증가시켜 도로이탈의 위험이 발생하고, 감속은 차량의 무게중심이 한쪽으로 쏠려 차량의 균형이 쉽게 무너질 수 있으므로 불가피한 경우가 아니면 가속이나 감속은 하지 않는다.

③ 중앙선을 침범하거나 도로의 중앙선으로 치우친 운전을 하지 않는다. 항상 반대 차로에 차가 오고 있다는 것을 염두에 두고 주행차로를 준수하며 운전한다.

④ 시력이 볼 수 있는 범위(시야)가 제한되어 있다면 주간에는 경음기, 야간에는 전조등을 사용하여 내 차의 존재를 반대 차로 운전자에게 알린다.

⑤ 급커브길 등에서의 앞지르기는 대부분 규제표지 및 노면표지 등 안전표지로 금지하고 있으나, 금지표지가 없다고 하더라도 전방의 안전이 확인 안되는 경우에는 절대 하지 않는다.

⑥ 겨울철 커브 길은 노면이 얼어있는 경우가 많으므로 사전에 충분히 감속하여 안전사고가 발생하지 않도록 주의한다.

3. 언덕길의 방어운전

오르막과 내리막으로 구성되어 있는 언덕길에서 차량을 운행하는 경우에는 평지에서 운행하는 것 보다 다음과 같은 것에 많은 주의를 기울여야 한다.

(1) **내리막길에서의 방어운전**

① 내리막길을 내려갈 때에는 엔진 브레이크로 속도를 조절하는 것이 바람직하다.

② 엔진 브레이크를 사용하면 페이드(Fade) 현상 및 베이퍼 록(Vapour lock) 현상을 예방하여 운행 안전도를 높일 수 있다.

③ 배기 브레이크가 장착된 차량의 경우 배기 브레이크를 사용하면 다음과 같은 효과가 있어 운행의 안전도를 더욱 높일 수 있다.

　㉠ 브레이크액의 온도상승 억제에 따른 베이퍼 록 현상을 방지한다.
　㉡ 드럼의 온도상승을 억제하여 페이드 현상을 방지한다.
　㉢ 브레이크 사용 감소로 라이닝의 수명을 연장시킬 수 있다.

④ 도로의 오르막길 경사와 내리막길 경사가 같거나 비슷한 경우라면, 변속기 기어의 단수도 오르막과 내리막에서 동일하게 사용하는 것이 바람직하다.

⑤ 커브 길을 주행할 때와 마찬가지로 경사길 주행 중간에 불필요하게 속도를 줄이거나 급제동하는 것은 주의해야 한다.

⑥ 비교적 경사가 가파르지 않은 긴 내리막길을 내려갈 때에 운전자의 시선은 먼 곳을 바라보고, 무심코 가속 페달을 밟아 순간 속도를 높일 수 있으므로 주의해야 한다.

⑦ 내리막길에서 기어를 변속할 때는 다음과 같은 방법으로 한다.

　㉠ 변속할 때 클러치 및 변속 레버의 작동은 신속하게 한다.
　㉡ 변속할 때에는 전방이 아닌 다른 방향으로 시선을 놓치지 않도록 주의해야 한다.
　㉢ 왼손은 핸들을 조정하고, 오른손과 양발은 신속히 움직인다.

(2) **오르막길에서의 안전운전 및 방어운전**

① 정차할 때는 앞차가 뒤로 밀려 충돌할 가능성이 있으므로 충분한 차간거리를 유지한다.

② 오르막길의 정상 부근은 시야가 제한되는 사각지대로, 반대 차로의 차량이 앞에 다가올 때까지는 보이지 않을 수 있으므로 서행하며 위험에 대비한다.

③ 정차해 있을 때에는 가급적 풋 브레이크와 핸드 브레이크를 동시에 사용한다.

④ 뒤로 미끄러지는 것을 방지하기 위해 정지하였다가 출발할 때에 핸드 브레이크를 사용하면 도움이 된다.

⑤ 오르막길에서 부득이하게 앞지르기할 때에는 힘과 가속이 좋은 저단기어를 사용하는 것이 안전하다.

⑥ 언덕길에서 올라가는 차량과 내려오는 차량이 교차할 때에는 내려오는 차량에게 통행 우선권이 있으므로 올라가는 차량이 양보하여야 한다.

4. 철길 건널목 방어운전

(1) **철길건널목에서의 방어운전**

① 철길건널목에 접근할 때에는 속도를 줄여 접근한다.
② 일시정지 후에는 철도 좌·우의 안전을 확인한다.
③ 건널목을 통과할 때에는 기어를 변속하지 않는다.
④ 건널목 건너편 여유 공간을 확인한 후에 통과한다.

(2) **철길건널목 통과 중에 시동이 꺼졌을 때의 조치방법**

① 즉시 동승자를 대피시키고, 차를 건널목 밖으로 이동시키기 위해 노력한다.

② 철도공무원, 건널목 관리원이나 경찰에게 알리고 지시에 따른다.

③ 건널목 내에서 움직일 수 없을 때에는 열차가 오고 있는 방향으로 뛰어가면서 옷을 벗어 흔드는 등 기관사에게 위급상황을 알려 열차가 정지할 수 있도록 안전조치를 취한다.

6 고속도로에서의 방어 운전 ||||||||||||||||

1. 고속도로에서의 시인성, 시간, 공간의 관리

(1) **시인성 다루기**

① 20~30초 전방을 탐색해서 도로주변에 차량, 장애물, 동물, 심지어는 보행자 등이 없는가를 살핀다.
② 진출입로 부근의 위험이 있는지에 대해 주의한다.

③ 주변에 있는 차량의 위치를 파악하기 위해 자주 후사경과 사이드 미러를 보도록 한다. 특히 차선을 변경하거나 고속도로를 빠져나가려 할 때는 더욱 신경을 쓴다.

④ 차로변경이나, 고속도로 진입, 진출 시에는 진행하기에 앞서 항상 자신의 의도를 신호로 알린다.

⑤ 가급적이면 하향 전조등을 키고 주행한다.

⑥ 속도를 늦추거나 앞지르기 또는 차선변경을 하고 있는지를 살피기 위해 앞 차량의 후미등을 살피도록 한다.

⑦ 가급적 대형차량이 전방 또는 측방 시야를 가리지 않는 위치를 잡아 주행하도록 한다.

⑧ 속도제한이 있음을 알게 하거나 진출로가 다가왔음을 알려주는 도로표지를 항상 신경을 쓰도록 한다.

(2) 시간 다루기

① 확인, 예측, 판단 과정을 이용하여 12~15초 전방 안에 있는 위험 상황을 확인한다.

② 항상 속도와 추종거리를 조절해서 비상시에 멈추거나 회피핸들 조작을 하기 위한 적어도 4~5초의 시간을 가져야 한다.

③ 고속도로 등에 진입 시에는 항상 본선 차량이 주행 중인 속도로 차량의 대열에 합류하려고 해야 한다.

④ 고속도로를 빠져나갈 때는 가능한 한 빨리 진출 차로로 들어가야 한다.

⑤ 가깝게 몰려다니는 차 사이에서 주행하는 것을 피하기 위해 속도를 조절하도록 한다.

⑥ 차의 속도를 유지하는 데 어려움을 느끼는 차를 주의해서 살핀다.

⑦ 주행하게 될 고속도로 및 진출입로를 확인하는 등 사전에 주행경로 계획을 세운다.

(3) 공간 다루기

① 자신과 다른 차량이 주행하는 속도, 도로, 기상조건 등에 맞도록 차의 위치를 조절한다.

② 다른 차량과의 합류 시, 차로변경 시, 진입차선을 통해 고속도로로 들어갈 때, 적어도 4초의 간격을 허용하도록 한다.

③ 차로를 변경하기 위해서는 핸들을 점진적으로 튼다. 핸들을 지나치게 꺾거나, 예각으로 꺾어 다른 차로로 들어가면 고속에서는 차의 컨트롤을 잃게 되기 쉽다.

④ 만일 여러 차로를 가로지를 필요가 있다면 매번 신호를 하면서 한번에 한 차로씩 옮겨간다.

⑤ 차들이 고속도로에 진입에 들어 올 여지를 준다.

⑥ 차 뒤로 바짝 붙는 차량이 있을 경우는 안전한 경우에 한해 다른 차로로 변경하여 앞으로 가게 한다.

⑦ 앞지르기를 마무리할 때 앞지르기 한 차량의 앞으로 너무 일찍 들어가지 않도록 한다.

⑧ 트럭이나 기타 폭이 넓은 차량을 앞지를 때는 일반 차량과 달리 그 차량과의 사이에 측면의 공간이 좁아진다는 점을 유의할 필요가 있다.

⑨ 고속도로의 차로수가 갑자기 줄어드는 장소를 조심한다.

특히 교량, 터널 등 차로가 줄어드는 곳에서는 속도를 줄이고 조심스럽게 진입한다.

2. 고속도로 진출입부에서의 방어운전

(1) 고속도로 진입부에서의 안전운전

① 본선 진입의도를 다른 차량에게 방향지시등으로 알린다.

② 본선 진입 전 충분히 가속하여 본선 차량의 교통흐름을 방해하지 않도록 한다.

③ 진입을 위한 가속차로 끝부분에서 감속하지 않도록 주의한다.

④ 고속도로 본선을 저속으로 진입하거나 진입 시기를 잘못 맞추면 추돌사고 등 교통사고가 발생할 수 있다.

(2) 고속도로 진출부에서의 안전운전

① 본선 진출의도를 다른 차량에게 방향지시등으로 알린다.

② 진출부 진입 전에 충분히 감속하여 진출이 용이하도록 한다.

③ 본선 차로에서 천천히 진출부로 진입하여 출구로 이동한다.

7 앞지르기

1. 앞지르기 순서와 방법상의 주의사항

① 앞지르기 금지장소 여부를 확인한다.

② 전방의 안전을 확인하는 동시에 후사경으로 좌측 및 좌후방을 확인한다.

③ 좌측 방향지시등을 켠다.

④ 최고속도의 제한범위 내에서 가속하여 진로를 서서히 좌측으로 변경한다.

⑤ 차의 일직선이 되었을 때 방향지시등을 끈 다음 앞지르기 당하는 차의 좌측을 통과한다.

⑥ 앞지르기 당하는 차를 후사경으로 볼 수 있는 거리까지 주행한 후 우측 방향지시등을 켠다.

⑦ 진로를 서서히 우측으로 변경한 후 차가 일직선이 되었을 때 방향 지시등을 끈다.

2. 앞지르기를 해서는 아니 되는 경우

① 앞차가 좌측으로 진로를 바꾸려고 하거나 다른 차를 앞지르려고 할 때

② 앞차의 좌측에 다른 차가 나란히 가고 있을 때

③ 뒤차가 자기 차를 앞지르려고 할 때

④ 마주 오는 차의 진행을 방해하게 될 염려가 있을 때

⑤ 앞차가 교차로나 철길건널목 등에서 정지 또는 서행하고 있을 때

⑥ 앞차가 경찰공무원 등의 지시에 따르거나 위험방지를 위하여 정지 또는 서행하고 있을 때

⑦ 어린이통학버스가 어린이 또는 유아를 태우고 있다는 표시를 하고 도로를 통행할 때

3. 앞지르기할 때 발생하기 쉬운 사고 유형

① 최초 진로를 변경할 때에는 동일방향 좌측 후속 차량 또는 나란히 진행하던 차량과의 충돌

② 중앙선을 넘어 앞지르기할 때에는 반대 차로에서 횡단하고 있는 보행자나 주행하고 있는 차량과의 충돌

③ 앞지르기를 하고 있는 중에 앞지르기 당하는 차량이 좌회전하려고 진입하면서 발생하는 충돌

④ 앞지르기를 시도하기 위해 앞지르기 당하는 차량과의 근접주행으로 인한 후미 추돌

⑤ 앞지르기한 후 본선으로 진입하는 과정에서 앞지르기 당하는 차량과의 충돌

4. 앞지르기할 때의 방어운전

(1) 자차가 다른 차를 앞지르기 할 때

① 앞지르기에 필요한 속도가 그 도로의 최고속도 범위 이내 일 때 앞지르기를 시도한다(과속은 금물이다).

② 앞지르기에 필요한 충분한 거리와 시야가 확보되었을 때 앞지르기를 시도한다.

③ 앞차가 앞지르기를 하고 있는 때는 앞지르기를 시도하지 않는다.

④ 앞차의 오른쪽으로 앞지르기하지 않는다.

⑤ 점선의 중앙선을 넘어 앞지르기 하는 때에는 대향차의 움직임에 주의한다.

(2) 다른 차가 자차를 앞지르기 할 때

① 앞지르기를 시도하는 차가 원활하게 본선으로 진입할 수 있도록 자차의 속도를 줄여준다.

② 앞지르기 금지 장소 등에서는 앞지르기를 시도하는 차가 있다는 사실을 항상 염두에 두고 방어운전을 한다.

8 야간, 악천후시의 운전

1. 야간운전

(1) 야간운전의 위험성

① 야간에는 시야가 전조등의 불빛으로 식별할 수 있는 범위로 제한됨에 따라 노면과 앞차의 후미등 전방만을 보게 되므로 가시거리가 100m 이내인 경우에는 최고속도를 50% 정도 감속하여 운행한다.

② 커브길이나 길모퉁이에서는 전조등 불빛이 회전하는 방향을 제대로 비춰지지 않는 경향이 있으므로 속도를 줄여 주행한다.

③ 야간에는 운전자의 좁은 시야로 인해 앞차와의 차간거리를 좁혀 근접 주행하는 경향이 있으며, 이렇게 한정된 시야로 주행하다 보면 안구동작이 활발하지 못해 자극에 대한 반응이 둔해지고, 심하면 근육이나 뇌파의 반응이 저하되어 졸음운전을 하게되니 더욱 주의해야 한다.

④ 마주 오는 대향차의 전조등 불빛으로 인해 도로 보행자의 모습을 볼 수 없게 되는 증발현상과 운전자의 눈 기능이 순간적으로 저하되는 현혹현상 등이 발생할 수 있다.

⑤ 원근감과 속도감이 저하되어 과속으로 운행하는 경향이 발생할 수 있다.

⑥ 술 취한 사람이 갑자기 도로에 뛰어들거나, 도로에 누워있는 경우가 발생하므로 주의해야 한다.

⑦ 밤에는 낮보다 장애물이 잘 보이지 않거나, 발견이 늦어 조치시간이 지연될 수 있다.

(2) 야간의 안전운전

① 해가 지기 시작되면 곧바로 전조등을 켜 다른 운전자들에게 자신을 알린다.

② 주간보다 시야가 제한되므로 속도를 줄여 운행한다.

③ 흑색 등 어두운 색의 옷차림을 한 보행자는 발견하기 곤란하므로 보행자의 확인에 더욱 세심한 주의를 기울인다.

④ 승합자동차는 야간에 운행할 때에 실내조명등을 켜고 운행한다.

⑤ 선글라스를 착용하고 운전하지 않는다.

⑥ 커브길에서는 상향등과 하향등을 적절히 사용하여 자신이 접근하고 있음을 알린다.

⑦ 대향차의 전조등을 직접 바라보지 않는다.

⑧ 자동차가 서로 마주보고 진행하는 경우에는 전조등 불빛의 방향을 아래로 향하게 한다.

⑨ 밤에 앞차의 바로 뒤를 따라갈 때에는 전조등 불빛의 방향을 아래로 향하게 한다.

⑩ 장거리를 운행할 때에는 운행계획에 휴식시간을 포함시켜 세운다.

⑪ 불가피한 경우가 아니면 도로 위에 주·정차 하지 않는다.

⑫ 문제가 발생하여 도로 위에 정차할 때에는 자동차로부터 뒤쪽 100m 이상의 도로상에 비상삼각대를, 자동차로부터 뒤쪽 200m 이상의 도로상에 적색의 섬광신호 또는 불꽃신호를 설치하는 등 안전조치를 취한다.

⑬ 전조등이 비추는 범위의 앞쪽까지 살핀다.

⑭ 앞차의 미등만 보고 주행하지 않는다. 앞차의 미등만 보고 주행하게 되면 도로변에 정지하고 있는 자동차까지도 진행하고 있는 것으로 착각하게 되어 위험을 초래하게 된다.

2. 안개길 운전

(1) 안개길 운전의 위험성

① 안개로 인해 운전시야 확보가 곤란하다.
② 주변의 교통안전표지 등 교통정보 수집이 곤란하다.
③ 다른 차량 및 보행자의 위치 파악이 곤란한다.

(2) 안개길 안전운전

① 전조등, 안개등 및 비상 점멸표시등을 켜고 운행한다.

② 가시거리가 100m 이내인 경우에는 최고속도를 50% 정도 감속하여 운행한다.

③ 앞차와의 차간거리를 충분히 확보하고, 앞차의 제동이나 방향지시등의 신호를 예의 주시하며 운행한다.

④ 앞을 분간하지 못할 정도의 짙은 안개로 운행이 어려울 때에는 차를 안전한 곳에 세우고 잠시 기다린다.

⑤ 커브길 등에서는 경음기를 울려 자신이 주행하고 있다는 것을 알린다.

⑥ 고속도로를 주행하고 있을 때 안개지역을 통과할 때에는 다음을 최대한 활용한다.

  ㉠ 도로전광판, 교통안전표시 등을 통해 안개 발생구간을 확인한다.
  ㉡ 갓길에 설치된 안개시정표지를 통해 시정거리 및 앞차와의 거리를 확인한다.
  ㉢ 중앙분리대 또는 갓길에 설치된 반사체인 시선유도표지를 통해 전방의 도로선형을 확인한다.
  ㉣ 도로 갓길에 설치된 노면요철포장의 소음 또는 진동을 통해 도로이탈을 확인하고 원래 차로로 신속히 복귀하여 평균 주행속도보다 감속하여 운행한다.

3. 빗길 운전

(1) 빗길 운전의 위험성

① 비로 인해 운전시야 확보가 곤란하다.
② 타이어와 노면과의 마찰력이 감소하여 정지거리가 길어진다.
③ 수막현상 등으로 인해 조향조작 브레이크 기능이 저하될 수 있다.

④ 보행자의 주의력이 약해지는 경향이 있다.

⑤ 젖은 노면에 토사가 흘러내려 진흙이 깔려 있는 곳은 다른 곳보다 더욱 미끄럽다.

(2) 빗길 안전운전

① 비가 내려 노면이 젖어있는 경우에는 최고속도의 20%를 줄인 속도로 운행한다.

② 폭우로 가시거리가 100m 이내인 경우에는 최고속도의 50%를 줄인 속도를 운행한다.

③ 물이 고인 길을 통과할 때에는 속도를 줄여 저속으로 통과한다.

④ 물이 고인 길을 벗어난 경우에는 브레이크를 여러 번 나누어 밟아 마찰열로 브레이크 패드나 라이닝의 물기를 제거한다.

⑤ 보행자 옆을 통과할 때에는 속도를 줄여 흙탕물이 튀기지 않도록 주의한다.

⑥ 공사현장의 철판 등을 통과할 때에는 사전에 속도를 충분히 줄여 미끄러지지 않도록 천천히 통과하여야 하며, 급브레이크를 밟지 않는다.

⑦ 급출발, 급핸들, 급브레이크 등의 조작은 미끄러짐이나 전복사고의 원인이 되므로 엔진브레이크를 적절히 사용하고, 브레이크를 밟을 때에는 페달을 여러 번 나누어 밟는다.

9 경제운전 |||||||||||||||||||

1. 경제운전의 기본적인 방법

① 가·감속을 부드럽게 한다.
② 불필요한 공회전을 피한다.
③ 급회전을 피한다. 차가 전방으로 나가려는 운동에너지를 최대한 활용해서 부드럽게 회전한다.
④ 일정한 차량속도를 유지한다.

2. 경제운전의 효과

① 차량관리비용, 고장수리 비용, 타이어 교체비용 등의 감소효과
② 고장소리 작업 및 유지관리 작업 등의 시간 손실 감소효과
③ 공해배출 등 환경문제의 감소효과
④ 교통안전 증진 효과
⑤ 운전자 및 승객의 스트레스 감소 효과

3. 경제운전에 영향을 미치는 요인

① 교통상황
② 도로조건
③ 기상조건
④ 차량의 타이어
⑤ 엔진
⑥ 공기역학

10 기본 운행수칙 |||||||||||||||||||

1. 출발, 정지, 주차

(1) 출발하고자 할 때 기본운행 수칙

① 매일 운행을 시작할 때에는 후사경이 제대로 조정되어 있는지 확인한다.

② 시동을 걸 때에는 기어가 들어가 있는지 확인한다. 기어가 들어가 있는 상태에서는 클러치페달을 밟지 않고 시동을 걸지 않는다.

③ 주차브레이크가 채워진 상태에서는 출발하지 않는다.

④ 운전석은 운전자의 체형에 맞게 조절하여 운전자세가 자연스럽도록 한다.

⑤ 주차상태에서 출발할 때에는 차량의 사각지점을 고려하여 버스의 전·후, 좌·우의 안전을 직접 확인한다.

⑥ 운행을 시작하기 전에 제동등이 점등되는지 확인한다.

⑦ 도로의 가장자리에서 도로로 진입하는 경우에는 진행하려는 방향의 안전여부를 확인한다.

⑧ 출발할 때에는 자동차문을 완전히 닫은 상태에서 방향지시등을 작동시켜 도로주행 의사를 표시한 후 출발한다.

⑨ 출발 후 진로변경이 끝나기 전에 신호를 중지하지 않는다.

⑩ 출발 후 진로변경이 끝난 후에도 신호를 계속하고 있지 않는다.

(2) 정지할 때 기본운행 수칙

① 정지할 때에는 미리 감속하여 급정지로 인한 타이어 흔적이 발생하지 않도록 한다.(엔진브레이크 및 저단 기어 변속 활용).

② 정지할 때까지 여유가 있는 경우에는 브레이크페달을 가볍게 2~3회 나누어 밟는 '단속조작'을 통해 정지한다.

③ 미끄러운 노면에서는 제동으로 인해 차량이 회전하지 않도록 주의한다.

(3) 주차할 때 기본운행 수칙

① 주차가 허용된 지역이나 안전한 지역에 주차한다.

② 주행차로로 주차된 차량의 일부분이 돌출되지 않도록 주의한다.

③ 경사가 있는 도로에 주차할 때에는 밀리는 현상을 방지하기 위해 바퀴에 고임목 등을 설치하여 안전여부를 확인한다.

④ 차가도로에서 고장을 일으킨 경우에는 안전한 장소로 이동한 후 고장자동차의 표지(비상삼각대)를 설치한다.

2. 주행, 추종, 진로변경

(1) 주행하고 있을 때 기본운행 수칙

① 교통량이 많은 곳에서는 급제동 또는 후미추돌 등을 방지하기 위해 감속하여 주행한다.

② 노면상태가 불량한 도로에서는 감속하여 주행한다.

③ 전방의 시야가 충분히 확보되지 않는 기상상태나 도로조건 등에서는 감속하여 주행한다.

④ 해질 무렵, 터널 등 조명조건이 불량한 경우에는 감속하여 주행한다.

⑤ 주택가나 이면도로 등은 돌발 상황 등에 대비하여 과속이나 난폭운전을 하지 않는다.

⑥ 곡선반경이 작은 도로나 과속방지턱이 설치된 도로에서는 감속하여 안전하게 통과한다.

⑦ 주행하는 차들과 제한속도를 넘지 않는 범위 내에서 속도를 맞추어 주행한다.

⑧ 핸들을 조작할 때마다 상체가 한 쪽으로 쏠리지 않도록 왼발은 발판에 놓아 상체 이동을 최소화시킨다.

⑨ 신호대기 중에 기어를 넣은 상태에서 클러치와 브레이크페달을 밟아 자세가 불안정하게 만들지 않는다.

⑩ 신호대기 등으로 잠시 정지하고 있을 때에는 주차브레이크를 당기거나, 브레이크페달을 밟아 차량이 미끄러지지 않도록 한다.

⑪ 급격한 핸들조작으로 타이어가 옆으로 밀리는 경우, 핸들복원이 늦어 차로를 이탈하는 경우, 운전조작 실수로 차체가 균형을 잃는 경우 등이 발생하지 않도록 주의한다.

⑫ 통행우선권이 있는 다른 차가 진입할 때에는 양보한다.

⑬ 직선도로를 통행하거나 구부러진 도로를 돌 때 다른 차로를 침범하거나, 2개 차로에 걸쳐 주행하지 않는다.

(2) 앞차를 뒤따라가고 있을 때

① 앞차가 급제동할 때 후미를 추돌하지 않도록 안전거리를 유지한다.

② 적재상태가 불량하거나, 적재물이 떨어질 위험이 있는 자동차에 근접하여 주행하지 않는다.

(3) 다른 차량과의 차간거리 유지

① 앞 차량에 근접하여 주행하지 않는다. 앞 차량이 급제동할 경우 안전거리 미확보로 인해 앞차의 후미를 추돌하게 된다.

② 좌·우측 차량과 일정거리를 유지한다.

③ 다른 차량이 차로를 변경하는 경우에는 양보하여 안전하게 진입할 수 있도록 한다.

(4) 진로변경 및 주행차로를 선택할 때 기본운행 수칙

① 도로별 차로에 따른 통행차의 기준을 준수하여 주행차로를 선택한다.

② 급차로 변경을 하지 않는다.

③ 일반도로에서 차로를 변경하는 경우에는 그 행위를 하려는 지점에 도착하기 전 30m(고속도로에서는 100m) 이상의 지점에 이르렀을 때 방향신호등을 작동시킨다.

④ 도로노면에 표시된 백색 점선에서 진로를 변경한다.

⑤ 터널 안, 교차로 직전 정지선, 가파른 비탈길 등 백색 실선이 설치된 곳에서는 진로를 변경하지 않는다.

⑥ 진로변경이 끝날 때까지 신호를 계속 유지하고, 진로변경이 끝난 후에는 신호를 중지한다.

⑦ 다른 통행차량 등에 대한 배려나 양보 없이 본인 위주의 진로변경을 하지 않는다.

⑧ 진로변경 위반에 해당하는 경우
　㉠ 두 개의 차로에 걸쳐 운행하는 경우
　㉡ 한 차로로 운행하지 않고 두 개 이상의 차로를 지그재그로 운행하는 행위
　㉢ 갑자기 차로를 바꾸어 옆 차로로 끼어드는 행위
　㉣ 여러 차로를 연속적으로 가로지르는 행위
　㉤ 진로변경이 금지된 곳에서 진로를 변경하는 행위 등

3. 앞지르기

(1) 편도 1차로 도로 등에서 앞지르기하고자 할 때 기본운행 수칙

① 앞지르기 할 때에는 언제나 방향지시등을 작동시킨다.

② 앞지르기가 허용된 구간에서만 시행한다.

③ 앞지르기 할 때에는 반드시 반대방향 차량, 추월차로에 있는 차량, 뒤쪽 및 앞 차량과의 안전여부를 확인한 후 시행한다.

④ 제한속도를 넘지 않는 범위 내에서 시행한다.

⑤ 앞지르기한 후 본 차로로 진입할 때에는 뒤차와의 안전을 고려하여 진입한다.

⑥ 앞 차량의 좌측 차로를 통해 앞지르기를 한다.

⑦ 도로의 구부러진 곳, 오르막길의 정상부근, 급한 내리막길, 교차로, 터널 안, 다리 위에서는 앞지르기를 하지 않는다.

⑧ 앞차가 다른 자동차를 앞지르고자 할 때에는 앞지르기를 시도하지 않는다.

⑨ 앞차의 좌측에 다른 차가 나란히 가고 있는 경우에는 앞지르기를 시도하지 않는다.

4. 교차로 통행

(1) 좌·우로 회전할 때 기본운행 수칙

① 회전이 허용된 차로에서만 회전하고, 회전하고자 하는 지점에 이르기 전 30m(고속도로에서는 100m) 이상의 지점에 이르렀을 때 방향지시등을 작동시킨다.

② 좌회전 차로가 2개 설치된 교차로에서 좌회전할 때에는 1차로(중소형 승합자동차), 2차로(대형승합자동차) 통행기준을 준수한다.

③ 대향차가 교차로를 통과하고 있을 때에는 완전히 통과시킨 후 좌회전한다.

④ 우회전할 때에는 내륜차 현상으로 인해 보도를 침범하지 않도록 주의한다.

⑤ 우회전하기 직전에는 직접 눈으로 또는 후사경으로 오른쪽 옆의 안전을 확인하여 충돌이 발생하지 않도록 주의한다.

⑥ 회전할 때에는 원심력이 발생하여 차량이 이탈하지 않도록 감속하여 진입한다.

(2) 신호할 때

① 진행방향과 다른 방향의 지시등을 작동시키지 않는다.

② 정당한 사유 없이 반복적이거나 연속적으로 경음기를 울리지 않는다.

5. 차량점검 및 자기 관리

(1) 차량에 대한 점검이 필요할 때

① 운행시작 전 또는 종료 후에는 차량상태를 철저히 점검한다.

② 운행 중간 휴식시간에는 차량의 외관 및 적재함에 실려 있는 화물의 보관 상태를 확인한다.

③ 운행 중에 차량의 이상이 발견된 경우에는 즉시 관리자에게 연락하여 조치를 받는다.

(2) 감정의 통제가 필요할 때

① 운행 중 다른 운전자의 나쁜 운전행태에 대해 감정적으로 대응하지 않는다.

② 술이나 약물의 영향이 있는 경우에는 관리자에게 배차 변경을 요청한다.

11 계절별 안전운전 ‖‖‖‖‖‖‖‖‖‖‖‖‖

1. 봄철

(1) 계절특성

① 봄은 겨우내 잠자던 생물들이 새롭게 생존의 활동을 시작한다.

② 겨울이 끝나고 초봄에 접어들 때는 겨우내 얼어 있던 땅이 녹아 지반이 약해지는 해빙기이다.

③ 날씨가 온화해짐에 따라 사람들의 활동이 활발해지는 계절이다.

(2) 기상 특성

① 발달된 양쯔 강 기단이 동서방향으로 위치하여 이동성 고기압으로 한 반도를 통과하면 장기간 맑은 날씨가 지속되며, 봄 가뭄이 발생한다.

② 푄현상으로 경기 및 충청지방으로 고온 건조한 날씨가 지속된다.

③ 시베리아 기단이 한반도에 겨울철 기압배치를 이루면 꽃샘추위가 발행한다.

④ 저기압이 한반도에 영향을 주면 약한 강우를 동반한 지속성이 큰 안개가 자주 발생한다.

⑤ 중국에서 발생한 모래먼지에 의한 황사현상이 자주 발생하여 운전자의 시야에 지장을 초래한다.

⑥ 낮과 밤의 일교차가 커지는 일기변화로 인해 환절기 환자가 급증하는 시기로 건강에 유의해야 한다.

(3) 교통사고 위험요인

보행자의 통행 및 교통량이 증가하고 특히 입학시즌을 맞이하여 어린이 관련 교통사고가 많이 발생한다. 춘곤증에 의한 졸음운전도 주의해야 한다.

① 도로조건

㉮ 이른 봄에는 일교차가 심해 새벽에 결빙된 도로가 발생할 수 있다.
㉯ 날씨가 풀리면서 겨우내 얼어있던 땅이 녹아 지반 붕괴로 인한 도로의 균열이나 낙석 위험이 크다.
㉰ 지반이 약한 도로의 가장자리를 운행할 때에는 도로변의 붕괴등에 주의해야 한다.
㉱ 황사현상에 의한 모래바람은 운전자 시야 장애요인이 되기도 한다.

② 운전자

㉮ 기온이 상승함에 따라 긴장이 풀리고 몸도 나른해진다.
㉯ 춘곤증에 의한 전방주시태만 및 졸음운전은 사고로 이어질 수 있다.
㉰ 보행자 통행이 많은 장소(주택가, 학교주변, 정류장) 등에서는 무단 횡단하는 보행자 등 돌발 상황에 대비하여야 한다.

③ 보행자

㉮ 추웠던 날씨가 풀리면서 통행하는 보행자가 증가하기 시작한다.
㉯ 교통상황에 대한 판단능력이 떨어지는 어린이와 신체능력이 약화된 노약자들의 보행이나 교통수단이용이 증가한다.

(4) 안전운행 및 교통사고 예방

① 춘곤증이 발생하는 봄철 안전운전을 위해서 과로한 운전을 하지 않도록 건강관리에 유의한다.

② 해빙기로 인한 도로의 지반 붕괴와 균열에 대비하기 위해 산악도로 및 하천도로 등을 주행하는 운전자는 노면상태 파악에 신경을 써야 한다.

③ 포장도로 곳곳에 파인 노면은 차량과의 마찰로 사고를 유발시킬 수 있으므로 운전자는 운행하는 도로 정보를 사전에 파악하도록 노력한다.

2. 여름철
(1) 계절 특성

① 봄철에 비해 기온이 상승하며, 주로 6월말부터 7월 중순까지 장마전선의 북상으로 비가 많이 내리고, 장마 이후에는 무더운 날이 지속된다.

② 저녁 늦게까지 무더운 현상이 지속되는 열대야 현상이 나타나기도 한다.

(2) 기상 특성

① 시베리아기단과 북태평양기단의 경계를 나타내는 한대전선대가 한반도에 위치할 경우 많은 강수가 연속적으로 내리는 장마가 발생한다.

② 국지적으로 집중호우가 발생한다.

③ 북태평양기단의 영향으로 습기가 많고, 온도가 높은 무더운 날씨가 지속된다.

④ 따뜻하고 습한 공기가 차가운 지표면이나 수면 위를 이동해 오면 밑 부분이 식어서 생기는 이류안개가 빈번이 발생하며, 연안이나 해상에서 주로 발생한다.

⑤ 저위도에서 형성된 열대저기압이 태풍으로 발달하여 한반도까지 접근한다.

⑥ 한밤중에도 기온이 높고 습기가 많은 열대야 현상이 발생하여 운전자들의 주의집중이 곤란하고, 쉽게 피로해지기 쉽다.

(3) 교통사고 위험요인

여름철에 발생되는 교통사고는 무더위, 장마, 폭우 등의 열악한 교통환경을 운전자들이 극복하지 못하여 발생되는 경우가 많다.

① 도로조건

㉮ 갑작스런 악천후 및 무더위 등으로 운전자의 시각적 변화와 긴장·흥분·피로감이 복합적 요인으로 작용하여 교통사고를 일으킬 수 있으므로 기상 변화에 잘 대비하여야 한다.
㉯ 장마와 더불어 소나기 등 변덕스런 기상변화 때문에 젖은 노면과 물이 고인노면 등은 빙판길 못지않게 미끄러우므로 급제동등이 발생하지 않도록 주의해야 한다.

② 운전자

㉮ 대기의 온도와 습도의 상승으로 불쾌지수가 높아져 적절히 대응하지 못하면 주행 중에 변화하는 교통상황에 대한 인지가 늦어지고, 판단이 부정확해질 수 있다.
㉯ 수면부족과 피로로 인한 졸음운전 등도 집중력 저하 요인으로 작용한다.
㉰ 불쾌지수가 높으면 나타날 수 있는 현상
  ㉠ 차량 조작이 민첩하지 못하고, 난폭안전을 하기 쉽다.
  ㉡ 사소한 일에도 언성을 높이고, 잘못을 전가하려는 신경질적인 반응을 보이기 쉽다.
  ㉢ 불필요한 경음기 사용, 감정에 치우친 운전으로 사고위험이 증가한다.
  ㉣ 스트레스가 가중돼 운전이 손에 잡히지 않고, 두통, 소화불량 등 신체 이상이 나타날 수 있다.

③ 보행자

㉮ 장마철에는 우산을 받치고 보행함에 따라 전·후방 시야를 확보하기 어렵다.
㉯ 무더운 날씨 및 열대야 등으로 낮에는 더위에 지치고 밤에는 잠을 제대로 자지 못해 피로가 쌓일 수 있다.
㉰ 불쾌지수가 높아지면 위험한 상황에 대한 인식이 둔해지고, 교통법규를 무시하려는 경향이 강하게 나타날 수 있다.

(4) 안전 운행 및 교통사고 예방

① 뜨거운 태양 아래 오래 주차하는 경우 : 기온이 상승하면 차량의 실내 온도는 뜨거운 양철지붕 속과 같이 뜨거우므로 출발하기 전에 창문을 열어 실내의 더운 공기를 환기시킨 다음 운행하는 것이 좋다.

② 주행 중 갑자기 시동이 꺼졌을 경우 : 기온이 높은 날에는 연료 계통에서 발생한 열에 의한 증기가 통로를 막아 연료 공급이 단절되면 운행 도중 엔진이 저절로 꺼지는 현상이 발생할 수 있다. 자동차를 길 가장자리 통풍이 잘되는 그늘진 곳으로 옮긴 다음 열을 식힌 후 재시동을 건다.

③ 비가 내리고 있을 때 주행하는 경우 : 비에 젖은 도로를 주행할 때는 건조한 도로에 비해 노면과의 마찰력이 떨어져 미끄럼에 의한 사고가 발생할 수 있으므로 감속 운행한다.

3. 가을철

(1) 계절 특성

① 천고마비의 계절인 가을은 아침저녁으로 선선한 바람이 불어 즐거운 느낌을 주기도 하지만, 심한 일교차로 건강을 해칠 수 있다.

② 맑은 날씨가 계속되고 기온도 적당하여 행락객 등에 의한 교통수요와 명절 귀성객에 의한 통행량이 많이 발생한다.

(2) 기상 특성

① 가을 공기는 고위도 지방으로부터 이동해 오면서 뜨거워지므로 대체로 건조하고, 대기 중에 떠다니는 먼지가 적어 깨끗하다.

② 큰 일교차로 지표면에 접한 공기가 냉각되어 생기는 복사안개가 발생하며 대부분 육지의 새벽이나 늦은 밤에 발생하여 아침에 해가 뜨면 사라진다.

③ 해안안개는 해수온도가 높아 수면으로부터 증발이 잘 일어나고, 습윤한 공기는 육지로 이동하여 야간에 냉각되면서 생기는 이류안개가 빈번히 형성된다. 특히 하천이나 강을 끼고 있는 곳에서는 짙은 안개가 자주 발생한다.

(3) 교통사고 위험요인

① **도로조건** : 추석절 귀성객 등으로 전국 도로가 교통량이 증가하여 지·정체가 발생하지만 다른 계절에 비하여 도로조건은 비교적 양호한 편이다.

② **운전자** : 추수철 국도 주변에는 저속으로 운행하는 경운기·트랙터 등의 통행이 늘고, 단풍 등 주변 환경에 관심을 가지게 되면 집중력이 떨어져 교통사고 발생가능성이 존재한다.

③ **보행자** : 맑은 날씨, 곱게 물든 단풍, 풍성한 수확 등 계절적 요인으로 인해 교통신호 등에 대한 주의집중력이 분산될 수 있다.

(4) 안전운행 및 교통사고 예방

① 이상기후 대처

㉠ 안개 속을 주행할 때 갑자기 감속하면 뒤차에 의한 추돌이 우려되며, 반대로 감속하지 않으면 앞차를 추돌하기 쉬우므로 안개 지역을 통과할 때에는 처음부터 감속 운행한다.

㉡ 늦가을에 안개가 끼면 기온차로 인해 노면이 동결되는 경우가 있는데, 이때는 엔진브레이크를 사용하여 감속한 다음 풋 브레이크를 밟아야 하며, 핸들이나 브레이크를 급하게 조작하지 않도록 주의한다.

② 보행자에 주의하여 운행

㉠ 보행자는 기온이 떨어지며 몸을 움츠리는 등 행동이 부자연스러워 교통상황에 대한 대처능력이 떨어진다.

㉡ 보행자의 통행이 많은 곳을 운행할 때에는 보행자의 움직임에 주의한다.

③ 행락철 주의

행락철인 계절특성으로 각급 학교의 소풍, 회사나 가족단위의 단풍놀이 등 단체 여행의 증가로 주차장 등이 혼잡하고, 운전자의 주의력이 산만해질 수 있으므로 주의해야 한다.

④ 농기계 주의

㉠ 추수시기를 맞아 경운기 등 농기계의 빈번한 도로운행은 교통사고의 원인이 되기도 한다.

㉡ 지방도로 등 농촌 마을에 인접한 도로에서는 농지로부터 도로로 나오는 농기계에 주의하면서 운행한다.

㉢ 도로변 가로수 등에 가려 간선도로로 진입하는 경운기를 보지 못하는 경우가 있으므로 주의한다.

㉣ 농촌인구의 감소로 경운기를 조종하는 고령의 운전자가 많으며, 경운기 자체 소음으로 자동차가 뒤에서 접근하고 있다는 사실을 모르고 갑자기 진행방향을 변경하는 경우가 발생할 수 있으므로 운전자는 경운기와 안전거리를 유지하고, 접근할 때에는 경음기를 울려 자동차가 가까이 있다는 사실을 알려주어야 한다.

4. 겨울철

(1) 계절특성

① 겨울철은 차가운 대륙성 고기압의 영향으로 북서 계절풍이 불어와 날씨는 춥고 눈이 많이 내리는 특성을 보인다.

② 교통의 3대요소인 사람, 자동차, 도로환경 등 모든 조건이 다른 계절에 비하여 열악한 계절이다.

(2) 기상 특성

① 한반도는 북서풍이 탁월하고 강하여, 습도가 낮고 공기가 매우 건조하다.

② 겨울철 안개는 서해안에 가까운 내륙지역과 찬 공기가 쌓이는 분지지역에서 주로 발생하며, 빈도는 적으나 지속시간이 긴 편이다.

③ 대도시지역은 연기, 먼지 등 오염물질이 올라갈수록 기온이 상승되어 있는 기층 아래에 쌓여서 옅은 안개가 자주 나타난다.

④ 기온이 급강하하고 한파를 동반한 눈이 자주 내리며, 눈길, 빙판길, 바람과 추위는 운전에 악영향을 미치는 기상특성을 보인다.

(3) 교통사고 위험요인

① 도로조건

㉠ 겨울철에는 내린 눈이 잘 녹지않고 쌓이며, 적은 양의 눈이 내려도 바로 빙판길이 될 수 있기 때문에 자동차간의 충돌·추돌 또는 도로 이탈 등의 사고가 발생할 수 있다.

㉡ 먼 거리에서는 도로의 노면이 평탄하고 안전해 보이지만 실제로는 빙판길인 구간이나 지점을 접할 수 있다.

② 운전자

㉠ 한 해를 마무리하는 시기로 사람들의 마음이 바쁘고 들뜨기 쉬우며, 각종 모임 등에서 마신 술이 깨지 않은 상태에서 운전할 가능성이 있다.

㉡ 추운 날씨로 방한복 두꺼운 옷을 착용하고 운전하는 경우에는 움직

임이 둔해져 위기상황에 민첩한 대처능력이 떨어지기 쉽다.

③ 보행자

- ㉠ 겨울철 보행자는 추위와 바람을 피하고자 두꺼운 외투, 방한복 등을 착용하고 앞만 보면서 목적지까지 최단거리로 이동하려는 경향이 있다.
- ㉡ 날씨가 추워지면 안전한 보행을 위해 보행자가 확인하고 통행하여야 할 사항을 소홀히 하거나 생략하여 사고에 직면하기 쉽다.

(4) 안전운행 및 교통사고 예방

① 출발할 때

- ㉠ 도로가 미끄러울 때에는 급출발하거나 갑작스럼 동작을 하지 않고, 부드럽게 천천히 출발하면서도 도로 상태를 느끼도록 한다.
- ㉡ 미끄러운 길에서는 기어를 2단에 넣고 출발하는 것이 구동력을 완화시켜 바퀴가 헛도는 것을 방지할 수 있다.
- ㉢ 핸들이 한쪽 방향으로 꺾여 있는 상태에서 출발하면 앞바퀴의 회전각도로 인해 바퀴가 헛도는 결과를 초래할 수 있으므로 앞바퀴를 직진 상태로 변경한 후 출발한다.
- ㉣ 체인은 구동바퀴에 장착하고, 과속으로 심한 진동 등이 발생하면 체인이 벗겨지거나 절단될 수 있으므로 주의한다.

② 주행할 때

- ㉠ 겨울철은 밤이 길고, 약간의 비나 눈만 내려도 물체를 판단할 수 있는 능력이 감소하므로 전·후방의 교통 상황에 대한 주의가 필요하다.
- ㉡ 미끄러운 도로를 운행할 때에는 돌발 사태에 대처할 수 있는 시간과 공간이 필요하므로 보행자나 다른 차량의 움직임을 주시한다.
- ㉢ 주행 중에 차체가 미끄러질 때에는 핸들을 미끄러지는 방향으로 틀어주면 스핀(spin) 현상을 방지할 수 있다.
- ㉣ 눈이 내린 후 타이어자국이 나 있을 때에는 앞 차량의 타이어자국 위를 달리면 미끄러짐을 예방할 수 있으며, 기어는 2단 혹은 3단으로 고정하여 구동력을 바꾸지 않은 상태에서 주행하면 미끄러움을 방지할 수 있다.

- ㉤ 미끄러운 오르막길에서는 앞서가는 자동차가 정상에 오르는 것을 확인한 후 올라가야 하며, 도중에 정지하는 일이 없도록 밑에서부터 탄력을 받아 일정한 속도로 기어변속 없이 한 번에 올라가야 한다.
- ㉥ 주행 중 노면의 동결이 예상되는 그늘진 장소는 주의해야 한다. 햇볕을 받는 남향 쪽의 도로보다 북쪽 도로는 동결되어 있는 경우가 많다.
- ㉦ 교량 위·터널 근처는 동결되기 쉬운 대표적인 장소로 교량은 지면에서 떨어져 있어 열기를 쉽게 빼앗기고, 터널근처는 지형이 험한 곳이 많아 동결되기 쉬우므로 감속 운행한다.
- ㉧ 커브길 진입 전에는 충분히 감속해야 하는데, 햇빛·바람·기온 차이로 커브 길의 입구와 출구 쪽의 노면상태가 다르므로 도로상태를 확인하면서 운행하여야 한다.

③ 장거리 운행시

- ㉠ 장거리를 운행할 때에는 목적지까지의 운행 계획을 평소보다 여유 있게 세워야 하며, 도착지·행선지·도착시간 등을 승객에게 고지하여 기상악화나 불의의 사태에 신속히 대처할 수 있도록 한다.
- ㉡ 월동 비상 장구는 항상 차량에 싣고 운행한다.

(5) 겨울철 자동차 관리

- ① **월동장비 점검** : 눈길이나 빙판길을 안전하게 주행하기 위해 스노우타이어, 체인 등 점검 및 휴대
- ② **부동액 점검** : 냉각수의 동결을 방지하기 위해 부동액의 양 및 점도 점검
- ③ **정온기 상태 점검** : 정온기를 점검하여 엔진의 워밍업이 길어지거나 히터의 기능저하 예방
- ④ **월동장구의 점검**
  - ㉠ 스노우체인 없이는 안전한 곳까지 운전할 수 없는 상황에 처할 수 있으므로 자신의 타이어에 맞는 적절한 수의 체인과 여분의 크로스 체인을 구비
  - ㉡ 체인의 절단이나 마모 부분은 없는지 점검하여 체인을 채우는 방법을 미리 습득

01 다음 중 교통사고의 요인 중 가장 빈도가 높은 것은?

㉮ 인간요인
㉯ 환경 및 차량요인이 배제된 순수한 인간요인
㉰ 차량 정비요인
㉱ 날씨 등에 의한 도로 환경요인

해설

인간요인은 교통사고 전체의 91%를 차지한다.

02 운전 중의 스트레스와 흥분을 최소화하는 방법이 아닌 것은?

㉮ 사전에 준비한다.
㉯ 타운전자의 실수를 예상한다.
㉰ 기분 나쁘거나 우울한 상태에서는 운전을 피한다.
㉱ 고속으로 주행하여 스트레스를 해소시킨다.

03 졸음운전의 기본적인 증후에 속하지 않는 것은?

㉮ 눈이 스르르 감긴다든가 전방을 제대로 주시할 수 없어짐
㉯ 머리를 똑바로 유지하기가 쉬워짐
㉰ 하품이 자주남
㉱ 차선을 제대로 유지 못하고 차가 좌우로 조금씩 왔다갔다 하는 것을 느낀다.

해설

졸음운전의 기본적인 증후 ㉮, ㉰, ㉱항 이외에
① 머리를 똑바로 유지하기가 힘들어짐
② 이 생각 저 생각이 나면서 생각이 단절된다.
③ 지난 몇 km를 어디를 운전해 왔는지 가물가물하다.
④ 앞차에 바짝 붙는다거나 교통신호를 놓친다.
⑤ 순간적으로 차도에서 갓길로 벗어나거나 거의 사고 직전에 이르기도 한다.

04 다음 중 버스 교통사고의 주요 요인이 되는 특성이 아닌 것은?

㉮ 버스의 좌우 회전시 내륜차는 승용차에 비해 훨씬 크므로, 회전시에 주변에 있는 물체와 접촉할 가능성이 높아진다.
㉯ 버스의 급가속, 급제동은 승객의 안전에 영향을 미치므로 출발·정지시에 부드러운 조작이 중요하다.
㉰ 버스의 길이는 승용차의 2배 정도, 무게는 10배 이상 되므로 안전운행을 위해 주위로 충분한 완충공간을 가져야 한다.
㉱ 버스 주위에 접근하더라도 버스의 운전석에서는 잘 볼 수 없는 부분이 승용차 등에 비해 거의 없다.

해설

버스 주위에 접근하는 승용차·이륜차·자전거 등을 승용차에 비해 잘 볼 수 없는 부분이 훨씬 넓다.

05 교통사고의 요인 중 인간에 의한 사고원인으로 볼 수 없는 것은?

㉮ 도로 상태 요인
㉯ 태도 요인
㉰ 신체 생리적 요인
㉱ 사회 환경요인

06 음주운전이 위험한 이유와 거리가 먼 것은?

㉮ 운전에 대한 통제력 약화로 과잉조작에 의한 사고 증가
㉯ 시력 저하와 졸음 등으로 인한 사고의 증가
㉰ 소심한 운전으로 교통지체 유발
㉱ 2차 사고 유발

해설

음주운전은 충동적이고 공격적인 운전행동을 일으켜 다른 대형사고로 연결된다.

07 운행 중 갑자기 빛이 눈에 비치면 순간적으로 장애물을 볼 수 없는 현상으로 마주 오는 차량의 전조등 불빛을 직접 보았을 때 순간적으로 시력이 상실되는 현상을 무엇이라고 하는가?

㉮ 증발 현상
㉯ 노이즈 현상
㉰ 현혹 현상
㉱ 주변시 현상

08 모든 차의 운전자가 도로에 차도가 설치되지 아니한 좁은 도로, 안전지대 등 보행자의 옆을 지날 때 올바른 방법은?

㉮ 보행자 옆을 속도 감속 없이 빨리 주행한다.
㉯ 경음기를 울리면서 주행한다.
㉰ 안전한 거리를 두고 서행한다.
㉱ 보행자가 멈춰 있을 때는 서행하지 않아도 된다.

09 자전거와 이륜자동차 보호에 대한 설명으로 맞지 않는 것은?

㉮ 자전거, 이륜차에 대해서는 차로 내에서 점유할 공간을 주지 않도록 하여야 한다.
㉯ 자전거, 이륜차를 앞지를 때는 특별히 주의한다.
㉰ 교차로에서는 특별히 자전거나 이륜차가 있는지를 잘 살핀다.
㉱ 길가에 주정차를 하려고 하거나 주정차 상태에서 출발하려고 할 때는 특별히 자전거, 이륜차의 접근 여부에 주의를 한다.

해설

자전거와 이륜차 보호에 대한 설명은 ㉯,㉰,㉱항 이외에
① 자전거, 이륜차에 대해서는 차로 내에서 점유할 공간을 내 주어야 한다.
② 이륜차나 자전거의 갑작스런 움직임에 대해 예측한다.
③ 야간에 가장자리 차로로 주행할 때는 자전거의 주행여부에 주의한다.

10 운전 중 피로를 낮추는 방법에 속하지 않는 것은?

㉮ 차안에는 항상 신선한 공기가 충분히 유입되도록 한다.
㉯ 태양빛이 강하거나 눈의 반사가 심할 때는 선글라스를 착용한다.
㉰ 지루하게 느껴지거나 졸음이 올 때는 라디오를 틀거나, 노래부르기, 휘파람 불기 또는 혼자 소리내어 말하기 등의 방법을 써 본다.
㉱ 운전 중에 계속 피곤함을 느끼더라도 운전을 지속하는 편이 낫다.

해설

운전 중 피로를 낮추는 방법은 ㉮,㉯,㉰항 이외에
① 정기적으로 차를 멈추어 차에서 나와, 몇 분 동안 산책을 하거나 가벼운 체조를 한다.
② 운전 중에 계속 피곤함을 느끼게 된다면, 운전을 지속하기보다는 차를 멈추는 편이 낫다.

정답 01. ㉮ 02. ㉱ 03. ㉯ 04. ㉱ 05. ㉮ 06. ㉰ 07. ㉰ 08. ㉰ 09. ㉮ 10. ㉱

11 사고 위험이 줄어드는 개인의 주행거리는 약 몇 킬로미터(km)인가?

㉮ 1만km
㉯ 3만km
㉰ 5만km
㉱ 10만km

해설

주행거리 10만km를 넘어서면 운전경험의 축적에 의해 주관적안전과 객관적안전이 균형을 이루게 되어 사고 위험이 줄어든다.

12 다음 중 버스운전자의 기본자세 중 틀린 것은?

㉮ 수많은 승객의 안전을 책임지므로 평생 안전운전을 해야 한다.
㉯ 자신만의 운전경험을 믿고 주관적인 행동을 해도 된다.
㉰ 대중교통서비스의 첨병으로 정기적인 서비스 교육을 받아야 한다.
㉱ 직무 특성상 주의의 부담이 크고 다양한 사고 요인이 존재하므로 항상 최상의 건강상태를 유지해야 한다.

13 대형자동차를 운전할 때 주의사항이 아닌 것은?

㉮ 제동력이 크기 때문에 다른 차와는 충분한 안전거리를 유지하지 않아도 된다.
㉯ 승용차 등이 대형차의 사각지점에 들어오지 않도록 주의한다.
㉰ 앞지를 때는 충분한 공간 간격을 유지한다.
㉱ 대형차로 회전할 때는 회전할 수 있는 충분한 공간 간격을 확보한다.

해설

대형자동차를 운전할 때 주의사항은 ㉯,㉰,㉱항 이외에 다른 차와는 충분한 안전거리를 유진한다.

14 운전면허를 취득하는데 필요한 시력 기준으로 맞는 것은?

㉮ 제1종 운전면허는 두 눈을 동시에 뜨고 잰 시력 0.5 이상, 양안 시력이 각각 0.3 이상
㉯ 제1종 운전면허는 두 눈을 동시에 뜨고 잰 시력 0.8 이상, 양안 시력이 각각 0.5 이상
㉰ 제2종 운전면허는 두 눈을 동시에 뜨고 잰 시력 0.5 이상, 양안 시력이 각각 0.5 이상
㉱ 제2종 운전면허는 색맹인도 취득가능하다.

15 다음 중 교차로 신호 위반 사고원인으로 맞는 것은?

㉮ 차간거리 유지 실패
㉯ 운전자의 조급한 심신상태, 신호에 대한 자의적 해석 등
㉰ 노면에 대한 관찰 및 주의의 결여
㉱ 운전기술 부족

해설

신호가 바뀌기 전후에 자주 발생하며, 조급함과 좌우관찰의 결여가 원인이다.

16 운전 능력에 영향을 미치는 감각들 중에서 가장 중요한 것은?

㉮ 청력
㉯ 촉각
㉰ 후각
㉱ 시력

해설

운전하는 동안 운전자가 판단하는 90%는 눈을 통해 얻은 정보에 의존한다.

17 알코올이 운전에 끼치는 부정적인 영향이 아닌 것은?

㉮ 심리 - 운동 협응능력 저하
㉯ 시력의 지각능력 향상
㉰ 주의 집중능력 감소
㉱ 정보 처리능력 둔화

해설

알코올이 운전에 끼치는 부정적인 영향은 ㉮,㉰,㉱항 이외에 시력의 지각능력 저하, 판단능력 감소, 차선을 지키는 능력 감소

18 시야와 깊이지각에 대한 설명이다. 틀린 것은?

㉮ 시야는 움직이는 상태에 있을 때는 속도에 따라 축소되는 특성을 갖는다.
㉯ 운전 중 시야는 시속 40km 주행 중일 때 약 100° 정도 축소되고, 시속 100km 주행 중일 때 약 40% 정도 축소된다.
㉰ 주행중에는 시야가 축소되므로 좌우를 살피기 위해 자주 눈을 움직일 필요가 없다.
㉱ 깊이지각은 양안 또는 단안 단서를 이용하여 물체의 거리를 효과적으로 판단하는 능력이다.

해설

시야는 주행 중 속력에 비례하여 축소되므로 좌우를 자주 살피기 위해 눈을 움직일 필요가 있다.

19 음주운전자가 운전하는 차량은 정상적인 상태에서 운전하는 다른 사람에게도 위험을 초래하기 때문에 사전에 주의할 필요가 있는데 특징적인 패턴에 속하지 않는 것은?

㉮ 경찰관이 정차 명령을 하였을 때 제대로 정차하지 못하거나 급정차하는 자동차
㉯ 단속현장을 보고 멈칫거리거나 눈치를 보는 자동차
㉰ 교통신호나 안전표지와 다른 반응을 보이는 차량
㉱ 신호에 대한 반응이 정상적인 차량

해설

음주운전의 특징적인 패턴은 ㉮,㉯,㉰항 이외에

① 신호에 대한 반응이 과도하게 지연되는 차량
② 야간에 아주 천천히 달리는 자동차
③ 깜깜한 밤에 미등만 켜고 주행하는 자동차
④ 기어를 바꿀 때 기어소리가 심한 자동차
⑤ 전조등이 미세하게 좌·우로 왔다 갔다 하는 자동차
⑥ 앞차의 뒤를 너무 가까이 따라가는 차량
⑦ 과도하게 넓은 반경으로 회전하는 차량
⑧ 2개 차로에 걸쳐서 운전하는 차량
⑨ 운전행위와 반대되는 방향지시등을 조작하는 차량
⑩ 지그재그 운전을 수시로 하는 차량

20 보행자 보호의 주요 주의사항이 아닌 것은?

㉮ 시야가 차단된 상황에서 나타나는 보행자를 특히 조심한다.
㉯ 차량신호가 녹색이라도 완전히 비워져 있는지를 확인하지 않은 상태에서 횡단보도에 들어가서는 안 된다.
㉰ 신호에 따라 횡단하는 보행자의 앞뒤에서 그들을 압박하거나 재촉하도록 한다.
㉱ 회전할 때는 언제나 회전 방향의 도로를 건너는 보행자가 있을 수 있음을 유의한다.

정답 11. ㉱ 12. ㉯ 13. ㉮ 14. ㉯ 15. ㉯ 16. ㉱ 17. ㉯ 18. ㉰ 19. ㉱ 20. ㉰

보행자 보호의 주요 주의사항 ㉮,㉯,㉰항 이외에
① 신호에 따라 횡단하는 보행자의 앞뒤에서 그들을 압박하거나 재촉해서는 안된다.
② 어린이 보호구역내에서는 특별히 주의한다.
③ 주거지역내에서는 어린이의 존재여부를 주의 깊게 관찰한다.
④ 맹인이나 장애인에게는 우선적으로 양보를 한다.

21 다음은 명순응과 암순응에 대한 설명이다. 틀린 것은?

㉮ 완전한 암순응에는 30분 혹은 그 이상 걸리며 이것은 빛의 강도에 좌우된다.
㉯ 명순응은 조명이 밝은 조건에서 어두운 조건으로 변할 때 사람의 눈이 그 상황에 적응하여 시력을 회복하는 것을 말한다.
㉰ 주간 운전시 터널을 막 진입하였을 때 더욱 조심스러운 안전운전이 요구되는 이유는 암순응 때문이다.
㉱ 명순응은 상황에 따라 다르지만 명순응에 걸리는 시간은 암순응보다 빨라 수 초 내지 1분에 불과하다.

해설
명순응은 조명이 어두운 조건에서 밝은 조건으로 변할 때 사람의 눈이 그 상황에 적응하여 시력을 회복하는 것을 말하며, 암순응은 그 반대이다.

22 알코올보다 안전운전에 미치는 영향이 큰 약물이 아닌 것은?

㉮ 피로회복제　　㉯ 진정제
㉰ 흥분제　　㉱ 환각제

해설
약물은 치료목적에 따라 적정량을 복용할 때 제기능을 발휘한다. 피로회복제도 남용하면 나쁜 영향을 미칠 수 있다.

23 운전 중 피로를 낮추는 방법이 아닌 것은?

㉮ 차안에는 항상 신선한 공기가 충분히 유입되도록 한다.
㉯ 선글라스를 착용한다.
㉰ 라디오를 듣거나 노래를 부른다.
㉱ 갓길에 정차하고 휴식을 취한다.

해설
갓길에 무단정차하면 사고의 위험이 있으므로, 휴게소를 이용하여 휴식을 취한다.

24 운전 중 나타나는 현혹현상을 바르게 설명한 것은?

㉮ 마주오는 차량의 전조등 불빛을 직접 보았을 때 순간적으로 시력이 상실되는 현상
㉯ 보행자가 교차하는 차량의 불빛 중간에 있게 되면 운전자가 순간적으로 전혀 보지 못하는 현상
㉰ 야간에 대향차의 전조등 눈부심 때문에 순간적으로 보행자를 잘 볼 수 없게 되는 현상
㉱ 현혹현상은 섬광회복력과 상관관계가 없다.

해설
보기 중 ㉯, ㉰항은 증발현상에 대한 설명이며, 현혹현상은 섬광회복력과 상관관계가 있다.

25 다음 중 서행하거나 일시정지 하여야 할 경우가 아닌 것은?

㉮ 어린이나 신체장애인이 도로를 횡단하고 있을 때
㉯ 고령자가 도로를 횡단하고 있을 때
㉰ 교량이나 터널을 주행하고 있을 때
㉱ 주·정차하고 있는 차 옆을 지나고 있을 때

해설
교량이나 터널이 공사 중이거나 특별한 신호나 지시가 없을 때는 정상적인 주행을 해도 된다.

26 대형버스나 트럭 등의 대형차 운전자들이 유의 할 사항은?

㉮ 앞지를 때는 충분한 공간간격을 유지한다.
㉯ 다른 차량과는 충분한 안전거리를 유지하지 않아도 된다.
㉰ 좌·우회전할 때 회전 반경은 승용차와 같다.
㉱ 대형차는 사각지점이 없으므로 운전하기가 비교적 쉽다.

해설
대형차는 사각지점이 많고, 정지 시간이 길며, 움직이는데 점유공간이 길기 때문에 다른 차량을 앞지르는 데는 시간이 길다는 점을 항상 유의하며 운전하여야 한다.

27 베이퍼 록(Vapour lock) 현상이 발생하는 주요 이유가 아닌 것은?

㉮ 긴 내리막길에서 계속 브레이크를 사용하여 브레이크 드럼이 과열되었을 때
㉯ 브레이크 드럼과 라이닝 간격이 작아 라이닝이 끌리게 됨에 따라 드럼이 과열되었을 때
㉰ 불량한 브레이크 오일을 사용하였을 때
㉱ 브레이크 오일의 비등점이 높을 때

해설
베이퍼록이 발생하는 이유는 ㉮,㉯,㉰항 이외에 브레이크 오일의 변질로 비등점이 저하되었을 때

28 자동차가 물이 고인 노면을 고속으로 주행할 때 타이어의 트레이드 홈 사이에 있는 물을 헤치는 기능이 감소되어 노면 접지력을 상실하게 되는 현상으로 타이어 접지면 앞 쪽에서 들어오는 물의 압력에 의해 타이어가 노면으로부터 떠올라 물위를 미끄러지는 현상을 무엇이라고 하는가?

㉮ 로드 홀딩현상　　㉯ 트램핑현상
㉰ 토 아웃 현상　　㉱ 수막현상

해설
자동차가 물이 고인 노면을 고속으로 주행할 때 타이어의 트레드 홈 사이에 있는 물을 헤치는 기능이 감소되어 노면 접지력을 상실하게 되는 현상으로 타이어 접지면 앞 쪽에서 들어오는 물의 압력에 의해 타이어가 노면으로부터 떠올라 물위를 미끄러지는 현상을 수막현상이라 한다. 이러한 물의 압력은 자동차 속도의 두 배 그리고 유체밀도에 비례한다.

정답　21. ㉯　22. ㉮　23. ㉱　24. ㉮　25. ㉰　26. ㉮　27. ㉱　28. ㉱

29 워터 페이드(Water fade) 현상에 대한 설명이다. 설명이 틀린 것은?

㉮ 브레이크 마찰재가 물에 젖으면 마찰계수가 작아져 브레이크의 제동력이 저하되는 현상을 말한다.

㉯ 물이 고인 도로에 자동차를 정차시켰거나 수중 주행을 하였을 때이 현상이 일어날 수 있으며 브레이크가 전혀 작용되지 않을 수도있다.

㉰ 워터 페이드 현상이 발생하면 마찰열에 의해 브레이크가 회복되도록 브레이크 페달을 반복해 밟으면서 천천히 주행한다.

㉱ 타이어 앞 쪽에 발생한 얇은 수막으로 노면으로부터 떨어져 제동력및 조향력을 상실하게 되는 현상이다.

30 스탠딩 웨이브(Standing Wave) 현상을 예방하기 위한 방법으로 올바른 것은?

㉮ 속도와 공기압을 모두 높인다.

㉯ 속도를 낮추고, 공기압을 높인다.

㉰ 속도를 높이고, 공기압을 낮춘다.

㉱ 속도와 공기압을 모두 낮춘다.

> **해설**
> 스탠딩 웨이브는 타이어의 회전속도가 빨라지면 접지부에서 받은 타이어의 변형(주름)이 다음 접지 시점까지도 복원되지 않고 접지의 뒤쪽에 진동의 물결이 일어나는 현상을 말하며, 일반구조 승용차용 타이어는 대략 150km/h 전·후에 발생한다.

31 비가 자주 오거나 습도가 높은 날 또는 장기간 주차한 후 브레이크 드럼에 미세한 녹이 발생하는 현상은?

㉮ 모닝 록(Morning lock) 현상

㉯ 페이드(Fade) 현상

㉰ 베이퍼 록(Vapour lock) 현상

㉱ 수막현상(Hydroplaning)

32 정지거리와 정지시간에 대한 설명 중 틀린 것은?

㉮ 운전자가 자동차를 정지시켜야 할 상황임을 자각하고 브레이크로발을 옮겨 브레이크가 작동을 시작하는 순간까지의 시간을 작동시간이라고 한다.

㉯ 운전자가 브레이크에 발을 올려 브레이크가 막 작동을 시작하는순간부터 자동차가 완전히 정지할 때까지의 시간을 제동시간이라한다

㉰ 운전자가 위험을 인지하고 자동차를 정지시키려고 시작하는 순간부터 자동차가 완전히 정지할 때까지의 시간을 정지시간이라고 한다.

㉱ 긴급 사황에서 차량을 정지시키는데 영향을 미치는 요소는 운전자의 지각시간, 운전자의 반응시간, 브레이크 혹은 타이어의 성능, 도로조건 등이다.

> **해설**
> 운전자가 자동차를 정지시켜야 할 상황임을 지각하고 브레이크로 발을 옮겨 브레이크가 작동을 시작하는 순간까지의 시간을 공주시간이라 하며, 그 거리를 공주거리라 한다. 정지시간(거리)과 제동시간(거리)을 합한 시간(거리)이다.

33 다음 중 어린이 교통사고의 특징에 대한 설명으로 틀린 것은?

㉮ 시간대별 어린이 사상자는 오후 4시에서 오후 6시 사이에 가장 많다.

㉯ 보행 중 사상자는 집에서 2km 이내의 거리에서 가장 많이 발생한다.

㉰ 운동성이 활발한 고학년일수록 교통사고가 많이 발생한다.

㉱ 보행 중 교통사고를 당하여 사상 당하는 비율이 절반이상으로 가장 높다.

34 언더 스티어(Under steer)에 대한 설명 중 틀린 것은?

㉮ 후륜구동 차량에서 주로 일어난다.

㉯ 핸들을 지나치게 꺾거나 과속, 브레이크 잠김 등이 원인이다.

㉰ 커브길에서 회전시 속도가 너무 높으면 발생한다.

㉱ 앞바퀴와 노면과의 마찰력 감소에 의해 슬립각이 커지면서 발생한다.

> **해설**
> 언더 스티어는 전륜구동 차량에서 주로 발생한다.

35 내리막길을 내려갈 때 브레이크를 반복하여 사용하면 마찰열이 라이닝에 축적되어 브레이크의 제동력이 저하되는 현상을 무엇이라고 하는가?

㉮ 록킹현상

㉯ 슬립현상

㉰ 베이퍼록 현상

㉱ 페이드 현상

36 내륜차에 의한 사고 위험이 아닌 것은?

㉮ 전진(前進) 주차를 위해 주차공간으로 진입도중 차의 뒷부분이 주차되어 있는 차와 충돌할 수 있다.

㉯ 커브 길의 원활한 회전을 위해 확보한 공간으로 끼어든 이륜차나소형승용차를 발견하지 못해 충돌사고가 발생할 수 있다.

㉰ 차량이 보도 위에 서 있는 보행자를 차의 뒷부분으로 스치고 지나가거나, 보행자의 발등을 뒤바퀴가 타고 넘어갈 수 있다.

㉱ 후진주차를 위해 주차공간으로 진입도중 차의 앞부분이 다른 차량이나 물체와 충돌할 수 있다.

> **해설**
> **외륜차에 의한 사고 위험**
> ① 후진주차를 위해 주차공간으로 진입도중 차의 앞부분이 다른 차량이나 물체와 충돌할 수 있다.
> ② 버스가 1차로에서 좌회전하는 도중에 차의 뒷부분이 2차로에서 주행 중이던 승용차와 충돌할 수 있다.

37 운전자가 자동차를 정지시켜야 할 상황임을 인지하고, 브레이크로 발을 옮겨 브레이크가 작동을 시작하기 전까지 이동한 거리는?

㉮ 제동거리

㉯ 공주거리

㉰ 정지거리

㉱ 방어거리

> **해설**
> **제동거리와 정지거리**
> ·제동거리 : 운전자가 브레이크에 발을 올려 브레이크가 막 작동을 시작하는 순간부터 자동차가 완전히 정지할 때까지 이동한 거리를 말한다.
> ·정지거리 : 운전자가 위험을 인지하고 자동차를 정지시키려고 시작하는 시작부터 자동차가 완전히 정지할 때까지 이동한 거리를 말한다.

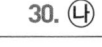

38 내륜차와 외륜차에 대한 설명이 틀린 것은?

㉮ 차량바퀴의 궤적을 보면 직진할 때는 앞바퀴가 지나간 자국을 그대로 따라가지만, 핸들을 돌렸을 때에는 바퀴가 모두 제각기 서로 다른 원을 그리면서 통과하게 된다.

㉯ 앞바퀴의 궤적과 뒤바퀴의 궤적 간에는 차이가 발생하게 되며, 앞바퀴의 안쪽과 뒷바퀴의 안쪽 궤적 간의 차이를 내륜차라 하고 바깥 바퀴의 궤적 간의 차이를 외륜차라 한다.

㉰ 소형차에 비해 축간거리가 긴 대형차에서 내륜차 또는 외륜차가 작게 발생한다.

㉱ 차가 회전할 때에는 내·외륜차에 의한 여러 가지 교통사고 위험이 발생한다.

해설
내륜차와 외륜차에 대한 설명은 ㉮,㉯,㉱항 이외에
소형차에 비해 축간거리가 긴 대형차에서 내륜차 또는 외륜차가 크게 발생한다.

39 공주거리에 대한 설명으로 맞는 것은?

㉮ 정지거리에서 제동거리를 뺀 거리
㉯ 제동거리에서 정지거리를 뺀 거리
㉰ 정지거리에서 제동거리를 더한 거리
㉱ 제동거리에서 정지거리를 곱한 거리

40 자동차의 정지거리는 다음 중 어느 것인가?

㉮ 반응시간 + 답체시간 + 과도제중 + 제동시간
㉯ 답체시간 + 답입시간 + 제동시간
㉰ 공주거리 + 제동거리
㉱ 답체시간 + 공주거리

41 양방향도로의 통행량이 일정하지 않을 때 잠시 방향을 바꾸어 사용할 수 있는 차로 명칭은?

㉮ 양보차로   ㉯ 가변차로
㉰ 앞지르기차로   ㉱ 회전차로

해설
특정 시간대에 차로수를 확대될 수 있도록 신호기에 의하여 차로의 진행방향을 지시하는 차로는 가변차로이다.

42 가변차로에 대한 설명이 틀린 것은?

㉮ 가변차로는 방향별 교통량이 특정시간대에 현저하게 차이가 발생하는 도로에서 교통량이 많은 쪽으로 차로수가 확대될 수 있도록 신호기에 의하여 차로의 진행방향을 지시하는 차로를 말한다.

㉯ 가변차로는 차량의 운행속도를 저하시켜 구간 통행시간을 길게 한다.

㉰ 가변차로는 차량의 지체를 감소시켜 에너지 소비량과 배기가스 배출량의 감소 효과를 기대할 수 있다.

㉱ 가변차로를 시행할 때에는 가로변 주·정차 금지, 좌회전 통행 제한 충분한 신호시설의 설치, 차선 도색 등 노면표시에 대한 개선이 필요하다.

해설
가변차로에 대한 설명은 ㉮,㉰,㉱항 이외에
가변차로는 차량의 운행속도를 향상시켜 구간 통행시간을 줄여준다.

43 다음 중 교통섬을 설치하는 목적으로 맞지 않는 것은?

㉮ 도로 교통의 흐름을 안전하게 유도하기 위해
㉯ 보행자가 도로를 횡단할 때 대피섬 제공 위해
㉰ 자동차가 진행해야 할 경로를 명확히 알려 주기 위해
㉱ 신호등, 도로표지, 안전표지, 조명 등 노상시설의 설치장소 제공 위해

해설
도류화의 목적 : 자동차가 진행해야 할 경로를 명확히 제공하여 줌.

44 도류화란 자동차와 보행자를 안전하고 질서 있게 이동시킬 목적으로 회전차로, 변속차로, 교통섬, 노면표시 등을 이용하여 상충하는 교통류를 분리시키거나 통제하여 명확한 통행경로를 지시해 주는 것을 말한다. 도류화의 목적이 아닌 것은?

㉮ 두 개 이상 자동차 진행방향이 교차하도록 통행경로를 제공한다.

㉯ 자동차가 합류, 분류 또는 교차하는 위치와 각도를 조정한다.

㉰ 교차로 면적을 조정함으로써 자동차간에 상충되는 면적을 줄인다.

㉱ 자동차가 진행해야 할 경로를 명확히 제공한다.

해설
도류화의 목적은 ㉯,㉰,㉱항 이외에
① 두 개 이상 자동차 진행방향이 교차하지 않도록 통행경로를 제공한다.
② 보행자 안전지대를 설치하기 위한 장소를 제공한다.
③ 자동차의 통행속도를 안전한 상태로 통제한다.
④ 분리된 회전차로는 회전차량의 대기 장소를 제공한다.

45 양방향 2차로 앞지르기 금지구간에서 자동차의 원활한 소통을 도모하고, 도로 안전성을 제고하기 위해 갓길 쪽으로 설치하는 저속 자동차의 주행차로를 무엇이라고 하는가?

㉮ 양보차로   ㉯ 가변차로
㉰ 주행차로   ㉱ 앞지르기차로

46 다음 중 도로의 선형에 대한 설명으로 틀린 것은?

㉮ 종단선형이 자주 바뀌면 종단곡선의 정점에서 시거가 단축되어 사고의 위험성이 증가한다.

㉯ 곡선부가 오르막 내리막의 종단경사와 중복되는 곳에서는 사고 위험성이 감소한다.

㉰ 곡선반경이 작으면 운전자에게 필요 이상의 긴장감을 줄 우려가 있어서 사고의 원인이 될 수 있다.

㉱ 양호한 선형조건에서 제한시거가 불규칙적으로 나타나면 평균사고율보다 훨씬 높은 사고율을 나타낸다.

해설
곡선부가 오르막 내리막의 종단경사와 중복되는 곳은 훨씬 더 사고 위험성이 높다.

47 다음 중 방호울타리의 주요기능에 속하지 않는 것은?

㉮ 자동차의 차도이탈을 방지하는 것
㉯ 탑승자의 상해 및 자동차의 파손을 증가시키는 것
㉰ 자동차를 정상적인 진행방향으로 복귀시키는 것
㉱ 운전자의 시선을 유도하는 것

해설
방호울타리의 주요기능은 ㉮,㉰,㉱항 이외에
탑승자의 상해 및 자동차의 파손을 감소시키는 것

정답 38. ㉰ 39. ㉮ 40. ㉰ 41. ㉯ 42. ㉯ 43. ㉰ 44. ㉮ 45. ㉮ 46. ㉯ 47. ㉯

48 중앙분리대와 교통사고에 대한 설명이 잘못된 것은?

㉮ 중앙분리대는 왕복하는 차량의 정면충돌을 방지하기 위하여 도로 면보다 높게 콘크리트 방호벽 또는 방호울타리를 설치하는 것을 말하며, 분리대와 측대로 구성된다.

㉯ 중앙분리대는 정면충돌사고를 차량단독사고로 변환시킴으로써 사고로 인한 위험을 감소시킨다.

㉰ 중앙분리대의 폭이 넓을수록 대향차량과의 충돌 위험은 감소한다.

㉱ 중앙분리대의 폭이 좁을수록 대향차량과의 충돌 위험은 감소한다.

49 길어깨(갓길)와 교통사고에 대한 설명으로 틀린 것은?

㉮ 길어깨는 도로를 보호하고 비상시에 이용하기 위하여 차도와 연결하여 설치하는 도로의 부분으로 갓길이라도 한다.

㉯ 길어깨가 넓으면 차량의 이동공간이 넓고, 시계가 넓다.

㉰ 길어깨가 넓으면 고장차량을 주행차로 밖으로 이동시킬 수 있어 안전 확보가 용이하다.

㉱ 일반적으로 길어깨 폭이 좁은 곳이 교통사고가 감소한다.

해설
길어깨와 교통사고에 대한 설명은 ㉮,㉯,㉰항 이외에
일반적으로 길어깨 폭이 넓은 곳은 길어깨 폭이 좁은 곳보다 교통사고가 감소한다.

50 교량과 교통사고에 대한 설명이 잘못된 것은?

㉮ 교량의 폭, 교량 접근도로의 형태 등은 교통사고와 관계가 없다.

㉯ 교량 접근도로의 폭에 비해 교량의 폭이 좁으면 사고 위험이 증가한다.

㉰ 교량 접근도로의 폭과 교량의 폭이 같을 때에는 사고 위험이 감소한다.

㉱ 교량 접근도로의 폭과 교량의 폭이 서로 다른 경우에도 교통통제설비, 즉 안전표지, 시선유도시설, 접근도로에 노면표시 등을 설치하면 운전자의 경각심을 불러 일으키며 사고 감소효과가 발생할 수 있다.

해설
교량과 교통사고에 대한 설명은 ㉯,㉰,㉱항 이외에
교량의 폭, 교량 접근도로의 형태 등이 교통사고와 밀접한 관계가 있다.

51 다음 중 용어의 설명이 잘못된 것은?

㉮ 편경사란 평면곡선부에서 자동차가 원심력에 저항할 수 있도록 하기 위해 설치하는 횡단경사를 말한다.

㉯ 주·정차대란 자동차의 주·정차에 이용하기 위해 차로에 설치하는 도로의 부분이다.

㉰ 분리대란 자동차의 통행방향에 따라 분리하기 위해 설치하는 시설물이다.

㉱ 측대란 주행 중 운전자가 잠시 휴식을 취할 수 있도록 길옆에 설치한 도로부분이다.

해설
측대란 길어깨 또는 중앙분리대의 일부분으로 포장 끝부분 보호, 측방의 여유확보, 운전자의 시선을 유도하는 기능을 갖는다.

52 교통안전 측면에서 회전교차로를 설치하여야 하는 곳이 아닌 것은?

㉮ 교통사고 잦은 곳으로 지정된 교차로

㉯ 교차로의 사고유형 중 직각 충돌사고 및 정면 충돌사고가 빈번하게 발생하는 교차로

㉰ 주도로와 부도로의 통행 속도차가 적은 교차로

㉱ 부상, 사망사고 등의 심각도가 높은 교통사고 발생 교차로

해설
회전교차로를 설치하여야 하는 곳은 ㉮,㉯,㉱항 이외에
주도로와 부도로의 통행 속도차가 큰 교차로

53 과속방지시설을 설치하여야 하는 장소로 옳지 못한 것은?

㉮ 학교, 유치원, 어린이 놀이터, 근린공원, 마을 통과 지점 등으로 자동차의 속도를 저속으로 규제할 필요가 있는 구간

㉯ 보·차도의 구분이 있는 도로로서 보행자가 적거나 어린이의 놀이로 교통사고 위험이 없다고 판단되는 구간

㉰ 공동주택, 근린 상업시설, 학교, 병원, 종교시설 등 자동차의 출입이 많아 속도규제가 필요하다고 판단되는 구간

㉱ 자동차의 통행속도를 30km/h 이하로 제한할 필요가 있다고 인정되는 구간

해설
과속방지시설 설치장소는 ㉮,㉰,㉱항 이외에
보·차도의 구분이 없는 도로로서 보행자가 많거나 어린이의 놀이로 교통사고 위험이 있다고 판단되는 구간

54 차로 수란 양방향 차로의 수를 합한 것을 말하는데 다음 중 차로 수에 포함되는 것은?

㉮ 오르막차로 　㉯ 회전차로
㉰ 일반차로 　㉱ 변속차로

해설
차로 수는 양방향 차로 수의 합을 말하며 오르막차로, 회전차로, 변속차로, 양보차로는 제외한다.

55 회전교차로의 일반적인 특징이 아닌 것은?

㉮ 회전교차로로 진입하는 자동차가 교차로 내부의 회전차로에서 주행하는 자동차에게 양보한다.

㉯ 신호등이 없는 교차로에 비해 상충 횟수가 적다.

㉰ 교차로 진입은 저속으로 운영하여야 한다.

㉱ 교차로 진입과 대기에 대한 운전자의 의사결정이 어렵다.

해설
회전교차로의 일반적인 특징은 ㉮,㉯,㉰항 이외에
① 교차로 진입과 대기에 대한 운전자의 의사결정이 간단하다.
② 교통상황의 변화로 인한 운전자 피로를 줄일 수 있다.
③ 신호교차로에 비해 유지관리 비용이 적게 든다.
④ 인접도로 및 지역에 대한 접근성을 높여 준다.
⑤ 사고빈도가 낮아 교통안전 수준을 향상시킨다.
⑥ 지체시간이 감소되어 연료 소모와 배기가스를 줄일 수 있다.

정답　48. ㉱　49. ㉱　50. ㉮　51. ㉱　52. ㉰　53. ㉯　54. ㉰　55. ㉱

56 교차로 내에서 주행경로를 명확히 하기 위한 도류화의 목적에 해당되지 않은 것은?

㉮ 두 개 이상 자동차 진행방향이 교차하지 않도록 통행경로를 제공한다.
㉯ 교차로 면적을 조정함으로써 자동차간 상충되는 면적을 넓힌다.
㉰ 보행자 안전지대를 설치하기 위한 장소를 제공한다.
㉱ 자동차의 통행속도를 안전한 상태로 통제한다.

해설
교차로 면적을 조정함으로써 자동차간 상충되는 면적을 줄인다.

57 주행 중에 진행 방향을 잘못 잡은 차량이 도로 밖, 대향차로 또는 보도 등으로 이탈하는 것을 방지하거나 차량이 구조물과 직접 충돌하는 것을 방지하여 탑승자의 상해 및 자동차의 파손을 최소한도로 줄이고 자동차를 정상 진행 방향으로 복귀시키도록 설치된 시설을 무엇이라고 하는가?

㉮ 방호울타리
㉯ 시선유도울타리
㉰ 주행유도울타리
㉱ 정비유도울타리

58 차로와 교통사고의 관계를 설명한 것 중 맞는 것은?

㉮ 차로 폭이 과다하게 넓으면 교통사고가 감소한다.
㉯ 차로를 구분하기 위한 차선 설치는 교통사고 발생빈도를 증가시킨다.
㉰ 차로와 교통사고 빈도수는 상관관계가 없다.
㉱ 횡단면의 차로 폭이 넓을수록 운전자의 안정감이 증진되어 교통사고 예방효과가 있다.

해설
차로 폭이 과다하게 넓으면 운전자의 경각심이 사라져 과속 주행하게 되어 교통사고가 발생할 수 있다.

59 커브길에 차량의 이탈사고를 방지하기 위해 설치한 방호울타리의 기능이 아닌 것은?

㉮ 자동차의 차도 이탈 방지하는 것
㉯ 탑승자의 상해 및 자동차의 파손을 없애는 것
㉰ 운전자의 시선을 유도하는 것
㉱ 자동차를 정상적인 진행방향으로 복귀시키는 것

해설
방호울타리는 운행 중인 자동차의 탑승자의 상해 및 자동차의 파손을 감소시키는 역할을 한다.

60 시야 고정이 많은 운전자의 특성이 아닌 것은?

㉮ 위험에 대응하기 위해 경적이나 전조등을 많이 사용한다.
㉯ 더러운 창이나 안개에 개의치 않는다.
㉰ 거울이 더럽거나 방향이 맞지 않는데도 개의치 않는다.
㉱ 정지선 등에서 정지 후, 다시 출발할 때 좌·우를 확인하지 않는다.

해설
시야 고정이 많은 운전자의 특성은 ㉯,㉰,㉱항 이외에
① 위험에 대응하기 위해 경적이나 전조등을 좀처럼 사용하지 않는다.
② 회전하기 전에 뒤를 확인하지 않는다.
③ 자기 차를 앞지르려는 차량의 접근 사실을 미리 확인하지 못한다.

61 다음은 도로반사경에 대한 설명이다. 옳지 않은 설명은?

㉮ 도로반사경은 운전자의 시거 조건이 양호하지 못한 장소에서 거울면을 통해 사물을 비추어줌으로써 운전자가 적절하게 전방의 상황을 인지하고 안전한 행동을 취할 수 있도록 하기 위해 설치하는 시설을 말한다.
㉯ 도로반사경은 교차하는 자동차, 보행자, 장애물 등을 가장 잘 확인할 수 있는 위치에 설치한다.
㉰ 단일로의 경우에는 곡선반경이 커 시거가 확보되는 장소에 설치된다.
㉱ 교차로의 경우에는 비신호 교차로에서 교차로 모서리에 장애물이 위치해 있어 운전자의 좌·우 시거가 제한되는 장소에 설치된다.

해설
도로반사경에 대한 설명은 ㉮,㉯,㉱항 이외에
단일로의 경우에는 곡선반경이 작아 시거가 확보되지 않는 장소에 설치된다.

62 가로변 버스정류장의 교차로 통과 전(Near-side) 정류장 또는 정류소의 장점은?

㉮ 일반 운전자가 보행자 및 접근하는 버스의 움직임 확인이 용이하다.
㉯ 버스에 승차하려는 사람이 횡단보도에 인접한 버스 접근이 어렵다.
㉰ 정차하려는 버스와 우회전 하려는 자동차가 상충될 수 있다.
㉱ 횡단하는 보행자가 정차되어 있는 버스로 인해 시야를 제한받을 수 있다.

해설
가로변 버스정류장의 교차로 통과 전(Near-side) 정류장 또는 정류소
① 장점 : 일반 운전자가 보행자 및 접근하는 버스의 움직임 확인이 용이하다. 버스에 승차하려는 사람이 횡단보도에 인접한 버스 접근이 용이하다.
② 단점 : 정차하려는 버스와 우회전하려는 자동차가 상충될 수 있다. 횡단하는 보행자가 정차되어 있는 버스로 인해 시야를 제한받을 수 있다.

63 후미추돌 사고를 회피하는 방법이 아닌 것은?

㉮ 앞차에 대한 주의를 늦추지 않는다.
㉯ 상황을 멀리까지 살펴본다.
㉰ 충분한 거리를 유지한다.
㉱ 상대보다 느리게 속도를 줄인다.

해설
후미추돌 사고를 회피하는 방법은 ㉮,㉯,㉰항 이외에
상대보다 더 빠르게 속도를 줄인다.

64 뒤차가 바짝 붙어 오는 상황을 피하는 방법에 속하지 않는 것은?

㉮ 가능하면 뒤차가 지나갈 수 있게 차로를 변경한다.
㉯ 가능하면 속도를 약간 내서 뒤차와의 거리를 늘린다.
㉰ 가속페달을 밟아서 속도를 증가시키려는 의도를 뒤차가 알 수 있게 한다.
㉱ 정지할 공간을 확보할 수 있게 점진적으로 속도를 줄여 뒤차가 추월할 수 있게 만든다.

해설
뒤차가 바짝 붙어 오는 상황을 피하는 방법은 ㉮,㉯,㉱항 이외에 브레이크 페달을 가볍게 밟아서 제동등이 들어오게 하여 속도를 줄이려는 의도를 뒤차가 알 수 있게 한다.

정답 56. ㉯ 57. ㉮ 58. ㉱ 59. ㉯ 60. ㉮ 61. ㉰ 62. ㉮ 63. ㉱ 64. ㉰

65 다음 중 도로의 횡단면 구성에 속하지 않는 것은?

㉮ 차도·보도 ㉯ 중앙분리대
㉰ 종단경사 ㉱ 주·정차대

해설

종단경사는 오르막 내리막 경사를 일컫는 말이다.

66 교량과 교통사고의 관계 설명 중 잘못된 것은?

㉮ 교량의 폭, 교량의 접근도로의 형태 등이 교통사고와 밀접한 관계가 있다.
㉯ 교량 접근도로의 폭에 비해 교량의 폭이 좁으면 사고위험이 증가한다.
㉰ 교량 접근도로의 폭과 교량 폭이 같을 때 사고 위험이 감소한다.
㉱ 교량 접근도로의 폭에 비해 교량 폭이 넓으면 사고 위험이 증가한다.

해설

교량 폭이 교량 접근도로의 폭보다 넓으면 사고 위험이 감소한다.

67 주·야간에 운전자의 시선을 유도하기 위해 설치된 안전시설이 아닌 것은?

㉮ 횡단보도 표시 ㉯ 시선유도 표지
㉰ 갈매기 표지 ㉱ 표지병

해설

횡단보도 표시는 교통안전 표시이다.

68 차량 결함에 따른 사고의 대처방법이 아닌 것은?

㉮ 차의 앞바퀴가 터지는 경우 핸들을 단단하게 잡아 차가 한 쪽으로 쏠리는 것을 막고, 의도한 방향을 유지한 다음 속도를 줄인다.
㉯ 뒷바퀴의 바람이 빠지면 차의 앞쪽이 좌·우로 흔들리는 것을 느낄 수 있다. 이때 차가 한 쪽으로 미끄러지는 것을 느끼면 핸들 방향을 그 반대방향으로 틀어주며 대처한다.
㉰ 브레이크 고장 시 브레이크 페달을 반복해서 빠르고 세게 밟으면서 주차 브레이크도 세게 당기고 기어도 저단으로 바꾼다.
㉱ 브레이크를 계속 밟아 열이 발생하여 듣지 않는 페이딩 현상이 일어나면 차를 멈추고 브레이크가 식을 때까지 기다려야 한다.

해설

차량 결함에 따른 사고의 대처방법은 ㉮,㉰,㉱항 이외에
뒷바퀴의 바람이 빠지면 차의 후미가 좌·우로 흔들리는 것을 느낄 수 있다. 이때 차가 한쪽으로 미끄러지는 것을 느끼면 핸들 방향을 그 방향으로 틀어주며 대처한다.

69 시인성을 높이기 위한 운전 중 행동에 속하지 않는 것은?

㉮ 낮에도 흐린 날 등에는 하향 전조등을 켠다.
㉯ 자신의 의도를 다른 도로이용자에게 좀 더 분명히 전달함으로써 자신의 시인성을 최대화 할 수 있다.
㉰ 다른 운전자의 사각에 들어가 운전하도록 한다.
㉱ 남보다 시력이 떨어지면 항상 안경이나 콘택트렌즈를 착용한다.

해설

시인성을 높이기 위한 운전 중 행동은 ㉮,㉯,㉱항 이외에
① 다른 운전자의 사각에 들어가 운전하는 것을 피한다.
② 햇빛 등으로 눈부신 경우는 선글라스를 쓰거나 선바이저를 사용한다.

70 교차로 황색신호에서의 방어운전이 아닌 것은?

㉮ 황색신호일 때 정지선을 초과하여 횡단보도에 정지하도록 한다.
㉯ 황색신호일 때 모든 차는 정지선 바로 앞에 정지하여야 한다.
㉰ 이미 교차로 안으로 진입하여 있을 때 황색신호로 변경된 경우에는 신속히 교차로 밖으로 빠져 나간다.
㉱ 교차로 부근에는 무단 횡단하는 보행자 등 위험요인이 많으므로 돌발 상황에 대비한다.

해설

교차로 황색신호에서의 방어운전은 ㉯,㉰,㉱항 이외에
① 황색신호일 때에는 멈출 수 있도록 감속하여 접근한다.
② 가급적 딜레마구간에 도달하기 전에 속도를 줄여 신호가 변경되면 바로 정지할 수 있도록 준비한다.

71 운전 중 예측회피 운전의 기본적 방법과 거리가 먼 것은?

㉮ 때로는 속도를 낮추거나 높이는 결정을 해야한다.
㉯ 사고 상황이 발생할 경우 대비 진로를 변경한다.
㉰ 필요하다면 다른 사람에게 자신의 의도를 알려주어야 한다.
㉱ 주변 상황과 상관없이 전방만 주시하며 운전한다.

해설

운전자는 위험운전에 따른 높은 각성수준 유지가 가능하지 않으며, 위험 대처에도 한계가 있으므로 기본적인 전략으로써 예측 회피 운전을 한다.

72 중앙버스 전용차로의 버스 정류소 위치에 따른 장·단점 중 틀린 것은?

㉮ 교차로 통과 전(Near-side) 정류소 장점은 혼잡을 최소화 할 수 있다.
㉯ 교차로 통과 전(Near-side) 정류소 단점은 우측에 정차된 자동차 시야가 제한 받을 수 있다.
㉰ 교차로 통과 후(Far-side) 정류소 장점은 좌회전하려는 자동차의 상충이 최소화된다.
㉱ 교차로 통과 후(Far-side) 정류소 단점은 출·퇴근시간대에 버스 전용차로 상에 버스들이 교차로에 대기할 필요가 없다.

해설

교차로 통과 후 정류소 단점은 버스정류장에 대기하는 버스로 인해 횡단하는 자동차들은 시야를 제한받을 수 있으며, 출·퇴근 시간대에 버스전용차로 상에 버스들이 교차로까지 대기할 수 있다.

73 지방도에서의 시인성 다루기가 아닌 것은?

㉮ 야간에 주위에 다른 차가 있더라도 어두운 도로에서는 상향전조등을 계속 켜도록 한다.
㉯ 도로상 또는 주변에 차, 보행자 또는 동물과 장애물 등이 있는지를 살피며 20~30초 앞의 상황을 탐색한다.
㉰ 문제를 야기할 수 있는 전방 12~15초의 상황을 확인한다.
㉱ 언덕 너머 또는 커브 안쪽에 있을 수 있는 위험조건에 안전하게 반응할 수 있을 만큼의 속도로 주행한다.

해설

지방도에서의 시인성 다루기는 ㉯,㉰,㉱항 이외에
① 야간에 주위에 다른 차가 없다면 어두운 도로에서는 상향전조등을 켜도 좋다.
② 큰 차를 너무 가깝게 따라 감으로써 잠재적 위험원에 대한 시야를 차단당하는 일이 없도록 한다.
③ 회전 시, 차를 길가로 붙일 때, 앞지르기를 할 때 등에서는 자신의 의도를 신호로 나타낸다.

정답 65. ㉰ 66. ㉱ 67. ㉮ 68. ㉯ 69. ㉰ 70. ㉮ 71. ㉱ 72. ㉱ 73. ㉮

74 버스 정류장 또는 정류소 위치에 따른 종류가 아닌 것은?

㉮ 교차로 통과 전(Near-side) 정류장 또는 정류소
㉯ 교차로 통과 후(Far-side) 정류장 또는 정류소
㉰ 간이버스 정류장
㉱ 도로 구간 내(Mid-black) 정류장 또는 정류소

🚌 해설
간이버스 정류장은 버스 정류시설 종류 중의 하나이다.

75 자동차 운전 중 시간을 효율적으로 다루는 기본 원칙에 속하지 않는 것은?

㉮ 안전한 주행경로 선택을 위해 주행 중 20~30초 전방을 탐색한다.
㉯ 안전한 주행경로 선택을 위해 주행 중 20~30초 후방을 탐색한다.
㉰ 위험 수준을 높일 수 있는 장애물이나 조건을 12~15초 전방까지 확인한다.
㉱ 자신의 차와 앞차 간에 최소한 2~3초의 추종거리를 유지한다.

76 다음 중 자동차 과속방지시설 설치가 꼭 필요한 곳은?

㉮ 자동차 통행속도를 60km/h 이하로 제한할 필요가 있다고 인정한 구간
㉯ 학교·어린이놀이터 등 자동차속도를 저속으로 규제할 필요가 있는 구간
㉰ 교량과 터널구간
㉱ 오르막·내리막구간

🚌 해설
과속방지시설은 도로구간에서 낮은 주행속도가 요구되는 일정지역에서 통행자동차의 과속주행을 방지하기 위해 설치되는 시설이다.

77 운행 중 전방의 탐색 시 주의해서 보아야 할 것으로 틀린 것은?

㉮ 도로 양옆의 건물 배치
㉯ 다른 차로의 차량
㉰ 자전거 교통의 흐름과 신호
㉱ 보행자

🚌 해설
운행 시 주의해야 할 사항은 도로 전후 차량흐름, 보행자, 자전거, 이륜차, 다른차로의 차량, 신호, 특히 대형차가 있을 때 대형차량에 가린 것들에 대한 단서에 주의해야 한다.

78 시가지에서 시간 다루기에 속하지 않는 것은?

㉮ 속도를 높인다.
㉯ 항상 사고를 회피하기 위해 멈추거나 핸들을 틀 준비를 한다.
㉰ 브레이크를 밟을 준비를 함으로서 갑작스런 위험상황에 대비한다.
㉱ 다른 운전자와 보행자가 자신을 보고 반응할 수 있도록 하기 위해서는 항상 사전에 자신의 의도를 신호로 표시한다.

🚌 해설
시가지에서 시간 다루기는 ㉯,㉰,㉱항 이외에
① 속도를 낮춘다.
② 도심교통상의 운전, 특히 러시아워에 있어서는 여유시간을 가지고 주행하도록 한다. 또한 사전에 우회 경로를 생각해 두든가 또는 교통방송 등을 참조하여 주행 경로를 조정한다.

79 안전운전을 하는데 필수적인 4요소의 순서가 맞는 것은?

㉮ 예측 → 실행과정 → 판단 → 확인
㉯ 예측 → 확인 → 실행과정 → 판단
㉰ 확인 → 예측 → 판단 → 실행과정
㉱ 실행과정 → 판단 → 확인 → 예측

80 회전교차로와 로터리(교통서클)의 차이점이 아닌 것은?

㉮ 회전교차로는 진입자동차가 양보하고, 로터리는 회전자동차가 양보한다.
㉯ 회전교차로에는 저속 진입하고, 로터리에는 고속 진입한다.
㉰ 교통섬은 회전교차로에 필수 설치, 로터리에는 선택설치가 가능하다.
㉱ 회전교차로에는 저속으로 회전차로 운행불가하나, 로터리에는 저속 회전차로 운행이 가능하다.

🚌 해설
회전부와 관련하여 회전교차로에는 고속으로 회전차로 운행이 불가능하고, 로터리에서는 고속으로 회전차로 운행이 가능하다.

81 운전 중 결정된 행동을 실행에 옮기는 단계에서 중요한 것이 아닌 것은?

㉮ 요구되는 시간 안에 필요한 조작을 해야 한다.
㉯ 기기 조작은 가능한 부드럽게 해야 한다.
㉰ 기기 조작을 신속하게 해내야 한다.
㉱ 급제동시 브레이크 페달을 빠르고 강하게 밟으면 제동거리가 짧아진다.

🚌 해설
급제동시 브레이크 페달을 빠르고 강하게 밟는다고 제동거리가 짧아지는 것은 아니다.

82 내리막길에서의 방어운전에 속하지 않는 것은?

㉮ 내리막길을 내려갈 때에는 엔진 브레이크로 속도를 조절하는 것이 바람직하다.
㉯ 엔진 브레이크를 사용하면 페이드(Fade) 현상 및 베이퍼 록(Vapour lock) 현상을 촉진시키므로 사용하지 않는 것이 좋다.
㉰ 배기 브레이크가 장착된 차량의 경우 배기 브레이크를 사용하면 운행의 안전도를 더욱 높일 수 있다.
㉱ 커브 길을 주행할 때와 마찬가지로 경사길 주행 중간에 불필요하게 속도를 줄이거나 급제동하는 것은 주의해야 한다.

🚌 해설
내리막길에서의 방어운전은 ㉮,㉰,㉱항 이외에
① 엔진 브레이크를 사용하면 페이드(Fade) 현상 및 베이퍼 록(Vapour lock) 현상을 예방하여 운행 안전도를 높일 수 있다.
② 도로의 오르막길 경사와 내리막길 경사가 같거나 비슷한 경우라면, 변속기 기어의 단수도 오르막과 내리막에서 동일하게 사용하는 것이 바람직하다.
③ 커브 길을 주행할 때와 마찬가지로 경사길 주행 중간에 불필요하게 속도를 줄이거나 급제동하는 것은 주의해야 한다.
④ 비교적 경사가 가파르지 않은 긴 내리막길을 내려갈 때에 운전자의 시선은 먼 곳을 바라보고, 무심코 가속 페달을 밟아 순간 속도를 높일 수 있으므로 주의해야 한다.

정답 74. ㉰ 75. ㉯ 76. ㉯ 77. ㉮ 78. ㉮ 79. ㉰ 80. ㉱ 81. ㉱ 82. ㉯

83 중앙분리대로 설치되는 방호울타리의 기능으로 가장 거리가 먼 것은?

㉮ 차량 횡단 방지
㉯ 차량 속도 감속
㉰ 도로 이탈 방지
㉱ 차량 사고 방지

해설

중앙분리대로 설치되는 방호울타리는 사고를 방지한다기보다는 사고의 유형을 변환시켜주기 때문에 효과적(정면충돌사고를 차량단독사고로 변환)이다.

84 앞지르기 순서와 방법상의 주의 사항으로 틀린 것은?

㉮ 앞지르기 금지장소 여부를 확인한다.
㉯ 전방의 안전을 확인하는 동시에 후사경으로 좌측 및 좌후방을 확인한다.
㉰ 좌측 방향지시등을 켠다.
㉱ 최저속도의 제한범위 내에서 가속하여 진로를 서서히 우측으로 변경한다.

해설

앞지르기 순서와 방법상의 주의 사항은 ㉮,㉯,㉰항 이외에
① 최고속도의 제한범위 내에서 가속하여 진로를 서서히 좌측으로 변경한다.
② 차가 일직선이 되었을 때 방향지시등을 끈 다음 앞지르기 당하는 차의 좌측을 통과한다.
③ 앞지르기 당하는 차를 후사경으로 볼 수 있는 거리까지 주행한 후 우측 방향지시등을 켠다.
④ 진로를 서서히 우측으로 변경한 후 차가 일직선이 되었을 때 방향지시등을 끈다.

85 내리막길에서 기어를 변속하는 방법으로 잘못된 것은?

㉮ 변속할 때 클러치 및 변속 레버의 작동은 신속하게 한다.
㉯ 변속할 때 클러치 및 변속 레버의 작동은 천천히 한다.
㉰ 변속할 때에는 전방이 아닌 다른 방향으로 시선을 놓치지 않도록 주의해야 한다.
㉱ 왼손은 핸들을 조정하고, 오른손과 양발은 신속히 움직인다.

86 철길건널목에서의 방어운전으로 틀린 것은?

㉮ 철길건널목에 접근할 때에는 속도를 줄여 접근한다.
㉯ 일시정지 후에는 철도 좌·우의 안전을 확인한다.
㉰ 건널목을 통과할 때에는 반드시 기어를 변속하여 신속히 통과한다.
㉱ 건널목 건너편 여유 공간을 확인한 후에 통과한다,

해설

철길건널목에서의 방어운전은 ㉮,㉯,㉱항 이외에
건널목을 통과할 때에는 기어를 변속하지 않는다.

87 고속도로 진입부에서의 안전운전에 속하지 않는 것은?

㉮ 본선 진입의도를 다른 차량에게 방향지시등으로 알린다.
㉯ 본선 진입 전 충분히 감속하여 본선 차량의 교통흐름을 방해하지 않도록 한다.
㉰ 진입을 위한 가속차로 끝부분에서 감속하지 않도록 주의한다.
㉱ 고속도로 본선을 저속으로 진입하거나 진입 시기를 잘못 맞추면 추돌사고 등 교통사고가 발생할 수 있다.

해설

고속도로 진입부에서의 안전운전은 ㉮,㉰,㉱항 이외에
본선 진입 전 충분히 가속하여 본선 차량의 교통흐름을 방해하지 않도록 한다.

88 전방 가까운 곳을 보고 운전할 때의 징후들과 관계가 먼 것은?

㉮ 교통의 흐름에 맞지 않을 정도로 너무 빠르게 차를 운전한다.
㉯ 시인성이 낮은 상황에서 속도를 줄인다.
㉰ 차로의 한 쪽 편으로 치우쳐서 주행한다.
㉱ 우회전할 때 넓게 회전한다.

해설

초보운전자는 전방을 멀리 보지 못하는 어려움이 있으며, 시인성이 낮은 상황에서 속도를 줄이지 않는다.

89 커브길 주행 시의 주의사항이 아닌 것은?

㉮ 커브 길에서는 급핸들 조작이나 급제동을 하여도 상관없다.
㉯ 회전 중에 발생하는 가속은 원심력을 증가시켜 도로이탈의 위험이 발생하고, 감속은 차량의 무게중심이 한쪽으로 쏠려 차량의 균형이 쉽게 무너질 수 있으므로 불가피한 경우가 아니면 가속이나 감속은 하지 않는다.
㉰ 중앙선을 침범하거나 도로의 중앙선으로 치우친 운전을 하지 않는다. 항상 반대 차로에 차가 오고 있다는 것을 염두에 두고 주행차로를 준수하며 운전한다.
㉱ 시력이 볼 수 있는 범위(시야)가 제한되어 있다면 주간에는 경음기, 야간에는 전조등을 사용하여 내 차의 존재를 반대 차로 운전자에게 알린다.

해설

커브길 주행 시의 주의사항 ㉯,㉰,㉱항 이외에
① 커브 길에서는 기상상태, 노면상태 및 회전속도 등에 따라 차량이 미끄러지거나 전복될 위험이 증가하므로 부득이한 경우가 아니면 급핸들 조작이나 급제동은 하지 않는다.
② 급커브길 등에서의 앞지르기는 대부분 규제표지 및 노면표시 등 안전표지로 금지하고 있으나, 금지표지가 없다고 하더라도 전방의 안전이 확인 안 되는 경우에는 절대 하지 않는다.
③ 겨울철 커브 길은 노면이 얼어있는 경우가 많으므로 사전에 충분히 감속하여 안전사고가 발생하지 않도록 주의한다.

90 야간의 안전운전 방법에 속하지 않는 것은?

㉮ 선글라스를 착용하고 운전하도록 한다.
㉯ 커브 길에서는 상향등과 하향등을 적절히 사용하여 자신이 접근하고 있음을 알린다.
㉰ 대향차의 전조등을 직접 바라보지 않는다.
㉱ 자동차가 서로 마주보고 진행하는 경우에는 전조등 불빛의 방향을 아래로 향하게 한다.

91 다음 중 커브길 주행방법으로 맞는 것은?

㉮ 커브길에 진입하기 전에 경사도나 도로의 폭을 확인하고 고단기어로 변속하고 속도를 높인다.
㉯ 회전이 시작되는 곳에서 끝나는 곳까지 속도를 일정하게 유지한다.
㉰ 속도와 관계없이 풋 브레이크를 사용한다.
㉱ 엔진 브레이크만으로 속도가 충분히 줄지 않으면, 풋 브레이크를 사용하여 회전 중에 더 이상 감속하지 않도록 줄인다.

해설

커브길에서는 감속된 속도에 맞는 기어로 변속하고 풋브레이크와 엔진브레이크를 적절하게 사용하여 속도를 조절한다.

92 시가지도로 운전 중 안전운전을 위해 고려해야 할 3가지 요인으로 볼 수 없는 것은?

㉮ 시인성　　　　　　㉯ 시간
㉰ 공간　　　　　　　㉱ 주차

🚌해설
시가지도로 방어운전을 하기 위해서는 이러한 시가지 도로의 특성이 운전에 영향을 미치는 요인 – 시인성, 시간과 공간을 적절히 관리할 필요가 있다.

93 앞지르기를 해서는 아니 되는 경우에 속하지 않는 것은?

㉮ 앞차가 좌측으로 진로를 바꾸려고 하거나 다른 차를 앞지르려고 할 때
㉯ 앞차의 좌측에 다른 차가 나란히 가고 있을 때
㉰ 앞차가 자기 차를 앞지르려고 할 때
㉱ 마주 오는 차의 진행을 방해하게 될 염려가 있을 때

🚌해설
앞지르기를 해서는 아니 되는 경우는 ㉮,㉯,㉱항 이외에
① 뒤차가 자기 차를 앞지르려고 할 때
② 앞차가 교차로나 철길건널목 등에서 정지 또는 서행하고 있을 때
③ 앞차가 경찰공무원 등의 지시에 따르거나 위험방지를 위하여 정지 또는 서행하고 있을 때
④ 어린이통학버스가 어린이 또는 유아를 태우고 있다는 표시를 하고 도로를 통행할 때

94 운전 중 시인성을 높이는 방법으로 운전하기 전의 준비사항이 아닌 것은?

㉮ 차 안팎 유리창을 깨끗이 닦는다.
㉯ 성에 제거기, 와이퍼, 워셔 등이 제대로 작동되는지를 점검한다.
㉰ 후사경과 사이드 미러를 조정한다.
㉱ 선글라스, 창 닦게 등은 준비할 필요가 없다.

🚌해설
선글라스, 점멸등, 창 닦게 등을 준비하여 필요할 때 사용할 수 있도록 한다.

95 야간의 안전운전 방법에 속하지 않는 것은?

㉮ 해가 지기 시작하면 곧바로 전조등을 켜 다른 운전자들에게 자신을 알린다.
㉯ 주간보다 시야가 제한을 받지 않기 때문에 속도를 높여 운행한다.
㉰ 흑색 등 어두운 색의 옷차림을 한 보행자는 발견하기 곤란하므로 보행자의 확인에 더욱 세심한 주의를 기울인다.
㉱ 승합자동차는 야간에 운행할 때에 실내조명등을 켜고 운행한다.

96 겨울철 기상 특성이 아닌 것은?

㉮ 한반도는 북서풍이 탁월하고 강하여, 공기가 매우 습하다.
㉯ 겨울철 안개는 서해안에 가까운 내륙지역과 찬 공기가 쌓이는 분지지역에서 주로 발생하며, 빈도는 적으나 지속시간이 긴 편이다.
㉰ 대도시지역은 연기, 먼지 등 오염물질이 올라갈수록 기온이 상승되어 있는 기층 아래에 쌓여서 옅은 안개가 자주 나타난다.
㉱ 기온이 급강하고 한파를 동반한 눈이 자주 내리며, 눈길, 빙판길, 바람과 추위는 운전에 악영향을 미치는 기상특성을 보인다.

🚌해설
겨울철 기상 특성은 ㉯,㉰,㉱항 이외에
한반도는 북서풍이 탁월하고 강하여, 습도가 낮고 공기가 매우 건조하다.

97 방어운전은 주요 사고유형패턴이 실수를 예방하기 위한 방법으로 3단계 시계열적 과정의 핵심요소가 있는데, 다음 중 아닌 것은?

㉮ 위험의 인지　　　　㉯ 위험의 판단
㉰ 방어의 이해　　　　㉱ 제시간내 정확한 행동

🚌해설
방어운전의 3단계 핵심요소
위험의 인지, 방어의 이해, 제시간내의 정확한 행동

98 다음 중 경제운전의 기본적인 방법이 아닌 것은?

㉮ 가·감속을 부드럽게 한다.　㉯ 불필요한 공회전을 피한다.
㉰ 급회전을 피한다.　　　　　㉱ 항상 고속으로 주행한다.

99 안개길 안전운전 방법이 아닌 것은?

㉮ 전조등, 안개등 및 비상점멸표시등을 켜고 운행한다.
㉯ 가시거리가 100m 이내인 경우에는 최고속도를 20%정도 감속하여 운행한다.
㉰ 앞차와의 차간거리를 충분히 확보하고, 앞차의 제동이나 방향지시등의 신호를 예의 주시하며 운행한다.
㉱ 앞을 분간하지 못할 정도의 짙은 안개로 운행이 어려울 때에는 차를 안전한 곳에 세우고 잠시 기다린다.

🚌해설
안개길 안전운전은 ㉮,㉰,㉱항 이외에
① 가시거리가 100m 이내인 경우에는 최고속도를 50% 정도 감속하여 운행한다.
② 커브길 등에서는 경음기를 울려 자신이 주행하고 있다는 것을 알린다.

100 빗길 운전 시 안전운전 방법으로 거리가 먼 것은?

㉮ 비가 내려 노면이 젖어 있는 경우에느 최고속도의 20%를 줄인 속도로 운행한다.
㉯ 폭우로 가시거리가 100m 이내인 경우에는 최고속도의 50%를 감속하여 운행한다.
㉰ 물이 고인 길을 통과할 때에는 속도를 높여 신속하게 통과한다.
㉱ 보행자 옆을 통과할 때에는 속도를 줄여 흙탕물이 튀기지 않도록 주의한다.

🚌해설
물이 고인 길을 통과할 때에는 속도를 줄여 저속으로 통과한다. 브레이크에 물이 들어가면 브레이크 기능이 약해지거나 불균등하게 제동되면서 제동력을 감소시킬 수 있다.

101 운전 중 앞지르기할 때 발생하기 쉬운 사고 유형이 아닌 것은?

㉮ 최초 진로를 변경할 때에는 동일방향 좌측 후속 차량 또는 나란히 진행하던 차량과의 충돌
㉯ 중앙선을 넘어 앞지르기할 때에는 반대 차로에서 횡단하고 있는 보행자나 주행하고 있는 차량과의 충돌
㉰ 앞지르기를 시도하기 위해 앞지르기를 당하는 차량과의 근접주행으로 인한 정면 충돌
㉱ 앞지르기한 후 본선으로 진입하는 과정에서 앞지르기 당하는 차량과의 충돌

🚌해설
앞지르기를 시도하기 위해 앞지르기를 당하는 차량과의 근접주행으로 인한 후미 추돌사고가 자주 발생한다.

정답　92. ㉱　93. ㉰　94. ㉱　95. ㉯　96. ㉮　97. ㉯　98. ㉱　99. ㉯　100. ㉰　101. ㉰

102 주행하고 있을 때 기본운행 수칙이 아닌 것은?

㉮ 해질 무렵, 터널 등 조명조건이 불량한 경우에는 가속하여 주행한다.

㉯ 주택가나 이면도로 등은 돌발 상황 등에 대비하여 과속이나 난폭운전을 하지 않는다.

㉰ 주행하는 차들과 제한속도를 넘지 않는 범위 내에서 속도를 맞추어 주행한다.

㉱ 신호대기 중에 기어를 넣은 상태에서 클러치와 브레이크페달을 밟아 자세가 불안정하게 만들지 않는다.

103 여름철 장마와 무더위로 인한 불쾌지수가 높아질 때 운전 중 나타날 수 있는 현상이 아닌 것은?

㉮ 차량 조작이 민첩하지 못하고, 난폭운전을 하기 쉽다.

㉯ 주행 중에 예민해져 변화하는 교통상황을 냉정하게 판단하여 대응한다.

㉰ 불필요한 경음기 사용, 감정에 치우친 운전으로 사고 위험이 증가한다.

㉱ 스트레스가 가중돼 운전이 손에 잡히지 않고, 두통 소화불량 등 신체 이상이 나타날 수 있다.

🚌 해설

감정이 예민해져 사소한 일에도 언성을 높이고, 잘못을 전가하려는 신경질적인 반응을 보이기 쉽다

104 운전 중 정지할 때 기본 운행 수칙에 어긋나는 것은?

㉮ 정지할 때에는 미리 감속하여 급정지로 인한 타이어 흔적이 발생하지 않도록 한다.(엔진브레이크 및 저단 기어 변속활용)

㉯ 정지할 때까지 여유가 있는 경우에는 브레이크페달을 가볍게 2~3회 나누어 밟는 '단순조작'을 통해 정지한다.

㉰ 급정지할 때에는 핸드 브레이크와 풋 브레이크를 동시에 사용한다.

㉱ 미끄러운 노면에서는 제동으로 인해 차량이 회전하지 않도록 주의한다.

🚌 해설

급제동할 때에는 저단기어로 변속하면서 풋브레이크를 사용한다.

105 불쾌지수가 높으면 나타날 수 있는 현상이 아닌 것은?

㉮ 차량 조작이 민첩해지고, 난폭운전을 하지 않는다.

㉯ 사소한 일에도 언성을 높이고, 잘못을 전가하려는 신경질적인 반응을 보이기 쉽다.

㉰ 불필요한 경음기 사용, 감정에 치우친 운전으로 사고 위험이 증가한다.

㉱ 스트레스가 가중돼 운전이 손에 잡히지 않고, 두통, 소화불량 등 신체 이상이 나타날 수 있다.

🚌 해설

불쾌지수가 높으면 나타날 수 있는 현상은 ㉯,㉰,㉱항 이외에
차량 조작이 민첩하지 못하고, 난폭운전을 하기 쉽다.

106 출발하고자 할 때 기본운행 수칙이 아닌 것은?

㉮ 매일 운행을 시작할 때에는 후사경이 제대로 조정되어 있는지 확인한다.

㉯ 시동을 걸 때에는 기어가 들어가 있는 상태로 시동한다.

㉰ 주차브레이크가 채워진 상태에서는 출발하지 않는다.

㉱ 운전석은 운전자의 체형에 맞게 조절하여 운전자세가 자연스럽도록 한다.

🚌 해설

출발하고자 할 때 기본운행 수칙은 ㉮,㉰,㉱항 이외에
시동을 걸 때에는 기어가 들어가 있는지 확인한다. 기어가 들어가 있는 상태에서는 클러치페달을 밟지 않고 시동을 걸지 않는다.

107 다음 커브길에서의 핸들조작 통과방법으로 옳은 것은?

㉮ 슬로우 인 - 패스트 아웃 ㉯ 패스트 인 - 슬로우 아웃

㉰ 슬로우 인 - 슬로우 아웃 ㉱ 패스트 인 - 패스트 아웃

🚌 해설

커브길에서의 핸들조작은 슬로우 인 - 패스트 - 아웃(Show-in, Fast-out) 원리에 입각하여 커브 진입직전에 핸들조작이 자유로울 정도로 속도를 감속하여야 한다.

108 진로변경 위반에 해당하는 경우가 아닌 것은?

㉮ 주행차로로 운행하는 경우

㉯ 한 차로로 운행하지 않고 두 개 이상의 차로를 지그재그로 운행하는 행위

㉰ 갑자기 차로를 바꾸어 옆 차로로 끼어드는 행위

㉱ 여러 차로를 연속적으로 가로지르는 행위

🚌 해설

진로변경 위반에 해당하는 경우 ㉯,㉰,㉱항 이외에
① 두 개의 차로에 걸쳐 운행하는 경우
② 진로변경이 금지된 곳에서 진로를 변경하는 행위

109 봄철의 도로조건이 아닌 것은?

㉮ 이른 봄에는 일교차가 심해 새벽에 결빙된 도로가 발생할 수 있다.

㉯ 도로의 균열이나 낙석 위험이 적다.

㉰ 지반이 약한 도로의 가장자리를 운행할 때에는 도로변의 붕괴 등에 주의해야 한다.

㉱ 황사현상에 의한 모래바람은 운전자 시야 장애요인이 되기도 한다.

🚌 해설

봄철의 도로조건은 ㉮,㉰,㉱항 이외에
날씨가 풀리면서 겨우내 얼어있던 땅이 녹아 지반 붕괴로 인한 도로의 균열이나 낙석 위험이 크다.

110 겨울철 안전운행에 대한 설명으로 옳지 않은 것은?

㉮ 비포장 또는 산악도로 운행 시 월동비상장비를 휴대해야 한다.

㉯ 미끄러운 길에서는 충분한 차간 거리 확보 및 감속이 요구된다.

㉰ 미끄러운 길에서도 평상시와 같이 기어를 1단으로 놓고 출발한다.

㉱ 전·후방 교통 상황에 대한 세심한 주의가 필요하다.

🚌 해설

승용차는 평상시 1단으로 출발하는 것이 정상이나 빙판길과 같은 2단에 넣고 출발하는 것이 구동력을 완화시켜 바퀴가 헛도는 것을 방지할 수 있다.

정답 102. ㉮ 103. ㉯ 104. ㉰ 105. ㉮ 106. ㉯ 107. ㉮ 108. ㉮ 109. ㉯ 110. ㉰

제 4 편

운송서비스

제4편 운송서비스

1장. 여객운수종사자의 기본자세

1 서비스의 개념과 특징

1. 서비스의 개념

① 여객운송서비스는 버스를 이용하여 승객을 출발지에서 최종목적지까지 이동시키는 상업적행위를 말하며, 버스를 이용하여 승객을 대상으로 승객이 원하는 구간이동 서비스를 제공하는 행위 그 자체를 의미한다.

② 올바른 서비스 제공을 위한 5요소
  ㉮ 단정한 용모 및 복장   ㉯ 밝은 표정
  ㉰ 공손한 인사   ㉱ 친근한 말
  ㉲ 따뜻한 응대

2. 서비스의 특징

① **무형성** : 보이지 않는다.
② **동시성** : 생산과 소비가 동시에 발생하므로 재고가 발생하지 않는다.
③ **인적 의존성** : 사람에 의존한다.
④ **소멸성** : 즉시 사라진다.
⑤ **무소유권** : 가질 수 없다.
⑥ **기타**

· **변동성** : 운송서비스의 소비활동은 버스 실내의 공간적 제약 요인으로 인해 상황의 발생 정도에 따라 시간, 요일 및 계절별로 변동성을 가질 수 있다.
· **다양성** : 승객 욕구의 다양함과 감정의 변화, 서비스 제공자에 따라 상대적이며, 승객의평가 역시 주관적이어서 일관되고 표준화된 서비스 질을 유지하기 어렵다.

2 승객만족

1. 승객만족의 개념 및 중요성

① 승객만족이란 승객이 무엇을 원하고 있으며 무엇이 불만인 지 알아내어 승객의 기대에 부응하는 양질의 서비스를 제공함으로써 승객으로 하여금 만족감을 느끼게 하는 것이다.

② 승객을 만족시키기 위한 추진력과 분위기 조성은 경영자의 몫이라 할 수 있으나, 실제로 승객을 상대하고 승객을 만족시켜야 할 사람은 승객과 직접 접촉하는 최일선의 운전자이다.

③ 100명의 운수종사자 중 99명의 운수종사자가 바람직한 서비스를 제공한다 하더라도 승객이 접해본 단 한 명이 불만족스러웠다면 승객은 그 한 명을 통하여 회사전체를 평가하게된다.

2. 일방적인 승객의 욕구

① 기억되고 싶어 한다.
② 환영받고 싶어 한다.
③ 관심을 받고 싶어 한다.
④ 중요한 사람으로 인식되고 싶어 한다.
⑤ 편안해 지고 싶어 한다.
⑥ 존경받고 싶어 한다.
⑦ 기대와 욕구를 수용하고 인정받고 싶어 한다.

3. 승객만족을 위한 기본예절

① 승객을 기억한다.
② 자신의 것만 챙기는 이기주의는 바람직한 인간관계형성의 저해요소이다.

③ 약간의 어려움을 감수하는 것은 좋은 인간관계 유지를 위한 투자이다.
④ 예의란 인간관계에서 지켜야할 도리이다.
⑤ 연장자는 사회의 선배로서 존중하고, 공·사를 구분하여 예우한다.
⑥ 상스러운 말을 하지 않는다.
⑦ 승객에게 관심을 갖는 것은 승객으로 하여금 내게 호감을 갖게 한다.
⑧ 관심을 가짐으로써 인간관계는 더욱 성숙된다.
⑨ 승객의 입장을 이해하고 존중한다.
⑩ 승객의 여건, 능력, 개인차를 인정하고 배려한다.
⑪ 승객의 결점을 지적할 때에는 진지한 충고와 격려로 한다.
⑫ 승객을 존중하는 것은 돈 한 푼 들이지 않고 승객을 접대하는 효과가 있다.
⑬ 모든 인간관계는 성실을 바탕으로 한다.
⑭ 항상 변함없는 진실한 마음으로 승객을 대한다.

3 승객을 위한 행동예절

1. 이미지(Image)

① 이미지란 개인의 사고방식이나 생김새, 성격, 태도 등에 대해 상대방이 받아들이는 느낌을 말한다.

② 개인의 이미지는 본인에 의해 결정되는 것이 아니라 상대방이 보고 느낀 것에 의해 결정된다.

③ 긍정적인 이미지를 만들기 위한 3요소
  ㉮ 시선처리(눈빛)
  ㉯ 음성관리(목소리)
  ㉰ 표정관리(미소)

2. 인사

(1) 인사의 개념

① 인사는 서비스의 첫 동작이자 마지막 동작이다.
② 인사는 서로 만나거나 헤어질 때 말·태도 등으로 존경, 사랑, 우정을 표현하는 행동양식이다.
③ 상대의 인격을 존중하고 배려하며 경의를 표시하는 수단으로 마음, 행동, 말씨가 일치되어 승객에게 공경의 뜻을 전달하는 방법이다.
④ 상사에게는 존경심을, 동료에게는 우애와 친밀감을 표현할 수 있는 수단이다.

(2) 인사의 중요성

① 인사는 평범하고도 대단히 쉬운 행동이지만 생활화되지 않으면 실천에 옮기기 어렵다.
② 인사는 애사심, 존경심, 우애, 자신의 교양 및 인격의 표현이다.
③ 인사는 서비스의 주요 기법 중 하나이다.
④ 인사는 승객과 만나는 첫 걸음이다.
⑤ 인사는 승객에 대한 마음가짐의 표현이다.
⑥ 인사는 승객에 대한 서비스정신의 표시이다.

(3) 잘못된 인사

① 턱을 쳐들거나 눈을 치켜뜨고 하는 인사
② 할까 말까 망설이다 하는 인사
③ 성의 없이 말로만 하는 인사
④ 무표정한 인사
⑤ 경황없이 급히 하는 인사
⑥ 뒷짐을 지고 하는 인사

⑦ 상대방의 눈을 보지 않고 하는 인사
⑧ 자세가 흐트러진 인사
⑨ 머리만 까닥거리는 인사
⑩ 고개를 옆으로 돌리고 하는 인사

(4) 올바른 인사
① 표정 ; 밝고 부드러운 미소를 짓는다
② 고개 : 반듯하게 들되, 턱을 내밀지 않고 자연스럽게 당긴다.
③ 시선 : 인사 전·후에 상대방의 눈을 정면으로 바라보며, 상대방을 진심
으로 존중하는 마음을 눈빛에 담아 인사한다.
④ 머리와 상체 : 일직선이 되도록 하며 천천히 숙인다.
⑤ 입 : 미소를 짓는다
⑥ 손 : 남자는 가볍게 쥔 주먹을 바지 재봉 선에 자연스럽게 붙이고, 주머
니에 넣고 하는 일이 없도록 한다.
⑦ 발 : 뒤꿈치를 붙이되, 양발의 각도는 여자 15°, 남자는 30° 정도를 유
지한다.
⑧ 음성 : 적당한 크기와 속도로 자연스럽게 말한다.
⑨ 인사 : 본 사람이 먼저 하는 것이 좋으며, 상대방이 먼저 인사한 경우에
는 응대한다.

3. 호감 받는 표정관리

① 표정
마음속의 감정이나 정서 따위의 심리 상태가 얼굴에 나타난 모습을 말
하며, 다분히 주관적이고 순간순간 변할 수 있고 다양하다.

② 표정의 중요성
㉮ 표정은 첫인상을 좋게 만든다
㉯ 첫인상은 대면 직후 결정되는 경우가 많다.
㉰ 상대방에 대한 호감도를 나타낸다.
㉱ 상대방과의 원활하고 친근한 관계를 만들어 준다.
㉲ 업무 효과를 높일 수 있다.
㉳ 밝은 표정은 호감 가는 이미지를 형성하여 사회생활에 도움을 준다.
㉴ 밝은 표정과 미소는 신체와 정신 건강을 향상시킨다.

③ 밝은 표정의 효과
㉮ 자신의 건강증진에 도움이 된다.
㉯ 상대방과의 호감 형성에 도움이 된다.
㉰ 상대방으로부터 느낌을 직접 받아들여 상대방과 자신이 서로 통한
다고 느끼는 감정이입(感情移入) 효과가 있다.
㉱ 업무능률 향상에 도움이 된다.

④ 시선처리
㉮ 자연스럽고 부드러운 시선으로 상대를 본다.
㉯ 눈동자는 항상 중앙에 위치하도록 한다.
㉰ 가급적 승객의 눈높이와 맞춘다.

> **해설**
> **승객이 싫어하는 시선**
> 위로 치켜뜨는 눈, 곁눈질, 한 곳만 응시하는 눈, 위·아래로 훑어보는 눈

⑤ 좋은 표정 만들기
㉮ 밝고 상쾌한 표정을 만든다.
㉯ 얼굴전체가 웃는 표정을 만든다.
㉰ 돌아서면서 표정이 굳어지지 않도록 한다.
㉱ 입은 가볍게 다문다.
㉲ 입의 양 꼬리가 올라가게 한다.

⑥ 잘못된 표정
㉮ 상대의 눈을 보지 않는 표정
㉯ 무관심하고 의욕이 없는 무표정

㉰ 입을 일자로 굳게 다문 표정
㉱ 갑자기 표정이 자주 변하는 얼굴
㉲ 눈썹 사이에 세로 주름이 지는 찡그리는 표정
㉳ 코웃음을 치는 것 같은 표정

⑦ 승객 응대 마음가짐 10가지
㉮ 사명감을 가진다.
㉯ 승객의 입장에서 생각한다.
㉰ 원만하게 대한다.
㉱ 항상 긍정적으로 생각한다.
㉲ 승객이 호감을 갖도록 한다.
㉳ 공사를 구분하고 공평하게 대한다.
㉴ 투철한 서비스 정신을 가진다.
㉵ 예의를 지켜 겸손하게 대한다.
㉶ 자신감을 갖고 행동한다.
㉷ 부단히 반성하고 개선해 나간다.

4. 악수

① 악수는 상대방과의 신체접촉을 통한 친밀감을 표현하는 행위로 바른
동작이 필요하다.
② 악수를 할 경우에는 상사가 아랫사람에게 먼저 손을 내민다.
③ 상사가 악수를 청할 경우 아랫사람은 먼저 가볍게 목례를 한 후 오른손
을 내민다.
④ 악수하는 손을 흔들거나, 손을 꽉 잡거나, 손끝만 잡는 것은 좋은 태도
가 아니다.
⑤ 악수하는 도중 상대방의 시선을 피하거나 다른 곳을 응시하여서는 아
니 된다.
⑥ 악수를 청하는 사람과 받는 사람
㉮ 기혼자가 미혼자에게 청한다.
㉯ 선배가 후배에게 청한다.
㉰ 여자가 남자에게 청한다.
㉱ 승객이 직원에게 청한다.

5. 용모 및 복장

① 좋은 옷차림을 한다는 것은 단순히 좋은 옷을 멋지게 입는다는 뜻이 아
니다. 때와 장소에 맞추어 자신의 생활에 맞추어 옷을 '올바르게' 입는
다는 뜻이다.

② 단정한 용모와 복장의 중요성
㉮ 승객이 받는 첫인상을 결정한다.
㉯ 회사의 이미지를 좌우하는 요인을 제공한다.
㉰ 하는 일의 성과에 영향을 미친다.
㉱ 활기찬 직장 분위기 조성에 형향을 준다.

③ 근무복에 대한 공·사적인 입장
㉮ 공적인 입장(운수업체 입장)
㉠ 시각적인 안정감과 편안함을 승객에게 전달할 수 있다.
㉡ 종사자의 소속감 및 애사심 등 심리적인 효과를 유발시킬 수 있다.
㉢ 효율적이고 능동적인 업무처리에 도움을 줄 수 있다.
㉯ 사적인 입장(종사자 입장)
㉠ 사복에 대한 경제적 부담이 완화될 수 있다.
㉡ 승객에게 신뢰감을 줄 수 있다.

④ 복장의 기본원칙
㉮ 깨끗하게　　　　㉯ 단정하게
㉰ 품위 있게　　　　㉱ 규정에 맞게
㉲ 통일감 있게　　　㉳ 계절에 맞게
㉴ 편한 신발을 신되, 샌들이나 슬리퍼는 삼간다.

⑤ 승객에게 불쾌감을 주는 몸가짐

- ㉮ 충혈 되어 있는 눈
- ㉯ 잠잔 흔적이 남아 있는 머릿결
- ㉰ 정리되지 않은 덥수룩한 수염
- ㉱ 길게 자란 코털
- ㉲ 지저분한 손톱
- ㉳ 무표정한 얼굴 등

6. 언어예절

(1) 대화의 4원칙

① 밝고 적극적으로 말한다.
② 공손하게 말한다.
③ 명료하게 말한다.
④ 품위 있게 말한다.

(2) 승객에 대한 호칭과 지칭

① 누군가를 부르는 말은 그 사람에 대한 예의를 반영하므로 매우 조심스럽게 써야 한다.

② '고객'보다는 '차를 타는 손님'이라는 뜻이 담긴 '승객'이나 '손님'을 사용하는 것이 좋다.

③ 할아버지, 할머니 등 나이가 드신 분들은 '어르신'으로 호칭하거나 지칭한다.

④ '아줌마', '아저씨'는 상대방을 높이는 느낌이 들지 않으므로 호칭이나 지칭으로 사용하지 않는다.

⑤ 초등학생과 미취학 어린이에게는 ○○○어린이 / 학생의 호칭이나 지칭을 사용하고 중·고등학생은 ○○○승객이나 손님으로 성인에 준하여 호칭하거나 지칭한다. 잘 아는 사람이라면 이름을 불러 친근감을 줄 수 있으나 공대말을 사용하여 존중하는 느낌을 받도록 한다.

(3) 대화할 때의 주의사항

① 듣는 입장에서의 주의사항

- ㉮ 침묵으로 일관하는 등 무관심한 태도를 취하지 않는다.
- ㉯ 불가피한 경우를 제외하고 가급적 논쟁은 피한다.
- ㉰ 상대방의 말을 중간에 끊거나 말참견을 하지 않는다.
- ㉱ 다른 곳을 바라보면서 말을 듣고 말하지 않는다.
- ㉲ 건성으로 듣고 대답하지 않는다.
- ㉳ 팔짱을 끼고 손장난을 치지 않는다.

② 말하는 입장에서의 주의사항

- ㉮ 불평불만을 함부로 말하지 않는다.
- ㉯ 전문적인 용어나 외래어를 남용하지 않는다.
- ㉰ 욕설, 독설, 험담, 과장된 몸짓은 하지 않는다.
- ㉱ 남을 중상 모략하는 언동은 조심한다.
- ㉲ 쉽게 흥분하거나 감정에 치우치지 않는다.
- ㉳ 손아랫사람이라 할지라도 농담은 조심스럽게 한다.
- ㉴ 함부로 단정하고 말하지 않는다.
- ㉵ 상대방의 약점을 잡아 말하는 것은 피한다.
- ㉶ 일부를 보고, 전체를 속단하여 말하지 않는다.
- ㉷ 도전적으로 말하는 태도나 버릇은 조심한다.
- ㉸ 자기 이야기만 일방적으로 말하는 행위는 조심한다.

7. 흡연 예절

(1) 금연해야 하는 장소 : 다른 사람에게 흡연의 피해를 줄 수 있는 곳

① 승객이 타고 있는 버스 안
② 보행중인 도로

③ 승객대기실 또는 승강장
④ 금연식당 및 공공장소
⑤ 다른 사람에게 간접흡연의 영향을 줄 수 있는 장소
⑥ 사무실 내

8. 직업관

(1) 직업의 개념과 의미

직업이란 경제적 소득을 얻거나 사회적 가치를 이루기 위해 참여하는 계속적인 활동으로 삶의 한 과정이다.

(2) 직업의 의미

① 경제적 의미

- ㉮ 직업을 통해 안정된 삶을 영위해 나갈 수 있어 중요한 의미를 가진다.
- ㉯ 직업은 인간 개개인에게 일할 기회를 제공한다.
- ㉰ 일의 대가로 임금을 받아 본인과 가족의 경제생활을 영위한다.

② 심리적 의미

- ㉮ 삶의 보람과 자기실현에 중요한 역할을 하는 곳으로 사명감과 소명의식을 갖고 정성과 정열을 쏟을 수 있는 곳이다.
- ㉯ 인간은 직업을 통해 자신의 이상을 실현한다.
- ㉰ 인간의 잠재적 능력, 타고난 소질과 적성 등이 직업을 통해 개발되고 발전된다.

③ 사회적 의미

- ㉮ 직업을 통해 원만한 사회생활과 인간관계 및 봉사를 하게 되며, 자신이 맡은 역할을 수행하여 능력을 인정받는 곳이다.
- ㉯ 사람은 누구나 직업을 통해 타인의 삶에 도움을 주기도 하고, 사회에 공헌하며 사회발전에 기여하게 된다.
- ㉰ 직업은 사회적으로 유용한 것이어야 하며, 사회발전 및 유지에 도움이 되어야 한다.

(3) 직업관에 대한 이해

① 직업관이란 특정한 개인이나 사회의 구성원들이 직업에 대해 갖고 있는 태도나 가치관을 말한다.

② 생계유지의 수단, 개성발휘의 장, 사회적 역할의 실현 등 서로 상응관계에 있는 3가지 측면에서 직업을 인식할 수 있으나, 어느 측면을 보다 강조하느냐에 따라서 각기 특유의 직업관이 성립된다.

③ 바람직한 직업관
- ㉮ 소명의식을 지닌 직업관
- ㉯ 사회구성원으로서의 역할 지향적 직업관
- ㉰ 미래 지향적 전문능력 중심의 직업관

④ 잘못된 직업관
- ㉮ 생계유지 수단적 직업관
- ㉯ 지위 지향적 직업관
- ㉰ 귀속적 직업관
- ㉱ 차별적 직업관
- ㉲ 폐쇄적 직업관

(4) 올마른 직업윤리

① 소명의식
② 천직의식
③ 직분의식
④ 봉사정신
⑤ 전문의식
⑥ 책임의식

1 운송사업자 준수사항

1. 일반적인 준수사항

① 운송사업자는 노약자·장애인 등에 대해서는 특별한 편의를 제공해한 한다.

② 운송사업자는 운수종사자로 하여금 복장 및 모자를 자유롭게 착용하게 하여야 한다.

③ 운송사업자는 자동차를 항상 깨끗하게 유지하여야 하며, 관할관청이 실시하거나 관할관청과 조합이 합동으로 실시하는 청결상태 등의 확인을 받아야 한다.

④ 운송사업자는 다음의 사항을 승객이 자동차 안에서 쉽게 볼 수 있는 위치에 게시하여야 한다.
⑦ 회사명, 자동차번호, 운전자 성명, 불편사항 연락처 및 차고지 등을 적은 표지판
⑥ 운행계통도(노선운송사업자[시내버스, 농어촌버스, 마을버스, 시외버스]만 해당)

⑤ 노선운송사업자는 다음의 사항을 일반인이 보기 쉬운 영업소 등의 장소에 사전에 게시해야 한다.
⑦ 사업자 및 영업소의 명칭
⑥ 운행시간표(운행횟수가 빈번한 운행계통에서는 첫차 및 마지막차의 출발시간과 운행 간격)
⑥ 정류소 및 목적지별 도착시간(시외버스운송사업자만 해당한다.)
⑧ 사업을 휴업 또는 폐업하려는 경우 그 내용의 예고
⑩ 영업소를 이전하려는 경우에는 그 이전의 예고
⑭ 그 밖에 이용자에게 알릴 필요가 있는 사항

⑥ 운송사업자는 운수종사자로 하여금 여객을 운송할 때에는 다음의 사항을 성실하게 지키도록 하고, 이를 항상 지도·감독해야 한다.
⑦ 정류소에서 주차 또는 정차할 때에는 질서를 문란하게 하는 일이 없도록 할 것
⑥ 정비가 불량한 사업용자동차를 운행하지 않도록 할 것
⑥ 위험방지를 위한 운송사업자·경찰공무원 또는 도로관리청 등의 조치에 응하도록 할 것
⑧ 교통사고를 일으켰을 때에는 긴급조치 및 신고의 의무를 충실하게 이행하도록 할 것
⑩ 자동차의 차체가 헐었거나 망가진 상태로 운행하지 않도록 할 것

⑦ 시외버스운송사업자(승차권의 판매를 위탁받은 자 포함)는 운임을 받을 때에는 다음의 사항을 적은 일정한 양식의 승차권을 발행해야 한다.

⑧ 시외버스운송사업자가 여객운송에 딸린 우편물·신문이나 여객의 휴대화물을 운송할 때에는 특약이 있는 경우를 제외하고 다음의 사항 중 필요한 사항을 적은 화물표를 우편물 등을 보내는 자나 휴대화물을 맡긴 여객에게 줘야 한다.

⑨ 우편물 등을 운송하는 시외버스운송사업자는 해당 영업소에 우편물 등의 보관에 필요한 시설을 갖춰야 한다.

⑩ 시외버스운송사업자는 우편물 등의 멸실·파손 등으로 인하여 그 우편물 등을 받을 사람에게 인도할 수 없을 때에는 우편물 등을 보낸 사람에게 지체 없이 그 사실을 통지해야 한다.

⑪ 전세버스운송사업자 및 특수여객자동차운송사업자는 운임 또는 요금을 받았을 때에는 영수증을 발급해야 한다.

⑫ 운송사업자는 '자동차안전기준에 관한 규칙'에 따른 속도 제한장치 또는 운행기록계가 장착된 운송사업용 자동차를 해당 장치 또는 기기가 정상적으로 작동되는 상태에서 운행되도록 해야 한다.

2. 자동차의 장치 및 설비 등에 관한 준수사항

(1) 노선버스

① 하차문이 있는 노선버스(시외직행, 시외고속 및 시외우등고속은 제외한다)는 여객이 하차 시 하차문이 닫힘으로써 여객에게 상해를 줄 수 있는 경우에 하차문의 동작이 멈추거나 열리도록 하는 압력감지기 또는 전자감응장치를 설치하고, 하차문이 열려 있으면 가속페달이 작동하지 않도록 하는 가속페달 잠금장치를 설치해야 한다.

② 난방장치 및 냉방장치를 설치해야 한다. 다만, 농어촌버스의 경우 도지사가 운행노선상의 도로사정 등으로 냉방장치를 설치하는 것이 적합하지 않다고 인정할 때에는 그 차 안에 냉방장치를 설치하지 않을 수 있다.

③ 시내버스 및 농어촌버스의 차 안에는 안내방송장치를 갖춰야 하며, 정차신호용 버저를 작동시킬 수 있는 스위치를 설치해야 한다.

④ 시내버스, 농어촌버스, 마을버스 및 일반형시외버스의 차실에는 입석여객의 안전을 위하여 손잡이대 또는 손잡이를 설치해야 한다. 다만, 냉방장치에 지장을 줄 우려가 있다고 인정되는 경우에는 그 손잡이대를 설치하지 않을 수 있다.

⑤ 버스의 앞바퀴에는 재생한 타이어를 사용해서는 안 된다.

⑥ 시외우등고속버스, 시외고속버스 및 시외직행버스의 앞바퀴의 타이어는 튜브 리스 타이어를 사용해야 한다.

⑦ 버스의 차체에는 행선지를 표시할 수 있는 설비를 설치해야 한다.

⑧ 시외버스(시외중형버스는 제외한다)의 차 안에는 휴대물품을 들 수 있는 선반(시외중형버스의 경우에는 적재함을 말한다)과 차 밑 부분에 별도의 휴대물품 적재함을 설치해야 한다.

⑨ 시외버스의 경우에는 운행형태에 따라 원동기의 출력기준에 맞는 자동차를 운행해야 한다.

⑩ 시내버스운송사업용 자동차 중 시내일반버스의 경우에는 국토교통부장관이 정하여 고시하는 설치기준에 따라 운전자의 좌석 주변에 운전자를 보호할 수 있는 구조의 격벽시설을 설치하여야 한다.

(2) 전세버스

① 난방장치 및 냉방장치를 설치해야 한다.

② 앞바퀴는 재생한 타이어를 사용해서는 안된다.

③ 앞바퀴의 타이어는 튜브 리스 타이어를 사용해야 한다.

④ 13세 미만의 어린이의 통학을 위하여 학교 및 보육시설의 장과 운송계약을 체결하고 운행하는 전세버스의 경우에는 「도로교통법」에 따른 어린이 통학버스의 신고를 하여야 한다.

(3) 장의자동차

① 관은 차 외부에서 싣고 내릴 수 있도록 해야 한다.

② 관을 싣는 장치는 차 내부에 있는 장례에 참여하는 사람이 접촉할 수 없도록 완전히 격리된 구조로 해야 한다.

③ 운구전용 장의자동차에는 운전자의 좌석 및 장례에 참여하는 사람이 이용하는 두 종류 이하의 좌석을 제외하고는 다른 좌석을 설치해서는 안 된다.

④ 차 안에는 난방장치를 설치해야 한다.

⑤ 일반장의 자동차의 앞바퀴에는 재생한 타이어를 사용해서는 안된다.

2 운수종사자 준수사항 |||||||||||||||||||||

(1) 일반적인 준수사항

① 여객의 안전과 사고예방을 위하여 운행 전 사업용 자동차의 안전 설비 및 등화장치 등의 이상 유무를 확인해야 한다.

② 질병·피로·음주나 그 밖의 사유로 안전한 운전을 할 수 없을 때에는 그 사정을 해당 운송사업자에게 알려야 한다.

③ 자동차의 운행 중 중대한 고장을 발견하거나 사고가 발생할 우려가 있다고 인정될 때에는 즉시 운행을 중지하고 적절한 조치를 해야 한다.

④ 운전업무 중 해당 도로에 이상이 있었던 경우에는 운전업무를 마치고 교대할 때에 다음 운전자에게 알려야 한다.

⑤ 관계 공무원으로부터 운전면허증, 신분증 또는 자격증의 제시 요구를 받으면 즉시 이에 따라야 한다.

⑥ 여객이 타고 있는 때에는 버스 또는 택시 안에서 담배를 피워서는 안 된다.

⑦ 사고로 인하여 사상자가 발생하거나 사업용 자동차의 운행을 중단할 때에는 사고의 상황에 따라 적절한 조치를 취해야 한다.

⑧ 복장과 모자는 자유롭게 착용할 수 있다. 다만, 서비스 향상 등을 위하여 관할관청이 필요하다고 인정하여 자율적으로 정한 경우에는 그러하지 아니하다.

⑨ 그 밖에 여객자동차 운수사업법 시행규칙에 따라 운송사업자가 지시하는 사항을 이행해야 한다.

(2) 안전운행과 다른 승객의 편의를 위한 사항

여객이 다음 행위를 할 때에는 안전운행과 다른 승객의 편의를 위하여 이를 제지하고 필요한 사항을 안내해야 한다.

① 다른 여객에게 위해를 끼칠 우려가 있는 폭발성 물질, 인화성 물질 등의 위험물을 자동차 안으로 가지고 들어오는 행위

② 다른 여객에게 위해를 끼치거나 불쾌감을 줄 우려가 있는 동물(장애인 보조견 및 전용 운반상자에 넣은 애완동물은 제외)을 자동차 안으로 데리고 들어오는 행위

③ 자동차의 출입구 또는 통로를 막을 우려가 있는 물품을 자동차 안으로 가지고 들어오는 행위

3 운전예절 |||||||||||||||||||||

1. 교통질서의 중요성

① 제한된 도로 공간에서 많은 운전자가 안전한 운전을 하기 위해서는 운전자의 질서의식이 제고되어야 한다.

② 타인도 쾌적하고 자신도 쾌적한 운전을 하기 위해서는 모든 운전자가 교통질서를 준수해야한다.

③ 교통사고로부터 국민의 생명 및 재산을 보호하고, 원활한 교통흐름을 유지하기 위해서는 운전자 스스로 교통질서를 준수해야 한다.

2. 사업용 운전자의 사명과 자세

(1) 운전자의 사명

① 타인의 생명도 내 생명처럼 존중 : 사람의 생명은 이 세상 다른 무엇보다도 존귀하고 소중하며, 안전운행을 통해 인명손실을 예방할 수 있다.

② 사업용 운전자는 '공인'이라는 사명감 필요 : 승객의 소중한 생명을 보호할 의무가 있는 공인이라는 사명감이 수반되어야 한다.

(2) 운전자가 가져야 할 기본자세

① 교통법규 이해와 준수
② 여유 있는 양보운전
③ 주의력 집중
④ 심신상태 안정
⑤ 추측운전 금지
⑥ 운전기술 과신은 금물
⑦ 배출가스로 인한 대기오염 및 소음공해 최소화 노력

3. 올바른 운전예절

(1) 운전자가 지켜야 하는 행동

① **횡단보도에서의 올바른 행동**

㉠ 신호등이 없는 횡단보도를 통행하고 있는 보행자가 있으면 일시정지 하여 보행자를 보호한다.

㉡ 보행자가 통행하고 있는 횡단보도 내로 차가 진입하지 않도록 정지선을 지킨다.

② **전조등의 올바른 사용**

㉠ 야간운행 중 반대차로에서 오는 차가 있으면 전조등을 하향등으로 조정하여 상대 운전자의 눈부심 현상을 방지한다.

㉡ 야간에 커브 길을 진입하기 전에 반대차로를 주행하고 있는 차의 전조등 불빛이 보이지 않으면 상향등을 깜박거려 자신의 진입을 알린다.

③ **차로변경에서의 올바른 행동**

㉠ 방향지시등을 작동시킨 후 차로를 변경하고 있는 차가 있는 경우에는 속도를 줄여 진입이 원활하도록 도와준다.

㉡ 차로변경의 도움을 받았을 때에는 비상등을 2~3회 작동시켜 양보에 대한 고마움을 표현한다.

④ **교차로를 통과할 때의 올바른 행동**

㉠ 교차로 전방의 정체 현상으로 통과하지 못할 때에는 교차로에 진입하지 않고 대기한다.

㉡ 앞 신호에 따라 진행하고 있는 차가 있는 경우에는 안전하게 통과하는 것을 확인하고 출발한다.

(2) 운전자가 삼가야 하는 행동

① 지그재그 운전으로 다른 운전자를 불안하게 만드는 행동은 하지 않는다.

② 과속으로 운행하며 급브레이크를 밟는 행위는 하지 않는다.

③ 운행 중에 갑자기 끼어들거나 다른 운전자에게 욕설을 하지 않는다.

④ 도로상에서 사고가 발생한 경우 차량을 세워 둔 채로 시비, 다툼 등의 행위로 다른 차량의 통행을 방해하지 않는다.

⑤ 운행 중에 갑자기 오디오 볼륨을 크게 작동시켜 승객을 놀라게 하거나, 경음기 버튼을 작동시켜 다른 운전자를 놀라게 하지 않는다.

⑥ 신호등이 바뀌기 전에 빨리 출발하라고 전조등을 켰다 껐다하거나, 경음기로 재촉하는 행위를 하지 않는다.

⑦ 교통 경찰관의 단속에 불응하거나 항의하는 행위를 하지 않는다.

⑧ 갓길로 통행하지 않는다.

4 운전자 주의사항

1. 교통관련 법규 및 사내 안전관리 규정 준수

① 배차지시 없이 임의 운행금지

② 정당한 사유 없이 지시된 운행노선을 임의로 변경운행 금지

③ 승차 지시된 운전자 이외의 타인의 대리운전 금지

④ 사전승인 없이 타인을 승차시키는 행위 금지

⑤ 운전에 악영향을 미치는 음주 및 약물복용 후 운전 금지

⑥ 철길건널목에서는 일시정지 준수 및 정차 금지

⑦ 도로교통법에 따라 취득한 운전면허로 운전할 수 있는 차종 이외의 차량 운전금지

⑧ 자동차 전용도로, 급한 경사길 등에서는 주·정차 금지

⑨ 기타 사회적인 물의를 일으키거나 회사의 신뢰를 추락시키는 난폭운전 등의 운전 금지

⑩ 차는 이동하는 회사 홍보도구로써 청결 유지. 차의 내·외부를 청결하게 관리하여 쾌적한 운행환경 유지

2. 운행 전 준비

① 용모 및 복장을 확인(단정하게)한다.

② 승객에게는 항상 친절하게 하며 불쾌한 언행을 금지한다.

③ 차의 내·외부를 항상 청결하게 유지한다.

④ 운행 전 일상점검을 철저히 하고 이상이 발견되면 관리자에게 즉시 보고하여 조치 받은 후 운행한다.

⑤ 배차사항, 지시 및 전달사항 등을 확인한 후 운행한다.

3. 운행 중 주의

① 주·정차 후 출발할 때에는 차량주변의 보행자, 승·하차자 및 노상취객 등을 확인한 후 안전하게 운행한다.

② 내리막길에서는 풋 브레이크 장시간 사용하지 않고, 엔진 브레이크 등을 적절히 사용하여 안전하게 운행한다.

③ 보행자, 이륜차, 자전거 등과 교행, 병진할 때에는 서행하며 안전거리를 유지하면서 운행한다.

④ 후진할 때에는 유도요원을 배치하여 수신호에 따라 안전하게 후진한다.

⑤ 눈길, 빙판길 등은 체인이나 스노타이어를 장착한 후 안전하게 운행한다.

⑥ 뒤따라오는 차량이 추월하는 경우에는 감속 등을 통한 양보 운전한다.

4. 교통사고에 따른 조치

① 교통사고를 발생시켰을 때에는 도로교통법령에 따라 현장에서의 인명구호, 관할 경찰서 신고 등의 의무를 성실히 이행한다.

② 어떤 사고라도 임의로 처리하지말고, 사고발생 경위를 육하원칙에 따라 거짓없이 정확하게 회사에 보고한다.

③ 사고처리 결과에 대해 개인적으로 통보를 받았을 때에는 회사에 보고한 후 회사의 지시에 따라 조치한다.

5. 운전자, 신상변동 등에 따른 보고

① 결근, 지각, 조퇴가 필요하거나, 운전면허증 기재사항 변경, 질병 등 신상변동이 발생한 때에는 즉시 회사에 보고한다.

② 운전면허 정지 및 취소 등의 행정처분을 받았을 때에는 즉시 회사에 보고하여야 하며, 어떠한 경우라도 운전을 해서는 아니 된다.

제4편

운송서비스
3장. 교통시스템에 대한 이해

1 버스준공영제

1. 개요

(1) 버스운영체제의 유형

① 공영제는 정부가 버스노선의 계획에서부터 버스차량의 소유·공급, 노선의 조정, 버스의 운행에 따른 수입금 관리 등 버스 운영체계의 전반을 책임지는 방식이다.

② 민영제는 민간이 버스노선의 결정, 버스운행 및 서비스의 공급 주체가 되고, 정부규제는 최소화하는 방식이다.

③ 버스준공영제는 노선버스 운영에 공공개념을 도입한 형태로 운영은 민간, 관리는 공공영역에서 담당하게 운영체제를 말한다.

(2) 공영제와 민영제의 장단점 비교

① 공영제의 장점

㉮ 종합적 도시교통계획 차원에서 운행서비스 공급이 가능

㉯ 노선의 공유화로 수요의 변화 및 교통수단간 연계차원에서 노선조정, 신설, 변경 등이 용이

㉰ 연계·환승시스템, 정기권 도입 등 효율적 운영체계의 시행이 용이

㉱ 서비스의 안정적 확보와 개선이 용이

㉲ 수익노선 및 비수익노선에 동등한 양질의 서비스 제공이 용이

㉳ 저렴한 요금을 유지할 수 있어 서민대중을 보호하고 사회적 분배효과 고양

② 공영제의 단점

㉮ 책임의식 결여로 생산성 저하

㉯ 요금인상에 대한 이용자들의 압력을 정부가 직접 받게 되어 요금조정이 어려움

㉰ 운전자 등 근로자들이 공무원화 될 경우 인건비 증가 우려

㉱ 노선 신설, 정류소 신설, 인사 청탁 등 외부간섭의 증가로 비효율성 증대

③ 민영제의 장점

㉮ 민간이 버스노선 결정 및 운행서비스를 공급함으로 공급비용을 최소화 할 수 있음

㉯ 업무성적과 보상이 연관되어 있고 엄격한 지출통제에 제한받지 않기 때문에 민간회사가 보다 효율적임

㉰ 민간회사들이 보다 혁신적임

㉱ 버스시장의 수요·공급체계의 유연성

㉲ 정부규제 최소화로 행정비용 및 정부재정지원의 최소화

④ 민영제의 단점

㉮ 노선의 사유화로 노선의 합리적 개편이 적시적소에 이루어지기 어려움

㉯ 노선의 독점적 운영으로 업체 간 수입격차가 극심하여 서비스 개선곤란

㉰ 비수익노선의 운행서비스 공급 애로

㉱ 타 교통수단과의 연계교통체계 구축이 어려움

㉲ 과도한 버스 운임의 상승

(3) 준공영제의 특징

① 버스의 소유·운영은 각 버스업체가 유지

② 버스노선 및 요금의 조정, 버스운행 관리에 대해서는 지방자치단체가 개입

③ 지방자치단체의 판단에 의해 조정된 노선 및 요금으로 인해 발생된 운송수지적자에 대해서는 지방자치단체가 보전

④ 노선체계의 효율적인 운영

⑤ 표준운송원가를 통한 경영효율화 도모

⑥ 수준 높은 버스 서비스 제공

2. 버스준공영제의 유형

(1) 형태에 의한 분류

① 노선 공동관리형

② 수입금 공동관리형

③ 자동차 공동관리형

(2) 버스업체 지원형태에 의한 분류

① 직접 지원형 : 운영비용이나 자본비용을 보조하는 형태

② 간접 지원형 : 기반시설이나 수요증대를 지원하는 형태

> **해설**
>
> **국내 버스준공영제의 일반적인 형태**
> 수입금 공동관리제를 바탕으로 표준운송원가 대비 운송수입금 부족분을 지원하는 직접 지원형

3. 주요 도입 배경

(1) 현행 민영체제 하에서 버스운영의 한계

① 오랜 기간 동안 버스서비스를 민간 사업자에게 맡김으로 인해 노선이 사유화되고 이로 인해 적지 않은 문제점이 내재하고 있음

② 버스노선의 사유화로 비효율적 운영

③ 버스업체의 자발적 경영개선의 한계

④ 노·사 대립으로 인한 사회적 갈등

(2) 버스교통의 공공성에 따른 공공부문의 역할분담 필요
(3) 복지국가로서 보편적 버스교통 서비스 유지 필요
(4) 교통효율성 제고를 위해 버스교통의 활성화 필요

2 버스요금제도

1. 버스요금의 관할관청

① 버스운임의 기준·요율 결정 및 신고의 관할관청은 다음과 같다.

구분		운임의 기준· 요율결정	신고
노선운송사업	시내버스	시·도지사 (광역급행형 : 국토교통부장관)	시장·군수
	농어촌버스	시·도지사	시장·군수
	시외버스	국토교통부장관	시·도지사
	고속버스	국토교통부장관	시·도지사
	마을버스	신고요금	
구역 운송사업	전세버스	자율요금	
	특수여객	자율요금	

② 시내·농어촌버스, 시외버스, 고속버스 요금은 상한인가요금 범위 내에서 운수사업자가 정하여 관할관청에 신고한다.

③ 마을버스요금은 운수사업자가 정하여 신고한다.

④ 전세버스 및 특수여객의 요금은 운수사업자가 자율적으로 정해 요금을 수수할 수 있다.

2. 버스요금체계

(1) 버스요금체계의 유형

① **단일(균일)운임제** : 이용거리와 관계없이 일정하게 설정된 요금을 부과하는 요금체계이다.

② **구역운임제** : 운행구간을 몇 개의 구역으로 나누어 구역별로 요금을 설정하고, 동일 구역 내에서는 균일하게 요금을 설정하는 요금체계이다.

③ **거리운임요율제(거리비례제)** : 단위거리당 요금(요율)과 이용거리를 곱해 요금을 산정하는 요금체계이다.

④ **장거리체감제** : 이용거리가 증가함에 따라 단위당 운임이 낮아지는 요금체계이다.

(2) 업종별 요금체계

① **시내·농어촌버스** : 단일운임제, 시(읍)계 외 초과구간에는 구역제·구간제·거리비례제

② **시외버스** : 거리운임요율제, 기본구간(10km 이하) 최저 운임

③ **고속버스** : 거리운임요율제, 장거리체감제

④ **마을버스** : 단일운임제

⑤ **전세버스** : 자율요금

⑥ **특수여객** : 자율요금

3 교통카드 시스템

1. 교통카드시스템의 개요

① 교통카드는 대중교통수단의 운임이나 유료도로의 통행료를 지불할 때 주로 사용되는 일종의 전자화폐이다.

② 현금지불에 대한 불편 및 승하차시간 지체문제 해소와 운송업체의 경영 효율화 등을 위해 1996년 3월에 최초로 서울시가 버스카드제를 도입하였으며 1998년 6월부터는 지하철카드제를 도입하였다.

③ 교통카드시스템의 도입효과

㉮ 이용자 측면
  ㉠ 현금소지의 불편 해소
  ㉡ 소지의 편리성, 요금 지불 및 징수의 신속성
  ㉢ 하나의 카드로 다수의 교통수단 이용 가능
  ㉣ 요금할인 등으로 교통비 절감

㉯ 운영자 측면
  ㉠ 운송수입금 관리가 용이
  ㉡ 요금집계업무의 전산화를 통한 경영합리화
  ㉢ 대중교통 이용률 증가에 따른 운송수익의 기대
  ㉣ 정확한 전산실적 자료에 근거한 운행 효율화
  ㉤ 다양한 요금체계에 대응(거리비례제, 구간요금제 등)

㉰ 정부 측면
  ㉠ 대중교통 이용률 제고로 교통 환경 개선
  ㉡ 첨단교통체계 기반 마련
  ㉢ 교통정책 수립 및 교통요금 결정의 기초자료 확보

2. 교통카드시스템의 구성

① 교통카드시스템은 크게 사용자 카드, 단말기, 중앙처리시스템으로 구성된다.

교통카드 → 단말기 → 집계시스템 → 충전시스템 → 정산시스템

② 흔히 사용자가 접하게 되는 것은 교통카드와 단말기이며, 교통카드 발급자와 단말기 제조자, 중앙처리시스템 운영자는 사정에 따라 같을 수도 있으나 다른 경우가 대부분이다.

3. 교통카드의 종류

(1) 카드방식에 따른 분류

① **MS(Magnetic Strip)방식** : 자기인식방식으로 간단한 정보 기록이 가능하고, 정보를 저장하는 매체인 자성체가 손상될 위험이 높고, 위·변조가 용이해 보안에 취약하다.

② **IC방식(스마트카드)** : 반도체 칩을 이용해 정보를 기록하는 방식으로 자기카드에 비해 수 백 배 이상의 정보 저장이 가능하고, 카드에 기록된 정보를 암호화할 수 있어, 자기카드에 비해 보안성이 높다.

(2) IC 카드의 종류(내장하는 Chip의 종류에 따라)

① **접촉식**

② **비접촉식(RF, Radio Frequency)**

③ **하이브리드** : 접촉식 + 비접촉식 2종의 칩을 함께하는 방식이나 2개 종류 간 연동이 안 된다.

④ **콤비** : 접촉식 + 비접촉식 2종의 칩을 함께 하는 방식으로 2개 종류간 연동이 된다.

4 간선급행버스체계(BRT : Bus Rapid Transit)

1. 개념

① 도심과 외곽을 잇는 주요 간선도로에 버스전용차로를 설치하여 급행버스를 운행하게 하는 대중교통시스템을 말한다.

② 요금정보시스템과 승강장·환승정류장·환승터미널·정보체계 등 도시철도시스템을 버스운행에 적용한 것으로 '땅 위의 지하철'로도 불린다.

2. 간선급행버스체계의 도입 배경

① 도로와 교통시설의 증가 및 둔화

② 대중교통 이용률 하락

③ 교통체증의 지속

④ 막대한 도로 및 교통시설에 대한 투자비 증가

⑤ 신속하고, 양질의 대량수송에 적합한 저렴한 비용의 대중교통 시스템 필요

3. 간선급행버스체계의 특성

① 중앙버스차로와 같은 분리된 버스전용차로 제공

② 효율적인 사전 요금징수 시스템 채택

③ 신속한 승·하차 가능

④ 정류장 및 승차대의 쾌적성 향상

⑤ 지능형교통시스템(ITS : Intelligent Transportation system)을 활용한 첨단신호체계 운영

⑥ 실시간으로 승객에게 버스운행정보 제공 가능

⑦ 환승 정류장 및 터미널을 이용하여 다른 교통수단과의 연계 가능
⑧ 환경 친화적인 고급버스를 제공함으로써 버스에 대한 이미지 혁신 가능
⑨ 대중교통에 대한 승객 서비스 수준 향상

4. 간행급행버스체계 운영을 위한 구성요소

① **통행권 확보** : 독립된 전용도로 또는 차로 등을 활용한 이용통행권 확보
② **교차로 시설 개선** : 버스우선 신호, 버스전용 지하 또는 고가 등을 활용한 입체교차로 운영
③ **자동차 개선** : 저공해, 저소음, 승객들의 수평 승하차 및 대량수송
④ **환승시설 개선** : 편리하고 안전한 환승시설 운영
⑤ **운행관리시스템** : 지능형교통시스템을 활용한 운행관리

5 버스정보시스템(BIS) 및 버스운행관리시스템(BMS)

1. BIS / BMS 개요

(1) 정의

① BIS는 버스와 정류장에 무선 송수신기를 설치하여 버스의 위치를 실시간으로 파악하고, 이를 이용해 이용자에게 정류장에서 해당 노선버스의 도착예정시간을 안내하고 이와 동시에 인터넷 등을 통하여 운행정보를 제공하는 시스템이다.

② BMS는 차내 장치를 설치한 버스와 종합사령실을 유·무선 네트워크로 연결해 버스의 위치나 사고 정보 등을 승객, 버스회사, 운전자에게 실시간으로 보내주는 시스템이다.

③ BIS / BMS 비교

내용	버스정보시스템	버스운행관리시스템
정의	이용자에게 버스 운행상황 정보제공	버스 운행상황 관제
제공매체	정류소 설치 안내기, 인터넷, 모바일	버스회사 단말기, 상황판, 차량단말기
제공대상	버스이용승객	버스운전자, 버스회사, 시·군
기대효과	버스 이용승객에게 편의 제공	배차관리, 안전운행, 정시성 확보
데이터	정류소 출발·도착 데이터	일정 주기 데이터, 운행기록데이터
운영목적	버스이용자에게 편의 제공과 이를 통한 활성화	버스운행관리, 이력관리 및 버스운행정보제공 등

(2) 버스정보시스템(BIS) 운영

① 정류장 : 대기승객에게 정류장 안내기를 통하여 도착예정시간 등을 제공
② 차내 : 다음 정류장 안내, 도착예정시간 안내
③ 그 외 장소 : 유무선 인터넷을 통한 특정 정류장 버스도착예정시간 정보 제공
④ 주목적 : 버스이용자에게 편의 제공과 이를 통한 활성화

(3) 버스운행관리시스템(BMS) 운영

① 버스운행관리센터 또는 버스회사에서 버스운행 상황과 사고 등 돌발적인 상황 감지
② 관계기관, 버스회사, 운수종사자를 대상으로 정시성 확보
③ 버스운행관제, 운행상태(위치, 위반사항) 등 버스정책 수립 등을 위한 기초자료 제공
④ 주목적 : 버스운행관리, 이력관리 및 버스운행 정보제공 등

2. 버스정보시스템 주요 기능

(1) 버스도착 정보제공

① 정류장별 도착예정 정보 표출
② 정류장간 주행시간 표출
③ 버스운행 및 종료 정보 제공

(2) 실시간 운행상태 파악

① 버스운행의 실시간 관제
② 정류장별 도착시간 관제
③ 배차간격 미준수 버스 관제

(3) 전자지도 이용 실시간 관제

① 노선 임의변경 관제
② 버스위치표시 및 관리
③ 실제 주행여부 관제

(4) 버스운행 및 통제관리

① 누적 운행시간 및 횟수 통계관리
② 기간별 운행통계관리
③ 버스, 노선, 정류장별 통계관리

3. 이용주체별 버스정보시스템의 기대효과

(1) 이용자(승객)

① 버스운행정보 제공으로 만족도 향상
② 불규칙한 배차, 결행 및 무정차 통과에 의한 불편해소
③ 고속 및 난폭운전으로 인한 불안감 해소
④ 버스도착 예정시간 사전확인으로 불필요한 대기시간 감소

(2) 운수종사자(버스 운전자)

① 운행정보 인지로 정시 운행
② 앞·뒤차 간의 간격인지로 차간 간격 조정 운행
③ 운행상태 완전노출로 운행질서 확립

(3) 버스회사

① 서비스 개선에 따른 승객 증가로 수지개선
② 과속 및 난폭운전에 대한 통제로 교통사고율 감소 및 보험료 절감
③ 정확한 배차관리, 운행간격 유지 등으로 경영합리화 가능

(4) 정부·지자체

① 자가용 이용자의 대중교통 흡수활성화
② 대중교통정책 수립의 효율화
③ 버스운행 관리감독의 과학화로 경제성, 정확성, 객관성 확보

6 버스전용차로

1. 개념

① 버스전용차로는 일반차로와 구별되게 버스가 전용으로 신속하게 통행할 수 있도록 설정된 차로를 말한다.

② 버스전용차로는 통행방향과 차로의 위치에 따라 가로변버스전용차로, 역류버스전용차로, 중앙버스전용차로로 구분할 수 있다.

③ 버스전용차로의 설치는 일반차량의 차로수를 줄이기 때문에 일반차량의 교통상황이 나빠지는 문제가 발생할 수 있다.

④ 버스전용차로를 설치하여 효율적으로 운영하기 위해서는 다음과 같은 구간에 설치되는 것이 바람직하다.

    ㉮ 전용차로를 설치하고자 하는 구간의 교통정체가 심한 곳
    ㉯ 버스통행량이 일정수준 이상이고, 승차인원이 한 명인 승용차의 비중이 높은 구간
    ㉰ 편도 3차로 이상 등 도로 기하구조가 전용차로를 설치하기 적당한 구간
    ㉱ 대중교통 이용자들의 폭넓은 지지를 받는 구간

2. 설치운영기준

① 시·도지사(시장 군수 포함)는 다음에 해당하는 경우 관할지방경찰청 또는 경찰서장과 협의하여 버스전용차로를 설치·운영해야 한다.

    ㉮ 편도 3차선 이상의 도로로서 시간당 최대 100대 이상의 버스가 통행하거나 버스를 이용하는 사람이 시간당 최대 3,000명 이상인 경우
    ㉯ 시·도지사가 대중교통의 활성화와 지역주민의 교통편의 증진을 위하여 특히 필요하다고 인정하는 경우

② 버스전용차로의 운영은 도로 이용의 효율화 등을 위하여 매년 버스전용차로에 대한 교통량조사를 실시하고, 시행구간 및 운영시간을 정해야 한다.

③ 또한 시·도지사는 신설 및 조정된 내용을 포함한 버스전용차로운영계획을 매년 11월말까지 수립하고, 운영계획을 수립한 때에는 매년 12월 15일까지 국토교통부장관에게 보고해야 한다.

3. 전용차로 유형별 특징

(1) 가로변버스전용차로

① 가로변버스전용차로는 일방통행로 또는 양방향 통행료에서 가로변 차로를 버스가 전용으로 통행할 수 있도록 제공하는 것을 말한다.

② 가로변버스전용차로는 종일 또는 출·퇴근시간대 등을 지정하여 운영할 수 있다.

③ 버스전용차로 운영시간대에는 가로변의 주·정차를 금지하고 있으며, 시행구간의 버스 이용자수가 승용차 이용자수보다 많아야 효과적이다.

④ 가로변버스전용차로는 우회전하는 차량을 위해 교차로 부근에서는 일반차량의 버스전용차로 이용을 허용하여야 하며, 버스전용차로에 주·정차하는 차량을 근절시키기 어렵다.

⑤ 가로변버스전용차로의 장·단점

장점	단점
· 시행이 간편하다 · 적은 비용으로 운영이 가능하다 · 기존의 가로망 체계에 미치는 영향이 적다 · 시행 후 문제점 발생에 따른 보완 및 원상복귀가 용이하다.	· 시행효과가 미비하다. · 가로변 상업 활동과 상충된다. · 전용차로 위반차량이 많이 발생한다. · 우회전하는 차량과 충돌할 위험이 존재한다.

(2) 역류버스 전용차로

① 역류버스전용차로는 일방통행로에서 차량이 진행하는 반대방향으로

1~2개 차로를 버스전용차로로 제공하는 것을 말한다. 이는 일방통행로에서 양방향으로 대중교통 서비스를 유지하기 위한 방법이다.

② 역류버스전용차로는 일반 차량과 반대방향으로 운영하기 때문에 차로 분리시설과 안내시설 등의 설치가 필요하며, 가로변 버스전용차로에 비해 시행비용이 많이 든다.

③ 역류버스전용차로는 일방통행로에 대중교통수요 등으로 인해 버스노선이 필요한 경우에 설치한다.

④ 대중교통 서비스는 계속 유지되면서 일방통행의 장점을 살릴 수 있지만, 시행준비가 까다롭고 투자비용이 많이 소요되는 단점이 있다.

⑤ 역류버스전용차로의 장·단점

장점	단점
· 대중교통 서비스를 제공하면서 가로변에 설치된 일방통행의 장점을 유지할 수 있다. · 대중교통의 정시성이 제고된다.	· 일방통행로에서는 보행자가 버스전용차로의 진행방향만 확인하는 경향으로 인해 보행자 사고가 증가할 수 있다. · 잘못 진입한 차량으로 인해 교통 혼잡이 발생할 수 있다.

(3) 중앙버스전용차로

① 중앙버스전용차로는 도로 중앙에 버스만 이용할 수 있는 전용차로를 지정함으로써 버스를 다른 차량과 분리하여 운영하는 방식을 말한다.

② 중앙버스전용차로는 버스의 운행속도를 높이는데 도움이 되며, 승용차를 포함한 다른 차량들은 버스의 정차로 인한 불편을 피할 수 있다. 버스의 잦은 정류장 또는 정류소의 정차 및 갑작스런 차로 변경은 다른 차량의 교통흐름을 단절시키거나 사고 위험을 초래할 수 있다.

③ 중앙버스전용차로는 일반 차량의 중앙버스전용차로 이용 및 주·정차를 막을 수 있어 차량의 운행속도 향상에 도움이 된다.

④ 버스 이용객의 입장에서 볼 때 횡단보도를 통해 정류소로 이동함에 따라 정류소 접근시간이 늘어나고, 보행자사고 위험성이 증가할 수 있는 단점이 있다.

⑤ 중앙버스전용차로는 일반적으로 편도 3차로 이상 되는 기존 도로의 중앙차로에 버스전용차로를 제공하는 것으로 다른 차량의 진입을 막기 위해 방호울타리 또는 연석 등의 물리적 분리시설 등의 안전시설이 필요하기 때문에 설치비용이 많은 비용이 소요되는 단점이 있다.

⑥ 차로수가 많을수록 중앙버스전용차로 도입이 용이하고, 만성적인 교통혼잡이 발생하는 구간 또는 좌회전하는 대중교통 버스노선이 많은 지점에 설치하면 효과가 크다.

⑦ 중앙버스전용차로의 장·단점

장점	단점
· 일반 차량과의 마찰을 최소화 한다. · 교통정체가 심한 구간에서 더욱 효과적이다. · 대중교통의 통행속도 제고 및 정시성 확보가 유리하다. · 대중교통 이용자의 증가를 도모할 수 있다. · 가로변 상업 활동이 보장된다.	· 도로 중앙에 설치된 버스정류소로 인해 무단횡단 등 안전문제가 발생한다. · 여러 가지 안전시설 등의 설치 및 유지로 인한 비용이 많이 든다. · 전용차로에서 우회전하는 버스와 일반차로에서 좌회전하는 차량에 대한 체계적인 관리가 필요하다. · 일반 차로의 통행량이 다른 전용차로에 비해 많이 감소할 수 있다. · 승·하차 정류소에 대한 보행자의 접근거리가 길어진다.

⑧ 중앙버스전용차로의 위험요소

㉮ 대기 중인 버스를 타기 위한 보행자의 횡단보도 신호위반 및 버스정류소 부근의 무단횡단 가능성 증가

㉯ 중앙버스전용차로가 시작하는 구간 및 끝나는 구간에서 일반차량과 버스간의 충돌위험 발생

㉰ 좌회전하는 일반차량과 직진하는 버스 간의 충돌위험 발생

㉱ 버스전용차로가 시작하는 구간에서는 일반차량의 직진 차로수의 감소에 따른 교통혼잡 발생

㉲ 폭이 좁은 정류소 추월차로로 인한 사고 위험 발생 : 정류소에 설치된 추월차로는 정류소에 정차하지 않는 버스 또는 승객의 승·하차를 마친 버스가 대기중인 버스를 추월하기 위한 차로로 폭이 좁아 중앙선을 침범하기 쉬운 문제를 안고 있다.

(4) **고속도로 버스전용차로(경찰청의 고속도로 버스전용차로 시행고시 내용)**

① **시행구간**

㉮ 평일 : 경부고속도로 양재 IC부터 오산 IC 까지

㉯ 토요일, 공휴일, 설날·추석 연휴, 연휴 전날 : 양재 IC부터 신탄진 IC까지

② **시행시간**

㉮ 평일, 토요일, 공휴일 : 서울·부산 양방향 07:00부터 21:00까지

㉯ 설날·추석 연휴 및 연휴 전날 : 서울·부산 양방향 07:00부터 다음 날 01:00까지

③ **통행가능차량**

9인승 이상 승용자동차 및 승합자동차(승용자동차 또는 12인승 이하의 승합자동차는 6인 이상이 승차한 경우에 한한다)

1 운전자 상식

1. 교통관련 용어 정의

① 교통사고조사규칙에 따른 대형교통사고란 다음과 같은 사고를 말한다.

㉮ 3명 이상이 사망한 사고(교통사고 발생일로부터 30일 이내에 사망한 것을 말한다.)

㉯ 20명 이상의 사상자가 발생한 사고

② 여객자동차 운수사업법에 따른 중대한 교통사고는 다음과 같은 사고를 말한다.

㉮ 전복(顚覆)사고

㉯ 화재가 발생한 사고

㉰ 사망자 2명 이상 발생한 사고

㉱ 사망자 1명과 중상자 3명 이상이 발생한 사고

㉲ 중상자 6명 이상이 발생한 사고

③ 교통사고조사규칙에 따른 교통사고의 용어는 다음과 같다.

㉮ **충돌사고** : 차가 반대방향 또는 측방에서 진입하여 그 차의 정면으로 다른 차의 정면 또는 측면을 충격한 것을 말한다.

㉯ **추돌사고** : 2대 이상의 차가 동일방향으로 주행 중 뒤차가 앞차의 후면을 충격한 것을 말한다.

㉰ **접촉사고** : 차가 추월, 교행 등을 하려다가 차의 좌우측면을 서로 스친 것을 말한다.

㉱ **전도사고** : 차가 주행 중 도로 또는 도로 이외의 장소에 차체의 측면이 지면에 접하고 있는 상태(좌측면이 지면에 접해 있으면 좌전도, 우측면이 지면에 접해 있으면 우전도)를 말한다.

㉲ **전복사고** : 차가 주행 중 도로 또는 도로 이외의 장소에 뒤집혀 넘어진 것을 말한다.

㉳ **추락사고** : 자동차가 도로의 절벽 등 높은 곳에서 떨어진 사고

④ **자동차안전기준에 관한 규칙에 따른 자동차와 관련된 용어는 다음과 같다.**

㉮ **공차상태** : 자동차에 사람이 승차하지 아니하고 물품(예비부분품 및 공구 기타 휴대물품을 포함한다)을 적재하지 아니한 상태로서 연료·냉각수 및 윤활유를 만재하고 예비타이어(예비타이어를 장착한 자동차만 해당한다)를 설치하여 운행할 수 있는 상태를 말한다.

㉯ **차량 중량** : 공차상태의 자동차 중량을 말한다.

㉰ **적차상태** : 공차상태의 자동차에 승차정원의 인원이 승차하고 최대 적재량의 물품이 적재된 상태를 말한다. 이 경우 승차정원 1인(13세 미만의 자는 1.5인을 승차정원 1인으로 본다)의 중량은 65킬로그램으로 계산하고, 좌석정원의 인원은 정위치에, 입석정원의 인원은 입석에 균등하게 승차시키며, 물품은 물품적재장치에 균등하게 적재시킨 상태이어야 한다.

㉱ **차량 총중량** : 적차상태의 자동차의 중량을 말한다.

㉲ **승차정원** : 자동차에 승차할 수 있도록 허용된 최대인원(운전자를 포함한다)을 말한다.

⑤ **버스 운전석의 위치나 승차정원에 따른 종류는 다음과 같다.**

㉮ **보닛버스(Cab-behind-Engine Bus)** : 운전석이 보닛 뒤쪽에 있는 버스

㉯ **캡 오버 버스(Cab-over-Engine Bus)** : 운전석이 엔진의 위치에 있는 버스

㉰ **코치버스(Coach Bus)** : 엔진을 자동차의 뒷부분에 설치하여 튀어 나오지 않도록 되어 있는 버스

㉱ **마이크로버스(Micro Bus)** : 승차정원이 30명 미만의 중형버스

⑥ **버스차량 바닥의 높이에 따른 종류 및 용도는 다음과 같다.**

㉮ **고상버스(High Decker)** : 차 바닥을 높게 설계한 차량으로 가장 보편적으로 이용되고 있다.

㉯ **초고상버스(Super High Decker)** : 차 바닥을 3.6m 이상 높게 하여 조망을 좋게 하고 바닥 밑의 공간을 활용하기 위해 설계 제작되어 관광버스에서 주로 이용되고 있다.

㉰ **저상버스** : 출입구에 계단이 없고, 차체 바닥이 낮으며, 경사판(슬로프)이 장착되어 있어 장애인이 휠체어를 타거나, 아기를 유모차에 태운 채 오르내릴 수 있을 뿐 아니라 노약자들도 쉽게 이용할 수 있는 버스로서 주로 시내버스에 이용되고 있다.

2. 교통사고 현장에서의 상황별 안전조치

(1) 교통사고 상황파악

① 짧은 시간 안에 사고 정보를 수집하여 침착하고 신속하게 상황을 파악한다.

② 피해자와 구조자 등에게 위험이 계속 발생하는지 파악한다.

③ 생명이 위독한 환자가 누구인지 파악한다.

④ 구조를 도와줄 사람이 주변에 있는지 파악한다.

⑤ 전문가의 도움이 필요한지 파악한다.

(2) 사고현장의 안전관리

① 피해자를 위험으로부터 보호하거나 피신시킨다.

② 사고위치에 노면표시를 한 후 도로 가장자리로 자동차를 이동시킨다.

3. 교통사고 현장에서의 원인조사

(1) 노면에 나타난 흔적조사

① 스키드마크, 요 마크, 프린트자국 등 타이어자국의 위치 및 방향

② 차의 금속부분이 노면에 접촉하여 생긴 파인 흔적 또는 긁힌 흔적의 위치 및 방향

③ 충돌 충격에 의한 차량파손품의 위치 및 방향

④ 충돌 후에 떨어진 액체잔존물의 위치 및 방향

⑤ 차량 적재물의 낙하위치 및 방향

⑥ 피해자의 유류품(遺留品) 및 혈흔자국

⑦ 도로구조물 및 안전시설물의 파손위치 및 방향

(2) 사고차량 및 피해자조사

① 사고차량의 손상부위 정도 및 손상방향
② 사고차량에 묻은 흔적, 마찰, 찰과흔(擦過痕)
③ 사고차량의 위치 및 방향
④ 피해자의 상처 부위 및 정도
⑤ 피해자의 위치 및 방향

(3) 사고당사자 및 목격자조사

① 운전자에 대한 사고 상황조사
② 탑승자에 대한 사고 상황조사
③ 목격자에 대한 사고 상황조사

(4) 사고현장 시설물조사

① 사고지점 부근의 가로등, 가로수, 전신주(電信柱) 등의 시설물 위치
② 신호등(신호기) 및 신호체계
③ 차로, 중앙선, 중앙분리대, 갓길 등 도로횡단구성요소
④ 방호울타리, 충격흡수시설, 안전표지 등 안전시설요소
⑤ 노면의 파손, 결빙, 배수불량 등 노면상태요소

(5) 사고현장 측정 및 사진촬영

① 사고지점 부근의 도로선형(평면 및 교차로 등)
② 사고지점의 위치
③ 차량 및 노면에 나타난 물리적 흔적 및 시설물 등의 위치
④ 사고현장에 대한 가로방향 및 세로방향의 길이
⑤ 곡선구간의 곡선반경, 노면의 경사도(종단구배 및 횡단구배)
⑥ 도로의 시거 및 시설물의 위치 등
⑦ 사고현장, 사고차량, 물리적 흔적 등에 대한 사진촬영

4. 버스승객의 주요 불만사항

① 버스가 정해진 시간에 오지 않는다.
② 정체로 시간이 많이 소요되고, 목적지에 도착할 시간을 알 수 없다.
③ 난폭, 과속운전을 한다.
④ 버스기사가 불친절하다.
⑤ 차내가 혼잡하다.
⑥ 안내방송이 미흡하다(시내버스, 농어촌버스).
⑦ 차량의 청소, 정비 상태가 불량하다.
⑧ 정류소에 정차하지 않고 무정차 운행한다(시내버스, 농어촌버스).

5. 버스에서 발생하기 쉬운 사고유형과 대책

① 버스는 불특정 다수를 대량으로 수송한다는 점과 운행거리 및 운행시간이 타 차량에 비해 긴 특성을 가지고 있어 사고발생확률이 높으며, 실제로 더 많은 사고가 발생하고 있다.

② 버스사고의 절반가량은 사람과 관련되어 발생하고 있으며, 전체 버스사고 중 약 1/3정도는 차내 전도사고이며, 주된 사고 승하차중에도 사고가 빈발하고 있다.

③ 버스사고는 주행 중인 도로상, 버스정류장, 교차로 부근, 횡단보도 부근 순으로 많이 발생하고 있다.

④ 승객의 안락한 승차감과 사고를 예방하기 위해서는 안전운전습관을 몸에 익혀야 한다.

    ㉮ 가속페달을 끊어 밟지 않아 급정차·급출발이 되지 않도록 한다.
    ㉯ 출발 시에는 차량탑승 승객이 좌석이나 입석공간에 완전히 위치한 상황을 파악한 후 출발한다.

㉰ 버스운전자는 안내방송을 통해 승객의 주의를 환기시켜 사고가 발생하지 않도록 사전예방에 노력을 기울여야 한다.

2 응급처치방법

1. 심폐소생술

① 심폐소생술이란 심장의 기능이 정지하거나 호흡이 멈추었을 때에 사용하는 응급처치로 인공호흡과 심장마사지(흉부압박)을 지속적으로 시행하는 일련의 행위를 말한다.

② 부상자 의식 상태를 확인한다.
    ㉮ 말을 걸거나 팔을 꼬집어 눈동자를 확인한 후 의식이 있으면 말로 안심시킨다.
    ㉯ 의식이 없다면 기도를 확보한다. 머리를 뒤로 충분히 젖힌 뒤, 입안에 있는 피나 토한 음식물 등을 긁어내어 막힌 기도를 확보한다.
    ㉰ 의식이 없거나 구토할 때는 목이 오물로 막혀 질식하지 않도록 옆으로 눕힌다.
    ㉱ 목뼈 손상의 가능성이 있는 경우에는 목 뒤쪽을 한 손으로 받쳐준다.
    ㉲ 환자의 몸을 심하게 흔드는 것은 금지한다.

③ 부상자의 호흡과 맥박이 정지해 있다면 인공호흡과 심장마사지를 해준다.

2. 출혈 또는 골절

① 출혈이 심하다면 출혈 부위보다 심장에 가까운 부위를 헝겊 또는 손수건 등으로 지혈될 때까지 꽉 잡아맨다.

② 출혈이 적을 때에는 거즈나 깨끗한 손수건으로 상처를 꽉 누른다.

③ 가슴이나 배를 강하게 부딪쳐 내출혈이 발생하였을 때에는 얼굴이 창백해지며 핏기가 없어지고 식은땀을 흘리며 호흡이 얕고 빨라지는 쇼크증상이 발생한다.
    ㉮ 부상자가 입고 있는 옷의 단추를 푸는 등 옷을 헐렁하게 하고 하반신을 높게 한다.
    ㉯ 부상자가 춥지 않도록 모포 등을 덮어주지만, 햇볕은 직접 쬐지 않도록 한다.

④ 골절 부상자는 잘못 다루면 오히려 더 위험해질 수 있으므로 구급차가 올 때까지 가급적 기다리는 것이 바람직하다.
    ㉮ 지혈이 필요하다면 골절 부분은 건드리지 않도록 주의하여 지혈한다.
    ㉯ 팔이 골절되었다면 헝겊으로 띠를 만들어 팔을 매달도록 한다.

3. 차멀미 승객에 대한 조치

① 환자의 경우는 통풍이 잘되고 비교적 흔들림이 적은 앞쪽으로 앉도록 한다.
② 심한 경우에는 휴게소 내지는 안전하게 정차할 수 있는 곳에 정차하여 차에서 내려 시원한 공기를 마시도록 한다.
③ 차멀미 승객이 토할 경우를 대비해 위생봉지를 준비한다.
④ 차멀미 승객이 토할 경우에는 주변 승객이 불쾌하지 않도록 신속히 처리한다.

3 응급상황 대처요령

1. 교통사고 발생 시 운전자의 조치사항

① 교통사고가 발생했을 때 운전자는 무엇보다도 사고피해를 최소화 하는 것과 제 2차사고 방지를 위한 조치를 우선적으로 취해야 한다.

② 운전자는 이를 위해 마음의 평정을 찾아야 한다.

③ 사고발생시 운전자가 취할 조치과정은 다음과 같다.

   ㉮ **탈출** : 교통사고 발생 시 우선 엔진을 멈추게 하고 연료가 인화되지 않도록 한다. 이 과정에서 무엇보다 안전하고 신속하게 사고차량으로부터 탈출해야 하며 침착해야 한다.

   ㉯ **인명구조** : 부상자가 발생하여 인명구조를 해야 될 경우 다음과 같은 점에 유의한다.

      ㉠ 승객이나 동승자가 있는 경우 적절한 유도로 승객의 혼란방지에 노력해야 한다. 아비규환의 상태에서는 피해가 더욱 증가할 수 있기 때문이다.

      ㉡ 인명구출 시 부상자, 노인, 어린아이 및 부녀자 등 노약자를 우선적으로 구조한다.

      ㉢ 정차위치가 차선, 갓길 등과 같이 위험한 장소일 때에는 신속히 도로 밖의 안전장소로 유도하고 2차 피해가 일어나지 않도록 한다.

      ㉣ 부상자가 있을 때에는 우선 응급조치를 한다.

      ㉤ 야간에는 주변의 안전에 특히 주의를 하고 냉정하고 기민하게 구출유도를 해야 한다.

   ㉰ **후방방호** : 고장발생 시와 마찬가지로 경황이 없는 중에 통과차량에 알리기 위해 차선으로 뛰어나와 손을 흔드는 등의 위험한 행동을 삼가야 한다.

   ㉱ **연락** ; 보험회사나 경찰 등에 다음 사항을 연락한다.

      ㉠ 사고발생지점 및 상태

      ㉡ 부상정도 및 부상자수

      ㉢ 회사명

      ㉣ 운전자 성명

      ㉤ 화물의 상태

      ㉥ 연료 유출여부 등

   ㉲ **대기** : 대기요령은 고장차량의 경우와 같이 하되, 특히 주의를 요하는 것은 부상자가 있는 경우 응급처치 등 부상자 구호에 필요한 조치를 한 후 후속차량에 긴급후송을 요청해야 한다. 부상자를 후송할 경우 위급한 환자부터 먼저 후송하도록 해야 한다.

2. 차량고장 시 운전자의 조치사항

① 교통사고는 고장과 연관될 가능성이 크며, 고장은 사고의 원인이 되기도 한다.

② 여러 가지 이유로 고장이 발생할 경우 다음과 같은 조치를 취해야 한다.

   ㉮ 정차 차량의 결함이 심할 때는 비상등을 점멸시키면서 갓길에 바짝 차를 대서 정차한다.

   ㉯ 차에서 내릴 때에는 옆 차로의 차량 주행상황을 살핀 후 내린다.

   ㉰ 야간에는 밝은 색 옷이나 야광이 되는 옷을 착용하는 것이 좋다.

   ㉱ 비상전화를 하기 전에 차의 후방에 경고반사판을 설치해야 하며 특히 야간에는 주위를 기울인다.

   ㉲ 또 비상주차대에 정차할 때는 타 차량의 주행에 지장이 없도록 정차해야 한다.

③ 후방에 대한 안전조치를 취해야 한다.

   ㉮ 대기 장소에서는 통과차량의 접근에 따라 접촉이나 추돌이 생기지 않도록 하는 안전조치를 취해야 한다.

   ㉯ 이를 위해 고장차를 즉시 알 수 있도록 표시 또는 눈에 띄게 한다.

   ㉰ 도로교통법에 의하면 '자동차의 운전자는 고장이나 그 밖의 사유로 고속도로 등에서 자동차를 운행할 수 없게 되었을 때에는 안전행정부령이 정하는 표지(고장자동차의 표지)를 하여야 하며, 그 자동차를 고속도로 등이 아닌 다른 곳으로 옮겨 놓는 등의 필요한 조치를 하여야 한다.'고 규정하고 있다.

④ 도로교통법 시행규칙에 따른 고장 자동차의 표지는 낮의 경우 그 자동차로부터 100m 이상의 뒤쪽 도로상에, 밤의 경우는 200m 이상의 뒤쪽 도로상에 각각 설치해야 한다. 밤에는 표지와 함께 사방 500m 미터 지점에서 식별할 수 있는 적색의 섬광신화·전기제등 또는 불꽃신호를 추가로 설치하여야 한다.

⑤ 구조차 또는 서비스차가 도착할 때까지 차량 내에 대기하는 것은 특히 위험하므로 반드시 후방의 안전지대로 나가서 기다리도록 유도한다.

3. 재난발생 시 운전자의 조치사항

① 운행 중 재난이 발생한 경우에는 신속하게 차량을 안전지대로 이동한 후 즉각 회사 및 유관기관에 보고한다.

② 장시간 고립 시에는 유류, 비상식량, 구급환자발생 등을 즉시 신고, 한국도로공사 및 인근 유관기관 등에 협조를 요청한다.

③ 승객의 안전조치를 우선적으로 취한다.

   ㉮ 폭설 및 폭우로 운행이 불가능하게 된 경우에는 응급환자 및 노인, 어린이 승객을 우선적으로 안전지대로 대피시키고 유관기관에 협조를 요청한다.

   ㉯ 재난 시 차내에 유류 확인 및 업체에 현재 위치를 알리고 도착전까지 차내에서 안전하게 승객을 보호한다.

   ㉰ 재난시 차량 내에 이상 여부 확인 및 신속하게 안전지대로 차량을 대피한다.

01 여객 운송서비스의 특징에 대한 설명이다. 잘못된 것은?

㉮ 서비스는 오래 남아 있는 것이 아니라 제공이 끝나면 즉시 사라져 남지 않는다.

㉯ 서비스는 누릴 수는 있으나 소유할 수 없다.

㉰ 운송 서비스의 소비 활동은 상황의 발생 정도에 따라 시간, 요일 및 계절별로 변동성을 가질 수 있다.

㉱ 운송서비스는 승객의 평가가 주관적이어서 일관되고 표준화된 서비스 질을 유지하기 쉽다.

해설
승객 요구의 다양함과 감정의 변화, 서비스 제공자에 따라 상대적이며, 승객의 평가 역시 주관적이어서 일관되고 표준화된 서비스 질을 유지하기 어렵다

02 여객 운송업에 있어 서비스에 관한 설명으로 틀린 것은?

㉮ 한 당사자가 다른 당사자에게 소유권의 변동 없이 제공해 줄 수 있는 무형의 행위 또는 활동을 말한다.

㉯ 여객운송업에 있어 서비스란 긍정적인 마음을 적절하게 표현하여 승객을 기쁘고 즐겁게 목적지까지 안전하게 이동시키는 것을 말한다.

㉰ 서비스란 승객의 이익을 도모하기 위해 행동하는 기계적 노동을 말한다.

㉱ 서비스도 하나의 상품으로 서비스 품질에 대한 승객만족을 위해 계속적으로 승객에게 제공하는 모든 활동을 의미한다.

03 여객 운송업에 있어 서비스에 대한 정의로 옳은 것은?

㉮ 개인의 감정을 적절하게 표현하여 승객을 기쁘고 즐겁게 목적지까지 안전하게 이동시키는 것

㉯ 긍정적인 마음을 적절하게 표현하여 승객을 기쁘고 즐겁게 목적지까지 안전하게 이동시키는 것

㉰ 봉사, 친절, 땀, 노력 등을 통해 승객의 만족과 관계없이 승객을 목적지까지 이동시키는 것

㉱ 말과 이론을 통해 설명하며 승객을 목적지까지 이동시키는 것

해설
여객 운송업에 있어 서비스란 긍정적인 마음을 적절하게 표현하여 승객을 기쁘고 즐겁게 목적지까지 안전하게 이동시키는 것을 말한다.

04 다음 중 올바른 인사방법은?

㉮ 표정 : 무표정한 표정으로 인사한다.

㉯ 고개 : 턱을 쳐들거나 눈을 치켜뜨고 인사한다.

㉰ 시선 : 인사 전·후에 상대방의 눈을 정면으로 바라보며, 상대방을 진심으로 존중하는 마음을 눈빛에 담아 인사한다.

㉱ 머리와 상체 : 뒷짐을 지고 인사한다.

05 여객 운송업 종사자가 승객 만족을 위한 기본예절 중 잘못된 것은?

㉮ 승객을 기억한다.

㉯ 연장자는 사회의 선배로서 존중하고, 공·사를 구분하여 예우한다.

㉰ 승객에게 지나친 관심을 갖는 것은 승객으로 하여금 부담을 준다.

㉱ 상스러운 말을 하지 않는다.

해설
승객에게 관심을 갖는 것은 승객으로 하여금 내게 호감을 갖게 한다.

06 서비스의 특징이 아닌 것은?

㉮ 유형성　　　　　㉯ 동시성

㉰ 인적 의존성　　　㉱ 소멸성

해설
서비스의 특징
· 변동성 : 시간, 요일 및 계절별로 변동성을 가질 수 있다.
· 다양성 : 일관되고 표준화된 서비스 질을 유지하기 어렵다.
· 무형성 : 보이지 않는다.
· 동시성 : 생산과 소비가 동시에 발생하므로 재고가 발생하지 않는다.
· 인적 의존성 : 사람에 의존한다.
· 무소유권 : 가질 수 없다.
· 소멸성 : 즉시 사라진다.

07 인사의 중요성이 아닌 것은?

㉮ 인사는 평범하고도 대단히 쉬운 행동이지만 생활화되지 않으면 실천에 옮기기 어렵다.

㉯ 인사는 애사심, 존경심, 우애, 자신의 교양 및 인격의 표현이다.

㉰ 인사는 서비스와 무관하다.

㉱ 인사는 승객과 만나는 첫걸음이다.

해설
인사의 중요성은 ㉮,㉯,㉱항 이외에
① 인사는 서비스의 주요 기법 중 하나이다.
② 인사는 승객에 대한 마음가짐의 표현이다.
③ 인사는 승객에 대한 서비스 정신의 표시이다.

08 다음은 일반적인 승객의 요구사항이다. 틀린 것은?

㉮ 기억되고 싶어 하지 않는다.

㉯ 환영받고 싶어 한다.

㉰ 관심을 받고 싶어 한다.

㉱ 중요한 사람으로 인식되고 싶어 한다.

09 올바른 서비스 제공을 위한 요소가 아닌 것은?

㉮ 단정한 용모 및 복장

㉯ 무표정

㉰ 공손한 인사

㉱ 따뜻한 응대

10 단정한 용모와 복장의 중요성에 대한 설명이 맞지 않는 것은?

㉮ 승객이 받는 첫 인상을 결정한다.
㉯ 회사의 이미지를 좌우하는 요인을 제공한다.
㉰ 하는 일의 성과에는 영향을 미치지 않는다.
㉱ 활기찬 직장 분위기 조성에 영향을 준다.

🚌 해설
하는 일의 성과에 영향을 미친다.

11 호감 받는 표정관리에서 좋은 표정 만들기에 맞지 않는 것은?

㉮ 얼굴 전체가 웃는 표정을 만든다.
㉯ 입은 가볍게 다문다.
㉰ 입은 양 꼬리가 올라가게 한다.
㉱ 입은 일자로 굳게 다문 표정을 짓는다.

🚌 해설
입을 일자로 굳게 다문 표정은 잘못된 표정이다.

12 승객에게 불쾌감을 주는 몸가짐이 아닌 것은?

㉮ 충혈 되어 있는 눈
㉯ 잠잔 흔적이 남아 있는 머릿결
㉰ 정리되지 않은 덥스룩한 수염
㉱ 밝은 표정을 한 얼굴

🚌 해설
승객에게 불쾌감을 주는 몸가짐은 ㉮,㉯,㉰항 이외에
① 길게 자란 코털
② 지저분한 손톱
③ 무표정한 얼굴 등

13 다음 중 승객이 싫어하는 시선이 아닌 것은?

㉮ 위로 치켜뜨는 눈
㉯ 위·아래로 훑어보는 눈
㉰ 자연스럽고 부드러운 눈
㉱ 한 곳만 응시하는 눈

🚌 해설
승객이 싫어하는 시선 : 위로 치켜뜨는 눈, 곁눈질, 한 곳만 응시하는 눈, 위·아래로 훑어보는 눈

14 다음 중 표정의 중요성이 아닌 것은?

㉮ 표정은 첫인상을 좋게 만든다.
㉯ 첫인상은 대면 직후 결정되는 경우가 많다.
㉰ 상대방에 대한 호감도를 나타낸다.
㉱ 상대방과의 불편한 관계를 만들어 준다.

🚌 해설
표정의 중요성은 ㉮,㉯,㉰항 이외에
① 업무 효과를 높일 수 있다.
② 밝은 표정은 호감 가는 이미지를 형성하여 사회생활에 도움을 준다.
③ 밝은 표정과 미소는 신체와 정신 건강을 향상시킨다.
④ 상대방과 원활하고 친근한 관계를 만들어 준다.

15 운전자가 승객을 응대하는 마음가짐이 아닌 것은?

㉮ 사명감을 가진다.
㉯ 항상 부정적으로 생각한다.
㉰ 공사를 구분하고 공평하게 대한다.
㉱ 투철한 서비스 정신을 가진다.

🚌 해설
항상 긍정적으로 생각한다.

16 복장의 기본 원칙에 어긋나는 것은?

㉮ 깨끗하고 단정하게
㉯ 샌들이나 슬리퍼 등 편한 신발 착용
㉰ 품위있고 규정에 맞게
㉱ 통일감 있고 계절에 맞게

🚌 해설
편한 신발을 신되 샌들이나 슬리퍼는 삼간다.

17 승객 응대 마음가짐이 아닌 것은?

㉮ 운전자 입장에서 생각한다.
㉯ 승객이 호감을 갖도록 한다.
㉰ 예의를 지켜 겸손하게 대한다.
㉱ 자신감을 갖고 행동한다.

🚌 해설
승객의 입장에서 생각한다.

18 다음 중 밝은 표정의 효과가 아닌 것은?

㉮ 자신의 건강증진에 도움이 된다.
㉯ 상대방과의 호감 형성에 도움이 된다.
㉰ 상대방으로부터 느낌을 직접 받아들여 상대방과 자신이 서로 통한다고 느끼는 감정이입 효과가 있다.
㉱ 업무에 방해가 된다.

🚌 해설
밝은 표정의 효과는 ㉮,㉯,㉰항 이외에 업무능률 향상에 도움이 된다.

19 대화에 대한 설명 중 맞지 않는 것은?

㉮ 밝고 긍정적인 어조로 적극적으로 편안하게 말한다.
㉯ 승객의 입장은 고려하지 않고 편안하게 말한다.
㉰ 승객에 대한 친밀감과 존경이 마음을 존경어, 겸양어, 정중한 어휘의 선택으로 공손하게 말한다.
㉱ 정확한 발음과 적절한 속도, 사교적인 음성으로 시원스럽고 알기 쉽게 말한다.

🚌 해설
대화의 4원칙 · 밝고 적극적으로 말한다.
· 공손하게 말한다.
· 명료하게 말한다.
· 품위있게 말한다.

정답 10. ㉰ 11. ㉱ 12. ㉱ 13. ㉰ 14. ㉱ 15. ㉯ 16. ㉯ 17. ㉮ 18. ㉱ 19. ㉯

20 대인 관계에 있어 악수에 대한 설명이다. 잘못된 것은?

㉮ 상대방과의 신체접촉을 통한 친밀감을 표현하는 행위로 바른 동작이 필요하다.
㉯ 아랫사람이 상사에게 먼저 손을 내민다.
㉰ 악수하는 손을 흔들거나, 손을 꽉 잡거나, 손 끝만 잡는 것은 좋은 태도가 아니다.
㉱ 악수하는 도중 상대방의 시선을 피하거나 다른 곳을 응시하여서는 아니된다.

🚌 해설
악수를 할 경우에는 상사가 아랫사람에게 먼저 손을 내민다.

21 다음 중 대화의 4원칙이 아닌 것은?

㉮ 무표정한 얼굴로 말한다.
㉯ 공손하게 말한다.
㉰ 명료하게 말한다.
㉱ 품위 있게 말한다.

🚌 해설
대화의 4원칙은 ㉯,㉰,㉱항 이외에 밝고 적극적으로 말한다.

22 승객에 대한 호칭과 지칭으로 적당하지 않은 것은?

㉮ 승객
㉯ 손님
㉰ 어르신
㉱ 고객

🚌 해설
고객보다는 '차를 타는 손님'이라는 뜻이 담긴 '승객'이나 '손님'을 사용하는 것이 좋으며, 할아버지·할머니 등 나이가 드신 분들은 '어르신'으로 호칭하거나 지칭하는 것이 적당하다.

23 대화를 나눌 때의 표정 및 예절에 대한 설명이다. 옳지 않은 것은?

㉮ 눈은 상대방을 정면으로 바라보며 경청한다.
㉯ 듣는 사람을 정면으로 바라보고 말한다.
㉰ 시선을 자주 마주치는 것을 삼간다.
㉱ 상대방 눈을 부드럽게 주시한다.

🚌 해설
눈은 듣는 입장에서 시선을 자주 마주친다.

24 운전자가 삼가야 하는 행동으로 옳은 것은?

㉮ 지그재그 운전으로 다른 운전자를 불안하게 만든다.
㉯ 과속으로 운행하며 급브레이크를 밟도록 한다.
㉰ 운행 중에 갑자기 끼어들거나 다른 운전자에게 욕설한다.
㉱ 도로상에서 사고가 발생한 경우 차량을 세워둔 채로 시비, 다툼 등의 행위로 다른 차량의 통행을 방해하지 않는다.

25 다음 중 올바른 직업윤리에 속하지 않는 것은?

㉮ 소명의식
㉯ 천직의식
㉰ 봉사정신
㉱ 차별의식'

🚌 해설
올바른 직업윤리는 ㉮,㉯,㉰항 이외에 직분의식, 전문의식, 책임의식이다.

26 다음은 운전자가 가져야 할 기본자세이다. 거리가 먼 것은?

㉮ 교통법규 이해와 준수
㉯ 추측운전 금지
㉰ 자기중심적인 운전
㉱ 주의력 집중

🚌 해설
운전자가 지켜야 할 기본자세
·보기 중 ㉮,㉯,㉱항
·여유 있는 양보운전
·심신상태 인정
·운전기술 과신은 금물
·배출가스로 인한 대기오염 및 소음공해 최소화 노력

27 직업의 의미 구성요소가 아닌 것은?

㉮ 경제적 의미
㉯ 인간적 의미
㉰ 사회적 의미
㉱ 심리적 의미

28 다음 중 운송업자가 지켜야 할 일반적인 준수사항에 해당되지 않는 것은?

㉮ 운송사업자는 노약자, 장애인 등에 대해서는 특별한 편의를 제공해야 한다.
㉯ 운송사업자는 운수종사자로 하여금 복장 및 모자를 자유롭게 착용하게 한다.
㉰ 운송사업자는 자동차를 항상 깨끗하게 유지하여야 한다.
㉱ 운송사업자는 회사명, 자동차번호, 운전자성명, 불편사항 연락처 및 차고지 등을 적은 표시판을 자동차 안 편리한 위치에 게시하여야 한다.

🚌 해설
자동차 안에 게시하는 표시판은 승객이 쉽게 볼 수 있는 위치에 게시하여야 한다.

29 운전자가 교통사고에 따른 조치사항이다. 틀린 것은?

㉮ 교통사고를 발생시켰을 때에는 현장에서 인명구호를 우선으로 한다.
㉯ 관할 경찰서 신고 등의 의무를 성실히 이행한다.
㉰ 사고발생 시 임의로 처리하고 거짓없이 정확하게 회사에 보고한다.
㉱ 사고처리 결과에 대해 개인적으로 통보를 받았을 때에는 회사에 보고한 후 회사의 지시에 따라 조치한다.

🚌 해설
어떤 사고라도 임의로 처리하지 말고, 사고발생 경위를 육하원칙에 따라 거짓없이 정확하게 회사에 보고한다.

정답 20. ㉯ 21. ㉮ 22. ㉱ 23. ㉰ 24. ㉱ 25. ㉱ 26. ㉰ 27. ㉯ 28. ㉱ 29. ㉰

30 버스 운전자가 운행 중 주의사항이다. 옳지 않은 것은?

㉮ 뒤따라오는 차량이 추월하는 경우에는 감속 등을 통한 양보 운전한다.

㉯ 눈길, 빙판길 등은 체인이나 스노우타이어를 장착한 후 안전하게 운행한다.

㉰ 내리막길에서는 엔진 브레이크를 사용하여서는 안 된다.

㉱ 후진할 때에는 유도요원을 배치하여 수신호에 따라 안전하게 후진한다.

🚌해설
내리막길에서는 풋브레이크를 장시간 사용하지 않고 엔진브레이크 등을 절절히 사용하여 안전하게 운행한다.

31 다음 중 잘못된 직업관에 해당되지 않는 것은?

㉮ 사회구성원으로서의 역할 지향적 직업관

㉯ 생계유지 수단적 직업관

㉰ 지위 지향적 직업관

㉱ 귀속적 직업관

🚌해설
잘못된 직업관은 ㉯,㉰,㉱항 이외에 차별적 직업관, 폐쇄적 직업관 등이 있다.

32 다음 중 공영제의 장점에 속하지 않는 것은?

㉮ 노선의 공유화로 수요의 변화 및 교통수단간 연계차원에서 노선조정, 신설, 변경 등이 용이

㉯ 연계·환승시스템, 정기권 등 효율적 운영체제의 시행이 용이

㉰ 서비스의 안정적 확보와 개선이 용이

㉱ 책임의식 결여로 생산성 저하

🚌해설
공영제의 장점은 ㉮,㉯,㉰항 이외에
① 종합적 도시교통계획 차원에서 운행서비스 공급이 가능
② 수익노선 및 비수익노선에 대해 동등한 양질의 서비스 제공이 용이
③ 저렴한 요금을 유지할 수 있어 서민대중을 보호하고 사회적 분배효과 고양

33 교통관련 법규 및 시내 안전관리 규정 준수사항에 속하지 않는 것은?

㉮ 운행노선을 임의로 변경운행

㉯ 운전에 악영향을 미치는 음주 및 약물복용 후 운전 금지

㉰ 승차 지시된 운전자 이외의 타인에게 대리운전 금지

㉱ 도로교통법에 따라 취득한 운전면허로 운전할 수 있는 차종 이외의 차량 운전금지

🚌해설
교통관련 법규 및 사내 안전관리 규정 준수사항은 ㉯,㉰,㉱항 이외에
① 배차지시 없이 임의 운행금지
② 정당한 사유 없이 지시된 운행노선을 임의로 변경운행 금지
③ 사전승인 없이 타인을 승차시키는 행위 금지
④ 철길건널목에서는 일시정지 준수 및 정차 금지
⑤ 자동차 전용도로, 급한 경사길 등에서는 주·정차 금지
⑥ 기타 사회적인 물의를 일으키거나 회사의 신뢰를 추락시키는 난폭운전 등의 운전 금지
⑦ 차는 이동하는 회사 홍보도구로써 청결 유지, 차의 내·외부를 청결하게 관리하여 쾌적한 운행환경 유지

34 다음 중 업종별 요금 체계 설명이 틀린 것은?

㉮ 시외버스 - 거리운임 요율제, 거리 체감제

㉯ 고속버스 - 거리 체감제

㉰ 마을버스 - 거리운임 요율제

㉱ 전세버스 - 자율요금

🚌해설
마을버스는 단일운임제이다.

35 올바른 직업윤리 의식이 아닌 것은?

㉮ 봉사정신   ㉯ 전문 의식

㉰ 의무의식   ㉱ 책임의식

36 버스요금체계의 유형에 대한 설명이다. 잘못 설명하는 것은?

㉮ 단일 운임제 : 이용거리와 관계없이 일정하게 설정된 요금을 부과하는 요금체계이다.

㉯ 구역 운임제 : 운행구간을 몇 개의 구역으로 나누어 구역별로 요금을 설정하고, 동일 구역 내에서 균일하게 요금을 설정하는 요금 체계이다.

㉰ 거리운임 요율제 : 단위 거리당 요금과 이용거리를 곱해 요금을 산정하는 요금체계이다.

㉱ 거리 체감제 : 이용거리가 증가함에 따라 단위당 운임이 높아지는 요금 체계이다.

🚌해설
거리 체감제는 이용거리가 증가함에 따라 단위당 운임이 낮아지는 요금 체계이다.

37 국내 버스 준 공영제의 일반적인 형태가 아닌 것은?

㉮ 수입금 공동관리제를 바탕으로 한다.

㉯ 운용비용이나 자본비용을 보조하는 형태의 직접 지원형으로 한다.

㉰ 기반 시설이나 수요 증대를 지원하는 형태의 간접 지원형이다.

㉱ 표준 운송원가대비 운송수입 부족분을 지원하는 형태다

🚌해설
준공영제 유형
·직접 지원형 : 운영비용이나 자본비용을 보조하는 형태
·간접 지원형 : 기반시설이나 수요증대를 지원하는 형태

38 간선급행버스체계의 특성이 아닌 것은?

㉮ 효율적인 사전 요금징수 시스템 채택

㉯ 환승 정류장 및 터미널을 이용하여 다른 교통수단과의 연계 가능

㉰ 실시간으로 승객에게 버스운행정보 제공의 어려움

㉱ 지능형교통시스템(ITS)을 활용한 첨단신호체계 운영

🚌해설
간선급행버스체계의 특성은 ㉮,㉯,㉱항 이외에
① 중앙버스차로와 같은 분리된 버스전용차로 제공
② 실시간으로 승객에게 버스운행정보 제공 가능
③ 신속한 승·하차 가능
④ 정류장 및 승차대의 쾌적성 향상
⑤ 환경 친화적인 고급버스를 제공함으로써 버스에 대한 이미지 혁신 가능
⑥ 대중교통에 대한 승객 서비스 수준 향상

39 다음 중 버스요금제도에 대한 설명이 잘못된 것은?

㉮ 시외버스 운임의 기준, 요율 결정은 시·도지사가 한다.
㉯ 시내버스 운임의 기준, 요율 결정은 국토교통부장관이 한다.
㉰ 마을버스 요금은 운수사업자가 정하여 신고한다.
㉱ 전세버스 및 특수여객의 요금은 운수사업자가 자율적으로 정해 요금을 수수할 수 있다.

해설
시내버스 운임의 기준·요율 결정은 시·도지사가 한다.

40 정부가 버스노선의 계획에서부터 버스차량의 소유·공급, 노선의 조정, 버스의 운행에 따른 수입금 관리 등 버스 운영체계의 전반을 책임지는 방식의 버스운영체제의 유형을 무엇이라고 하는가?

㉮ 공영제   ㉯ 민영제
㉰ 노조제   ㉱ 정부제

해설
공영제 : 정부가 버스노선의 계획에서부터 버스차량의 소유·공급, 노선의 조정, 버스의 운행에 따른 수입금 관리 등 버스 운영체계의 전반을 책임지는 방식의 버스운영체제의 유형

41 승차정원 1인(13세 미만의 자는 1.5인을 승차정원 1인으로 본다)의 중량은 몇 킬로그램으로 계산하는가?

㉮ 45   ㉯ 55   ㉰ 65   ㉱ 75

해설
승차정원 1인(13세 미만의 자는 1.5인을 승차정원 1인으로 본다)의 중량은 65킬로그램으로 계산한다.

42 IC카드의 종류가 아닌 것은?

㉮ 접촉식   ㉯ 비접촉식
㉰ 하이브리드   ㉱ 원격제어식

해설
IC카드의 종류에는 접촉식, 비접촉식, 하이브리드, 콤비가 있다.

43 역류버스 전용차로의 장점은?

㉮ 대중교통 서비스를 제공하면서 가로변에 설치된 일방통행의 장점을 유지할 수 있다.
㉯ 일방통행로에서는 보행자가 버스전용차로의 진행방향만 확인하는 경향으로 인해 보행자 사고가 증가할 수 있다.
㉰ 잘못 진입한 차량으로 인해 교통 혼잡이 발생할 수 있다.
㉱ 전용차로 위반차량이 많이 발생한다.

해설
역류버스 전용차로의 장·단점
장점 ① 대중교통 서비스를 제공하면서 가로변에 설치된 일방통행의 장점을 유지할 수 있다.
② 대중교통의 정시성이 제고된다.
단점 ① 일방통행로에서는 보행자가 버스전용차로의 진행방향만 확인하는 경향으로 인해 보행자 사고가 증가할 수 있다.
② 잘못 진입한 차량으로 인해 교통 혼잡이 발생할 수 있다.

44 버스운행관리시스템(BMS)에 대한 설명 중 잘못된 것은?

㉮ 버스운전자, 버스회사, 시·군에게 제공
㉯ 배차관리, 안전운행, 정시성 확보
㉰ 일정주기 데이터, 운행기록데이터 확보
㉱ 버스이용 승객에게 편의 제공

해설
버스정보시스템과 버스운행관리시스템
· 버스정보시스템(BIS) : 버스와 정류장에 무선 송수신기를 설치하여 버스의 위치를 실시간으로 파악하고, 이용자에게 정류장에서 해당 노선버스의 도착 예정시간을 안내하고, 인터넷 등을 통하여 운행정보를 제공하는 시스템
· 버스운행관리시스템(BMS) : 차내장치를 설치한 버스와 종합 사령실을 유·무선 네트워크로 연결해 버스의 위치나 사고정보 등을 승객, 버스회사, 운전자에게 실시간으로 보내주는 시스템

45 교통카드시스템의 구성 요소가 아닌 것은?

㉮ 사용자카드   ㉯ 단말기
㉰ 중앙처리시스템   ㉱ 정보저장장치

해설
정보저장장치는 단말기의 구조다.

46 이용자(승객)의 버스정보시스템의 기대효과가 아닌 것은?

㉮ 버스운행정보 제공으로 만족도 향상
㉯ 불규칙한 배차, 결행 및 무정차 통과에 의한 불편가중
㉰ 과속 및 난폭운전으로 인한 불안감 해소
㉱ 버스도착 예정시간 사전확인으로 불필요한 대기시간 감소

47 버스운영체제의 유형 중 민영제의 특징이다. 옳지 않은 설명은?

㉮ 민간이 버스노선 결정 및 운행 서비스를 공급함으로 공급 비용을 최소화 할 수 있다.
㉯ 노선의 독점적 운영으로 업체 간 수입격차가 극심하여 서비스 개선이 곤란하다.
㉰ 타 교통수단과의 연계교통 체계 구축이 어렵다.
㉱ 노선의 사유화로 노선의 합리적 개편이 적시적소에 이루어지기 쉽다.

해설
노선의 합리적 개편이 적시적소에 이루어지기 어렵다.

48 다음은 버스 전용차로에 대한 설명이다. 옳지 않은 것은?

㉮ 일반 차로와 구별되게 버스가 전용으로 신속하게 통과할 수 있도록 설정된 차로를 말한다.
㉯ 통행방향과 차로의 위치에 따라 가로변 버스 전용차로, 역류버스 전용차로, 중앙버스 전용차로로 구분할 수 있다.
㉰ 버스전용차로의 설치는 일반차량의 교통상황이 나빠지는 문제가 발생할 수 있다.
㉱ 버스전용차로의 설치는 교통정체가 심하지 않은 구간에 설치하는 것이 바람직하다.

해설
전용차로를 설치하고자 하는 구간은 교통정체가 심한 곳에 설치하는 것이 바람직하다.

49 간선급행버스체계 운영을 위한 구성요소가 아닌 것은?

㉮ 공통된 도로 또는 차로 등을 활용한 이용 통행권 확보
㉯ 버스 우선 신호, 버스 전용 지하 또는 고가 등을 활용한 입체교차로 운영
㉰ 편리하고 안전한 환승시설 운영
㉱ 지능형 교통시스템을 활용한 운행 관리

🚌 해설

통행권 확보 : 독립된 전용도로 또는 차로 등을 활용한 이용통행권 확보

50 버스정보시스템 주요기능에 속하지 않는 것은?

㉮ 버스도착 정보제공
㉯ 실시간 운행상태 파악의 어려움
㉰ 전자지도 이용 실시간 관제
㉱ 버스운행 및 통계관리

🚌 해설

버스정보시스템 주요기능
① 버스도착 정보제공　　　　② 실시간 운행상태 파악
③ 전자지도 이용 실시간 관제　④ 버스운행 및 통계관리

51 고속도로 버스 전용차로 통행가능차량에 해당되지 않는 것은?

㉮ 9인승 이상 승용자동차에 6인 이상 승차한 경우
㉯ 7인승 이상 승용자동차에 6인 이상 승차한 경우
㉰ 9인승 이상 승합자동차에 6인 이상 승차한 경우
㉱ 12인승 이하 승합자동차에 6인 이상 승차한 경우

🚌 해설

고속도로 버스전용차로 통행 가능 차량
9인승 이상 승용자동차 및 승합자동차(승용자동차 또는 12인승 이하의 승합자동차는 6인 이상이 승차한 경우에 한한다.)

52 중앙버스전용차로의 단점에 대한 설명 중 틀린 것은?

㉮ 무단횡단 등 안전문제가 발생한다.
㉯ 안전시설 등의 설치 및 유지로 인한 비용이 많이 든다.
㉰ 일반 차로의 통행량이 다른 전용차로에 비해 많이 증가할 수 있다.
㉱ 승·하차 정류소에 대한 보행자의 접근거리가 길어진다.

🚌 해설

중앙버스전용차로는 일반 차로의 통행량이 다른 전용차로에 비해 많이 감소할 수 있다는 단점이 있다.

53 다음은 교통사고 현장에서의 원인조사 사항이다. 아닌 것은?

㉮ 노면에 나타난 흔적조사　　㉯ 사고차량 및 피해자 조사
㉰ 사고 당사자 및 목격자 조사　㉱ 사고지점 주변 차량 조사

🚌 해설

교통사고 현장에서의 원인조사 내용
· 노면에 나타난 흔적 조사　　· 사고차량 및 피해자 조사
· 사고당사자 및 목격자 조사　· 사고현장 시설물 조사
· 사고현장 측정 및 사진촬영

54 중앙버스전용차로의 위험요소가 아닌 것은?

㉮ 대기 중인 버스를 타기 위한 보행자의 횡단보도 신호위반 및 버스정류소 부근의 무단횡단 가능성이 증가한다.
㉯ 중앙버스전용차로가 시작하는 구간 및 끝나는 구간에서 일반차량과 버스간의 충돌위험이 발생한다.
㉰ 좌회전하는 일반차량과 직진하는 버스 간의 충돌위험이 없다.
㉱ 버스전용차로가 시작하는 구간에서는 일반차량의 직진 차로수의 감소에 따른 교통 혼잡이 발생한다.

🚌 해설

중앙버스전용차로의 위험요소는 ㉮,㉯,㉱항 이외에
① 좌회전하는 일반차량과 직진하는 버스 간의 충돌위험 발생
② 폭이 좁은 정류소 추월차로로 인한 사고 위험 발생 ; 정류소에서 설치된 추월차로는 정류소에 정차하지 않는 버스 또는 승객의 승하차를 마친 버스가 대기 중인 버스를 추월하기 위한 차로로 폭이 좁아 중앙선을 침범하기 쉬운 문제를 안고 있다.

55 교통사고 조사 규칙에 따른 교통사고의 용어로 맞는 것은?

㉮ 충돌사고 : 2대 이상의 차가 동일방향으로 주행 중 뒤차가 앞차의 후면을 충격한 것을 말한다.
㉯ 추돌사고 : 차가 반대방향 또는 측방에서 진입하여 그 차의 정면으로 다른 차의 정면 또는 측면을 충격한 것을 말한다.
㉰ 접촉사고 : 차가 주행 중 도로 또는 도로 이외의 장소에 뒤집혀 넘어진 것을 말한다.
㉱ 전도사고 : 차가 주행 중 도로 또는 도로 이외의 장소에 차체의 측면이 지면에 접하고 있는 상태를 말한다.

🚌 해설

① **충돌사고** : 차가 반대방향 또는 측방에서 진입하여 그 차의 정면으로 다른 차의 정면 또는 측면을 충격한 것을 말한다.
② **추돌사고** : 2대이상의 차가 동일방향으로 주행 중 뒤차가 앞차의 후면을 충격한 것을 말한다.
③ **접촉사고** : 차가 추월, 교행 등을 하려다가 차의 좌우측면을 서로 스친 것을 말한다.

56 교통사고 현장에서의 상황별 안전조치에 대한 설명이다 옳지 않은 것은?

㉮ 짧은 시간 안에 사고 정보를 수집하여 침착하고 신속하게 상황을 파악한다.
㉯ 생명이 위독한 환자가 누구인지 파악한다.
㉰ 피해자와 구조자 등에게 위험이 계속 발행하는지 파악한다.
㉱ 사고위치를 보존하기 위해서 사고차량은 그대로 둔다.

🚌 해설

사고위치에 노면 표시를 한 후 도로 가장자리로 자동차를 이동시킨다.

57 사고 발생 시 보험회사 및 경찰 등에 연락할 사항에 해당되지 않는 것은?

㉮ 사고 발생 지점 및 상태　　㉯ 차주 성명
㉰ 화물의 상태　　　　　　　㉱ 연료 유출 여부 등

🚌 해설

교통사고 발생 시 운전자가 보험회사나 경찰 등에 연락할 사항
· 사고 발생 지점 및 상태　　· 부상정도 및 부상지수
· 회사명　　　　　　　　　· 운전자 성명
· 화물의 상태　　　　　　　· 연료 유출 여부 등

정답　49. ㉮　50. ㉯　51. ㉯　52. ㉰　53. ㉱　54. ㉰　55. ㉱　56. ㉱　57. ㉯

58 교통사고 조사 규칙에 따른 교통사고의 용어 설명이다. 잘못된 것은?

㉮ 충돌사고 : 차가 반대방향 또는 측방에서 진입하여 그 차의 정면으로 다른 차의 정면 또는 측면을 충격한 것을 말한다.

㉯ 전도사고 : 차가 주행 중 도로 또는 도로 이외의 장소에 뒤집혀 넘어진 것

㉰ 추돌사고 : 2대 이상의 차가 동일방향으로 주행 중 뒤차가 앞차의 후면을 충격한 것을 말한다.

㉱ 접촉사고 : 차가 추월, 교행 등을 하려다가 차의 좌우측면을 서로 스친 것을 말한다.

🚌 해설

전도사고와 전복사고
· 전도사고 : 차가 주행 중 도로 또는 도로 이외의 장소에 차체의 측면이 지면에 접하고 있는 상태
· 전복사고 : 차가 주행 중 도로 또는 도로 이외의 장소에 뒤집혀 넘어진 것을 말한다.

59 여객자동차 운수사업법에 따른 중대한 교통사고에 해당되지 않는 것은?

㉮ 전복사고

㉯ 화재가 발생한 사고

㉰ 사망자 1명 이상 발생한 사고

㉱ 사망자 1명과 중상자 3명 이상이 발생한 사고

🚌 해설

여객자동차 운수사업법에 따른 중대한 교통사고 기준
· 보기 중 ㉮,㉯,㉱항   · 사망자 2명 이상 발생한 사고
· 중상자 6명 이상이 발생한 사고

60 다음은 사고 발생시 운전자가 취할 조치과정이다. 잘못된 것은?

㉮ 탈출   ㉯ 인명구조   ㉰ 전방 방호   ㉱ 연락

🚌 해설

사고 발생 시 운전자가 취할 조치 과정
· 탈출 : 안전하고 신속하게 사고차량으로부터 탈출
· 인명구조 : 부상자, 노인, 어린아이 및 부녀자 등 노약자 우선으로 구조
· 후방 방호 : 통과차량에게 알리기 위해 차선으로 뛰어나와 손을 흔드는 등의 위험한 행동을 삼간다.
· 연락 : 보험회사나 경찰 등에 연락한다.
· 대기 : 고장차량의 경우와 같은 방법

61 교통사고로 부상자가 발생하여 인명구조를 해야 될 경우 유의할 사항이 아닌 것은?

㉮ 승객이 동승자가 있는 경우 적절한 유도로 승객의 혼란방지에 노력해야 한다.

㉯ 인명구출 시 부상자, 노인, 어린아이 및 부녀자 등 노약자를 우선적으로 구조한다.

㉰ 정차위치가 차선, 갓길 등과 같이 위험한 장소일 때에는 신속히 도로 밖의 안전장소로 유도하고 2차 피해가 일어나지 않도록 한다.

㉱ 야간에는 주변의 안전에 신경쓰지 않아도 무방하다.

🚌 해설

인명구조를 할 때 유의사항은 ㉮,㉯,㉰항 이외에
① 부상자가 있을 때에는 우선 응급조치를 한다.
② 야간에는 주변의 안전에 특히 주의를 하고 냉정하고 기민하게 구출유도를 해야 한다.

62 버스에서 발생하기 쉬운 사고 및 대책에 대한 설명이다. 잘못 설명된 것은?

㉮ 버스사고의 절반 가량은 사람과 관련되어 발생한다.

㉯ 전체 버스사고 중 절반가량은 차내 전도사고이다.

㉰ 버스 사고는 주행 중의 도로상, 버스정류장, 교차로 부근, 횡단보도 부근 순으로 많이 발생하고 있다.

㉱ 승객의 안락한 승차감과 사고를 예방하기 위해서는 안전운전습관을 익혀야 한다.

🚌 해설

전체 버스 사고 중 차내 전도 사고는 약 1/3정도이다.

63 재난 발생시 운전자의 조치사항이다. 설명이 잘못된 것은?

㉮ 운행 중 재난이 발생할 경우에는 신속하게 차량을 안전지대로 이동한 후 즉각 회사 및 유관기관에 보고한다.

㉯ 장시간 고립 시에는 유류, 비상식량, 구급환자 발생 등을 즉시 신고한다.

㉰ 교통안전공단 및 인근 유관기관 등에 협조를 요청한다.

㉱ 승객의 안전 조치를 우선적으로 취한다.

🚌 해설

협조 요청은 한국도로공사 및 인근 유관기관 등에 한다.

64 부상자 의식 상태를 확인하는 방법으로 잘못된 것은?

㉮ 말을 걸거나 팔을 꼬집어 눈동자를 확인한 후 의식이 있으면 말로 안심시킨다.

㉯ 의식이 없다면 기도를 확보한다.

㉰ 의식이 없거나 구토할 때는 목이 오물로 막혀 질식하지 않도록 옆으로 눕힌다.

㉱ 환자의 몸을 심하게 흔들어 의식을 확인한다.

🚌 해설

부상자 의식 상태를 확인하는 방법은 ㉮,㉯,㉰항 이외에
① 목뼈 손상의 가능성이 있는 경우에는 목 뒤쪽을 한 손으로 받쳐준다.
② 환자의 몸을 심하게 흔드는 것을 금지한다.

65 버스에서 발생하기 쉬운 사고유형과 대책이 아닌 것은?

㉮ 버스는 불특정 다수를 대량으로 수송한다는 점과 운행거리 및 운행시간이 타 차량에 비해 긴 특성을 가지고 있어, 사고발생확률이 높으며, 실제로 더 많은 사고가 발생하고 있다.

㉯ 버스사고의 절반가량은 사람과 관련되어 발생하고 있으며, 전체 버스사고 중 약1/3정도는 차내 전도사고이며, 주된 사고는 승하차중에 빈발하고 있다.

㉰ 버스사고는 주행 중인 도로상, 버스정류장, 교차로 부근, 횡단보도 부근 순으로 많이 발생하고 있다.

㉱ 승객의 안락한 승차감과 사고를 예방하기 위한 안전운전습관은 무시해도 된다.

🚌 해설

버스에서 발생하기 쉬운 사고유형과 대책은 ㉮,㉯,㉰항 이외에
승객의 안락한 승차감과 사고를 예방하기 위해서는 안전운전습관을 몸에 익혀야 한다.

정답   58. ㉯   59. ㉰   60. ㉰   61. ㉱   62. ㉯   63. ㉰   64. ㉱   65. ㉱

실전모의고사 ①회

01 여객자동차운송사업의 목적이 아닌 것은?

㉮ 여객자동차 운수사업법에 관한 질서 확립
㉯ 여객의 원활한 운송
㉰ 여객자동차 운수사업법의 종합적인 발달도모
㉱ 개인이익 증진

02 대폐차(차령이 만료된 차량 등을 다른 차량으로 대체하는 것)에 충당되는 자동차의 차량충당연한은 얼마인가?

㉮ 5년 ㉯ 4년
㉰ 3년 ㉱ 1년

03 신규로 여객자동차 운송사업용 자동차를 운전하려는 사람이 받아야 하는 운전적성정밀검사는?

㉮ 신규검사 ㉯ 정기검사
㉰ 특별검사 ㉱ 안전검사

04 도로교통법상 '자동차의 고속 운행에만 사용하기 위하여 지정된 도로'를 의미하는 용어는?

㉮ 고속도로 ㉯ 자동차전용도로
㉰ 자동차도로 ㉱ 유료도로

05 도로교통법 상 도로에 해당되지 않는 것은?

㉮ 해상도로법에 의한 항로
㉯ 농어촌도로 정비법에 따른 농어촌도로
㉰ 유료도로법에 따른 유료도로
㉱ 도로법에 따른 도로

06 자동차의 차령을 연장하려는 여객자동차운수사업자는 자동차관리법에 따른 어느 검사기준에 충족하여야 하는가?

㉮ 수시검사 ㉯ 정기검사
㉰ 임시검사 ㉱ 구조변경검사

07 운송사업자는 새로 채용한 운수종사자에 대하여는 운전업무를 시작하기 전에 교육을 16시간 이상 받게 하여야 하는데 그 교육내용에 속하지 않는 것은?

㉮ 여객자동차 운수사업 관계 법령 및 도로교통 관계 법령
㉯ 서비스의 자세 및 운송질서의 확립
㉰ 응급처치의 방법
㉱ 자동차 정비방법

08 시외버스운송사업 자동차의 운행형태에 따른 종류 중 '시외고속버스'의 승차정원 기준으로 알맞은 것은?

㉮ 29인승 이하 ㉯ 29인승 이상
㉰ 30인승 이하 ㉱ 30인승 이상

09 다음 중 도로교통법상 '긴급자동차'로 볼 수 없는 차는?

㉮ 화재 발생지역으로 출동하고 있는 소방자동차
㉯ 긴급한 수술을 위한 혈액을 이송 중인 혈액 공급차량
㉰ 학술 세미나 참가자를 이송 중인 병원차량
㉱ 긴급 상황임을 표시하고 부상자를 운반 중인 택시

10 시내버스운송사업용 승합자동차의 차령으로 알맞은 것은?

㉮ 6년 ㉯ 10년
㉰ 10년 6월 ㉱ 9년

11 편도 3차로인 고속도로에서 대형승합자동차의 주행차로는?

㉮ 1차로 ㉯ 2차로
㉰ 3차로 ㉱ 모든 차로

12 도로교통법상 운전자의 준수사항과 관련하여 운행 중 일시정지 해야 하는 때를 서술한 것이다. 적합하지 않은 것은?

㉮ 어린이가 보호자 없이 도로를 횡단하는 때
㉯ 빗물이 고여 있는 도로를 지나가는 때
㉰ 지하도나 육교 등 도로 횡단시설을 이용할 수 없는 노인이 도로를 횡단하고 있는 경우
㉱ 앞을 보지 못하는 사람이 흰색 지팡이를 가지고 도로를 횡단하고 있는 경우

13 차마가 한 줄로 도로에 정하여진 부분을 통행하도록 차선으로 구분한 차도의 부분을 무엇이라 하는가?

㉮ 고속도로 ㉯ 차로
㉰ 지방도로 ㉱ 자동차 전용도로

14 중상해의 범위에 속하지 않는 것은?

㉮ 생명에 대한 위험 ㉯ 불구
㉰ 찰과상 ㉱ 불치나 난치의 질병

15 교통안전 표지 중 노면표시에서 차마가 일시 정지해야 하는 표시로 올바른 것은?

㉮ 백색점선으로 표시한다. ㉯ 황색점선으로 표시한다.
㉰ 황색실선으로 표시한다. ㉱ 백색실선으로 표시한다.

정답 제1과목 01. ㉱ 02. ㉰ 03. ㉮ 04. ㉮ 05. ㉮ 06. ㉰ 07. ㉱ 08. ㉱ 09. ㉰ 10. ㉱ 11. ㉯ 12. ㉯ 13. ㉯ 14. ㉰ 15. ㉱

16 다음 중 도주(뺑소니)사고로 볼 수 없는 경우는?

㉮ 피해자를 사고현장에 방치한 채 가버린 경우

㉯ 피해자의 부상 정도가 극히 경미하여 연락처를 제공하고 떠난 경우

㉰ 피해자를 병원까지만 후송하고 계속 치료를 받을 수 있는 조치 없이 가버린 경우

㉱ 사고운전자를 바꿔치기하여 신고한 경우

17 악천후 시 자동차의 운행속도에 대한 설명이다. 틀린 것은?

㉮ 노면이 얼어붙은 경우 최고속도의 100분의 50을 줄인 속도로 운행하여야 한다.

㉯ 안개 등으로 가시거리가 100m 이내인 경우 최고속도의 100분의 20을 줄인 속도로 운행하여야 한다.

㉰ 눈이 20mm 미만 쌓인 경우 경우 최고속도의 100분의 20을 줄인 속도로 운행하여야 한다.

㉱ 눈이 20mm 이상 쌓인 경우 최고속도의 100분의 50을 줄인 속도로 운행하여야 한다.

18 차마의 통행방법으로 도로의 중앙이나 좌측부분을 통행할 수 있는 경우로 가장 적합한 것은?

㉮ 교통신호가 자주 바뀌어 통행에 불편을 느낄 때

㉯ 과속방지턱이 있어 통행에 불편할 때

㉰ 차량의 혼잡으로 교통소통이 원활하지 않을 때

㉱ 도로 우측부분의 폭이 차마의 통행에 충분하지 아니한 경우

19 피해자를 사망에 이르게 하고 도주하거나, 도주 후에 피해자가 사망한 경우의 처벌은?

㉮ 10년 이상의 징역

㉯ 사형, 무기 또는 5년 이상의 징역

㉰ 3년 이하의 징역

㉱ 1년 이하의 징역

20 도로 교통법상 노면표시의 기본색상에 대한 설명으로 틀린 것은?

㉮ 백색 : 반대방향의 교통류 분리 및 경계표시

㉯ 황색 : 반대방향의 교통류 분리 또는 도로이용의 제한 및 지시(중앙선표시, 노상장애물 중 도로중앙장애물표시, 주차금지표시, 정차주차금지 표시 및 안전지대표시)

㉰ 청색 : 지정방향의 교통류 분리 표시(버스전용차로표시 및 다인승 차량 전용차선 표시)

㉱ 적색 : 어린이보호구역 또는 주거지역 안에 설치하는 속도제한표시의 테두리선에 사용

21 대로상에서 뒤에 있는 일정한 장소나 다른 길로 진입하기 위해 상당한 구간을 계속 후진하다가 정상진행 중인 차량과 충돌한 경우의 위반사항은?

㉮ 후진위반   ㉯ 안전운전불이행

㉰ 통행구분위반   ㉱ 앞지르기 금지 위반

22 안전거리 미확보에 의한 교통사고가 성립하는 경우의 내용으로 틀린 것은?

㉮ 앞차가 정당하게 급정지를 하였다.

㉯ 앞차가 고의적으로 급정지하는 경우에는 뒤차의 불가항력적 사고로 인정하여 앞차에게 책임을 부과한다.

㉰ 과실 있는 급정지라 하더라도 사고를 방지할 주의의무는 뒤차에 있다.

㉱ 앞차에 과실에 있는 경우에는 손해보상할 때 과실상계하여 처리한다.

23 교통사고조사규칙 제2조에 따른 용어의 정의로 틀린 것은?

㉮ 교통 : 차를 도로에서 운전하여 사람 또는 화물을 이동시키거나 운반하는 등 차를 그 본래의 용법에 따라 사용하는 것

㉯ 교통사고 : 차의 교통으로 인하여 사람을 사상하거나 물건을 손괴한 것

㉰ 대형사고 : 1명이상이 사망하거나 10명 이상의 사상자가 발생한 사고

㉱ 교통조사관 : 교통사고를 조사하여 검찰에 송치하는 등 교통사고조사업무를 처리하는 경찰공무원

24 신호·지시위반 사고에 따른 행정처분으로 옳은 것은?(단, 승합자동차의 경우)

㉮ 범칙금 3만원, 벌점 5점   ㉯ 범칙금 3만원, 벌점 10점

㉰ 범칙금 7만원, 벌점 15점   ㉱ 범칙금 10만원, 벌점 20점

25 정지거리에 대한 설명으로 맞는 것은?

㉮ 공주거리와 제동거리를 합한 거리

㉯ 공주거리만의 거리

㉰ 제동거리만의 거리

㉱ 공주거리에서 제동거리를 뺀 거리

제2과목 자동차 관리요령 및 안전수칙

01 자동차 연료로 사용되는 천연가스의 특징이 아닌 것은?

㉮ 메탄(CH_4)을 주성분으로 하는 탄소량이 적은 탄화수소 연료이다.

㉯ 메탄의 비등점은 -62℃이고, 상온에서는 기체이다.

㉰ 옥탄가가 비교적 높고, 세탄가는 낮다. 오토사이클 엔진에 적합한 연료이다.

㉱ 탄소량이 적으므로 발열량당 CO_2 배출량이 적다

02 시동모터가 작동되지 않거나 천천히 회전하는 경우 조치사항 중 옳지 않은 것은?

㉮ 배터리를 충전하거나 교환한다.

㉯ 연료 필터를 교환한다.

㉰ 접지 케이블을 단단하게 고정한다.

㉱ 적정 점도의 오일로 교환한다.

03 버스 운전자가 운행 전 지켜야 할 안전수칙에 해당되지 않는 것은?

㉮ 가까운 거리라도 안전벨트를 착용한다.
㉯ 운전석 주변은 항상 깨끗이 유지한다.
㉰ 좌석, 핸들, 미러 등을 조정한다.
㉱ 인화성, 폭발성 물질을 차내에 비치한다.

04 자동차 머플러 파이프에서 검은색 연기를 뿜는다. 그 원인은?

㉮ 윤활유가 연소실에 침입
㉯ 에어 클리너 엘리먼트 막힘
㉰ 희박한 혼합가스의 연소
㉱ 윤활유의 부족

05 자동변속기 오일의 색깔이 검은색일 경우 그 원인은?

㉮ 불순물 혼입
㉯ 오일의 열화 클러치 디스크 마모
㉰ 불완전 연소
㉱ 에어클리너 막힘

06 천연가스의 상태별 종류에서 천연가스를 고압으로 압축하여 고압의 용기에 저장한 기체상태의 연료를 무엇이라 하는가?

㉮ CNG(Compressed Natrual Gas)
㉯ LNG(Liquified Natural Gas)
㉰ ANG(Absorbed Natural Gas)
㉱ LPG(Liquified Petroleum Gas)

07 다음은 자동차를 출발하기 전에 확인할 사항을 설명한 것으로 틀린 것은?

㉮ 공기 압력은 충분하여 잘 충전되고 있는지 확인한다.
㉯ 후사경의 위치와 각도는 적절한지 확인한다.
㉰ 클러치 작동과 동력전달에 이상이 없는지 확인한다.
㉱ 엔진 소리에 잡음은 없는지 확인한다.

08 안전벨트 착용방법에 대한 설명이 옳지 않은 것은?

㉮ 안전벨트를 착용할 때에는 좌석 등받이에 기대어 비스듬이 앉는다.
㉯ 안전벨트는 꼬이지 않도록 주의한다.
㉰ 안전벨트는 어깨 위와 가슴 부위를 지나도록 한다.
㉱ 안전벨트는 별도의 보조장치를 장착하지 않는다.

09 다음은 자동차 키(Key)의 사용 및 도어의 개폐에 대한 설명이다. 옳지 않은 것은?

㉮ 화물실 도어는 자동차키를 사용한다.
㉯ 차를 떠날 때에는 짧은 시간일지라도 안전을 위해 반드시 키를 뽑아 지참한다.
㉰ 도어를 개폐할 때에는 후방으로부터 오는 보행자 등에 주의한다.
㉱ 장시간 자동으로 문을 열어 놓으면 배터리가 방전될 수 있다.

10 버스 운행 시 경제적인 운행방법이 아닌 것은?

㉮ 급발진, 급가속 및 급제동 금지
㉯ 경제속도 준수
㉰ 불필요한 공회전 금지
㉱ 적당한 화물 적재 상태에서 운행

11 다음은 자동차 운행시 브레이크의 조작 요령에 대하여 설명한 것으로 틀린 것은?

㉮ 내리막길에서 연료 절약을 위하여 기어를 중립으로 두고 탄력으로 운행한다.
㉯ 브레이크 페달을 2~3회 나누어 밟으면 안정된 제동 성능을 얻을 수 있다.
㉰ 내리막길에서 풋 브레이크를 작동시키면 파열, 일시적인 작동 불능을 일으키게 된다.
㉱ 주행 중 제동은 핸들을 붙잡고 기어가 들어가 있는 상태에서 제동한다.

12 자동차를 경제적으로 운행하는 요령에 대하여 설명한 것으로 다음 중 알맞은 것은?

㉮ 경제속도를 준수하고 타이어 압력은 적정하게 유지할 필요가 없다.
㉯ 목적지를 확실하게 파악한 후 운행한다.
㉰ 연료가 떨어질 때를 대비해 가득 주유한다.
㉱ 에어컨을 항상 저단으로 켜 둔다.

13 자동차를 운행하기 전에 지켜야할 안전 수칙으로 틀린 것은?

㉮ 손목이 핸들의 가장 가까운 곳에 닿도록 시트를 조정한다.
㉯ 안전벨트의 착용을 습관화 한다.
㉰ 운전에 방해되는 물건은 제거한다.
㉱ 일상점검을 생활화 한다.

14 안전벨트의 착용에 대한 설명으로 잘못된 것은?

㉮ 신체의 상해를 예방하기 위하여 가까운 거리라도 안전벨트를 착용하여야 한다.
㉯ 안전벨트가 꼬이지 않도록 하여 아래 엉덩이 부분에 착용하여야 한다.
㉰ 허리 부위의 안전벨트는 골반 위치에 착용하여야 한다.
㉱ 안전벨트를 목 주위로 감아서 어깨 안쪽으로 오도록 착용하여야 한다.

15 가스 공급 라인 등 연결부에서 가스가 누출될 때 등의 조치요령이다. 옳지 않은 것은?

㉮ 차량부근으로 화기 접근을 금하고, 엔진시동을 끈 후 메인 전원 스위치를 차단한다.
㉯ 누설 부위를 세정액 또는 가스 점검기 등으로 확인한다.
㉰ 탑승하고 있는 승객을 안전한 곳으로 대피시킨다.
㉱ 스테인레스 튜브 등 가스 공급라인의 몸체가 파열된 경우에는 교환한다.

정답 03. ㉱ 04. ㉯ 05. ㉯ 06. ㉮ 07. ㉰ 08. ㉮ 09. ㉮ 10. ㉱ 11. ㉮ 12. ㉯ 13. ㉮ 14. ㉱ 15. ㉯

제3과목   안전운행, 운송서비스

01 교통사고의 요인에 대한 설명으로 틀린 것은?

㉠ 인적요인 - 운전자의 적성과 자질, 운전습관, 내적태도 등에 관한 것
㉯ 차량요인 - 차량구조장치, 부속품 또는 적하(積荷)등에 관한 것
㉰ 환경요인 - 자연환경, 교통환경, 사회적 환경, 구조환경 등의 요인으로 구성됨
㉱ 모든 교통사고는 인적요인 하나로 설명될 수 있다.

02 불쾌지수가 높으면 나타날 수 있는 현상이 아닌 것은?

㉠ 차량 조작이 민첩해지고, 난폭운전을 하지 않는다.
㉯ 사소한 일에도 언성을 높이고, 잘못을 전가하려는 신경질적인 반응을 보이기 쉽다.
㉰ 불필요한 경음기 사용, 감정에 치우친 운전으로 사고 위험이 증가한다.
㉱ 스트레스가 가중돼 운전이 손에 잡히지 않고, 두통, 소화불량등 신체 이상이 나타날 수 있다.

03 안개길 운전의 위험성이 아닌 것은?

㉠ 안개로 인해 운전시야 확보가 곤란한다.
㉯ 주변의 교통안전표지 등 교통정보 수집이 곤란하다.
㉰ 다른 차량 및 보행자의 위치 파악이 곤란하다.
㉱ 다른 차량 및 보행자의 위치 파악이 용이하다.

04 다음 중 수막(Hydropolaning) 현상을 예방하기 위한 조치로 틀린 것은?

㉠ 타이어의 공기압을 조금 낮게 한다.
㉯ 마모된 타이어를 사용하진 않는다.
㉰ 고속으로 주행하지 않는다.
㉱ 배수효과가 좋은 타이어를 사용한다.

05 다음 중 교통약자로 볼 수 없는 사람은?

㉠ 장애인   ㉯ 고령자와 임산부
㉰ 어린이, 영유아를 동반한 사람   ㉱ 청소년

06 진로변경 위반에 해당하는 경우가 아닌 것은?

㉠ 주행차로로 운행하는 경우
㉯ 한 차로로 운행하지 않고 두 개 이상의 차로를 지그재그로 운행하는 행위
㉰ 갑자기 차로를 바꾸어 옆 차로로 끼어드는 행위
㉱ 여러 차로를 연속적으로 가로지르는 행위

07 알코올이 운전에 미치는 부정적인 영향이 아닌 것은?

㉠ 심리 - 운동 협응능력 저하
㉯ 정보처리 능력 향상
㉰ 판단 능력 감소
㉱ 차선을 지키는 능력 감소

08 빗길 운전의 위험성이 아닌 것은?

㉠ 비로 인해 운전시야 확보가 용이하다.
㉯ 타이어와 노면과의 마찰력이 감소하여 정지거리가 길어진다.
㉰ 수막현상 등으로 인해 조향조작 및 브레이크 기능이 저하될 수 있다.
㉱ 보행자의 주의력이 약해지는 경향이 있다.

09 경제운전에 영향을 미치는 요인이 아닌 것은?

㉠ 교통상황   ㉯ 도로조건
㉰ 기상조건   ㉱ 제동요건

10 다음 중 감정이 운전에 미치는 영향으로 틀린 것은?

㉠ 부주의   ㉯ 집중력 저하
㉰ 정보처리 능력의 저하   ㉱ 감정과 운전은 상관없음

11 운전 중 대향차량과의 정면충돌사고를 회피하는 방어운전요령으로 틀린 것은?

㉠ 전방의 도로 상황을 파악한다.
㉯ 정면으로 마주칠 때 핸들조작은 왼쪽으로 한다.
㉰ 속도를 줄인다.
㉱ 오른쪽으로 방향을 조금 틀어 공간을 확보한다.

12 교통안전 측면에서 회전교차로를 설치하는 목적으로 거리가 먼 것은?

㉠ 교통사고가 잦은 곳으로 지정된 교차로
㉯ 정면 충돌사고가 발생하지 않는 교차로
㉰ 주도로와 부도로의 통행 속도차가 큰 교차로
㉱ 부상·사망사고 등의 대형 교통사고가 발생한 교차로

13 내리막길에서 기어를 변속할 때 하는 방법으로 잘못된 것은?

㉠ 변속할 때 클러치 및 변속 레버의 작동은 신속하게 한다.
㉯ 변속할 때 클러치 및 변속 레버의 작동은 천천히 한다.
㉰ 변속할 때에는 전방이 아닌 다른 방법으로 시선을 놓치지 않도록 주위해야 한다.
㉱ 왼손을 핸들을 조정하고, 오른손과 양발은 신속히 움직인다.

14 내리막길에서의 방어운전 요령으로 틀린 것은?

㉠ 내리막길에서 기어 변속할 때 클러치 및 변속레버의 작동은 천천히 한다.
㉯ 내리막길을 내려갈 때에는 엔진 브레이크로 속도를 조절하는 것이 바람직하다.
㉰ 엔진 브레이크를 사용하면 페이드(Fade) 현상 및 베이퍼 록(Vapour lock) 현상을 예방하여 운행 안전도를 높일 수 있다.
㉱ 경사길 주행 중간에 불필요하게 속도를 줄이거나 급제동하는 것은 주의해야 한다.

정답 제3과목 01. ㉱ 02. ㉠ 03. ㉱ 04. ㉠ 05. ㉱ 06. ㉠ 07. ㉯ 08. ㉠ 09. ㉱ 10. ㉱ 11. ㉯ 12. ㉯ 13. ㉯ 14. ㉠

15 운전의 기본 운행 수칙에서 차량을 출발하고자 할 때 유의사항이 아닌 것은?

㉮ 매일 운행을 시작할 때에는 후사경이 제대로 조정되어 있는지 확인한다.

㉯ 기어가 들어가 있는 상태에서 클러치를 밟고 시동을 걸지 않는다.

㉰ 주차브레이크가 채워진 상태에서 출발하지 않는다.

㉱ 주차상태에서 출발할 때에는 차량의 사각지점을 고려하여 버스의 전·후, 좌·우의 안전을 직접 확인한다.

16 다음 중 비상주차대가 설치될 수 없는 장소가 아닌 것은?

㉮ 고속도로에는 비상주차대를 설치할 수 없다.

㉯ 고속도로에서 길어깨 폭이 2.5m 미만으로 설치되는 경우

㉰ 길어깨를 축소하여 건설되는 긴 교량의 경우

㉱ 긴 터널의 경우

17 커브길 주행방법으로 틀린 것은?

㉮ 커브 길에 진입하기 전에 경사도나 도로의 폭을 확인하고 엔진 브레이크를 작동시켜 속도를 줄인다.

㉯ 엔진 브레이크만으로 속도가 충분히 줄지 않으면 풋 브레이크를 사용하여 회전 중에 더 이상 감속하지 않도록 한다.

㉰ 가속된 속도에 맞는 기어로 변속한다.

㉱ 회전이 끝나는 부분에 도달하였을 때에는 핸들을 바르게 한다.

18 교통안전 측면에서 회전교차로를 설치하여야 하는 곳이 아닌 것은?

㉮ 교통사고 잦은 곳으로 지정된 교차로

㉯ 교차로의 사고유형 중 직각 충돌사고 및 정면 충돌사고가 빈번하게 발생하는 교차로

㉰ 주도로와 부도로의 통행 속도차가 적은 교차로

㉱ 부상, 사망사고 등의 심각도가 높은 교통사고 발생 교차로

19 다음 중 안전운전의 5가지 기본 기술에 속하지 않는 것은?

㉮ 운전 중에 전방을 멀리본다.

㉯ 전체적으로 살펴본다.

㉰ 시선을 중앙에 고정한다.

㉱ 차가 빠져나갈 공간을 확보한다.

20 서비스에 관한 설명으로 틀린 것은?

㉮ 한 당사자가 다른 당사자에게 소유권의 변동 없이 제공해줄 수 있는 무형의 행위 또는 활동을 말한다.

㉯ 여객운송업에 있어 서비스란 긍정적인 마음을 적절하게 표현하여 승객을 기쁘고 즐겁게 목적지까지 안전하게 이동시키는 것을 말한다.

㉰ 서비스란 승객의 이익을 도모하기 위해 행동하는 기계적 노동을 말한다.

㉱ 서비스도 하나의 상품으로 서비스 품질에 대한 승객만족을 위해 계속적으로 승객에게 제공하는 모든 활동을 의미한다.

21 다음 중 봄철에 발생하는 교통사고 위험요인으로 볼 수 없는 것은?

㉮ 이른 봄에는 일교차가 심해 새벽에 결빙된 도로가 발생할 수 있다.

㉯ 황사현상에 의한 모래바람은 운전자 시야 장애요인이 되기도 한다.

㉰ 교통상황에 대한 판단능력이 떨어지는 어린이와 신체능력이 악화된 노약자등의 보행이나 교통수단이용이 감소한다.

㉱ 춘곤증에 의한 전방 주시 태만 및 졸음운전은 사고로 이어질 수 있다.

22 다음 중 조명시설의 주요기능에 속하지 않는 것은?

㉮ 주변이 밝아짐에 따라 교통안전에 도움이 된다.

㉯ 도로이용자인 운전자 및 보행자의 불안감을 해소해 준다.

㉰ 운전자의 피로가 증가한다.

㉱ 범죄발생을 방지하고 감소시킨다.

23 다음 중 어린이 교통사고 주요 유형에 해당되지 않는 것은?

㉮ 차량 승하차시 사고

㉯ 도로에 갑자기 뛰어들어 일어난 사고

㉰ 도로상에서 위험한 놀이로 인한 사고

㉱ 차내 안전사고

24 다음 중 승객에게 불쾌감을 주는 몸가짐이 아닌 것은?

㉮ 충혈 된 눈

㉯ 잠잔 흔적이 남아 있는 머릿결

㉰ 정리되지 않은 덥수룩한 수염

㉱ 환한 얼굴

25 올바른 인사방법이 아닌 것은?

㉮ 표정을 밝고 부드러운 미소를 짓는다.

㉯ 고개는 반듯하게 들되 턱을 내밀지 않고 자연스럽게 당긴다.

㉰ 인사 전·후에 상대방의 눈을 정면으로 노려본다.

㉱ 상대방을 진심으로 존중하는 마음을 눈빛에 담아 인사한다.

26 가을철 추석 귀성객 단풍놀이 등 장거리 운행 전 점검사항으로 틀린 것은?

㉮ 타이어 공기압, 타이어 마모상태, 스페어타이어의 이상 유무를 점검한다.

㉯ 엔진룸 도어를 열어 냉각수와 브레이크액의 양, 엔진오일의 양 및 상태 등을 점검하며, 팬벨트의 장력은 적정한지 점검한다.

㉰ 운행 중에 발생하는 고장이나 점검에 대한 필요한 휴대용 작업등 예비부품은 철저한 사전점검으로 준비할 필요가 없다.

㉱ 전조등 및 방향지시등과 같은 각종 램프와 작동여부를 점검한다.

27 인사의 중요성이 아닌 것은?

㉮ 인사는 평범하고도 대단히 쉬운 행동이지만 생활화되지 않으면 실천에 옮기기 어렵다.

㉯ 인사는 애사심, 존경심, 우애, 자신의 교양 및 인격의 표현이다.

㉰ 인사는 서비스와 무관하다.

㉱ 인사는 승객과 만나는 첫걸음이다.

28 서비스의 특징이 아닌 것은?

㉮ 유형성
㉯ 동시성
㉰ 인전 의존성
㉱ 소멸성

29 다음은 승객의 안락한 승차감과 사고를 예방하기 위한 운전습관이다. 맞지 않는 것은?

㉮ 급정차·급출발이 되지 않도록 한다.
㉯ 출발 시에는 차량 탑승 승객이 좌석이나 입석공간에 완전히 위치한 상황을 파악한 후 출발한다.
㉰ 버스 운전자는 안내방송을 통해 승객의 주의를 환기시켜 사고가 발생하지 않도록 사전 예방에 노력을 기울여야 한다.
㉱ 운전자가 운전에 방해되므로 가능하면 안내방송을 하지 않는다.

30 다음은 운수 종사자의 준수사항이다. 잘못된 것은?

㉮ 여객의 안전과 사고예방을 위하여 운행 전 사업용 자동차의 안전설비 및 등화장치 등의 이상 유무를 확인해야 한다.
㉯ 자동차의 운행 중 중대한 고장을 발견하거나 사고가 발생할 우려가 있다고 인정될 때에는 즉시 운행을 중지하고 적절한 조치를 해야 한다.
㉰ 운전업무 중 해당도로에 이상이 있었던 경우에는 운전업무를 마치고 교대할 때에 다음 운전자에게 알리지 않아도 된다.
㉱ 여객이 타고 있는 때에는 버스 또는 택시 안에서 담배를 피워서는 안 된다.

31 금연해야 하는 장소를 나열한 것 중 아닌 것은?

㉮ 승객이 타고 있는 버스 안에서
㉯ 승객 대기실 또는 승강장에서
㉰ 보행중인 도로에서
㉱ 지정된 흡연 구역에서

32 올바른 서비스 제공을 위한 요소가 아닌 것은?

㉮ 단정한 용모 및 복장
㉯ 승객과의 잡담
㉰ 밝은 표정
㉱ 공손한 인사

33 버스승객의 주요 불만사항이 아닌 것은?

㉮ 버스가 정해진 시간에 오지 않는다.
㉯ 정체로 시간이 많이 소요되고, 목적지에 도착할 시간을 알 수 없다.
㉰ 난폭, 과속운전을 한다.
㉱ 버스기사가 친절하다.

34 운전자가 가져야 할 기본자세와 거리가 먼 것은?

㉮ 여유 있는 양보운전
㉯ 심신상태 안전
㉰ 운전기술 과신은 금물
㉱ 배출가스로 인한 대기오염 최대화 노력

35 교통사고 상황파악의 설명으로 틀린 것은?

㉮ 사고 정보 수집은 긴 시간을 필요로 하므로 신속하게 상황을 파악하지 않아도 된다.
㉯ 피해자와 구조자 등에게 위험이 계속 발생하는지 파악한다.
㉰ 생명이 위독한 환자가 누구인지 파악한다.
㉱ 구조를 도와줄 사람이 주변에 있는지 파악한다.

36 출입구에 계단이 없고, 차체 바닥이 낮으며, 경사판(슬로프)이 장착되어 있어 장애인이 휠체어를 타거나, 아기를 유모차에 태운 채 오르내릴 수 있을 뿐 아니라 노약자들도 쉽게 이용할 수 있는 버스로서 주로 시내버스에 이용되고 있는 버스는?

㉮ 고상버스
㉯ 초고상버스
㉰ 저상버스
㉱ 마이크로버스

37 심장마사지법의 설명이 잘못된 것은?

㉮ 부상자의 한쪽 옆에 위치한 후 흉부를 압박할 위치와 깊이를 정한다.
㉯ 한 손의 바닥을 압박할 부위에 대고 다른 손은 그 위에 올려놓는다.
㉰ 흉부를 압박하는 동안에 손가락이 흉부에 닿도록 한다.
㉱ 구조자의 팔꿈치를 곧게 펴고 어깨와 손목이 팔과 일직선이 되도록 한다.

38 버스정보시스템(BIS)에 대한 설명 중 잘못된 것은?

㉮ 이용자에게 버스 운행상황 정보 제공
㉯ 버스 운행상황 관제
㉰ 버스 이용승객에게 편의 제공
㉱ 정류소 출발, 도착 데이터 제공

39 중앙분리대와 교통사고에 대한 설명으로 틀린 것은?

㉮ 방호울타리형 중앙분리대는 중앙분리대 내에 충분한 설치폭의 확보가 어려운 곳에서 차량의 대향차로로의 이탈을 방지하는 곳에 비중을 두고 설치하는 형이다.
㉯ 중앙분리대로 설치된 방호울타리는 사고를 방지한다기보다는 사고의 유형을 변환시켜주기 때문에 효과적이다.
㉰ 연석형 중앙분리대는 차량과 충돌 시 차량을 본래의 주행방향으로 복원해주는 역할이 가장 큰 기능이라고 할 수 있다.
㉱ 분리대의 폭이 넓을수록 분리대를 넘어가는 횡단사고가 적고 또 전체사고에 대한 정면충돌사고의 비율도 낮다.

40 직업의 의미 중에서 경제적 의미가 아닌 것은?

㉮ 직업을 통해 안정된 삶을 영위해 나갈 수 있어 중요한 의미를 가진다.
㉯ 직업은 인간 개개인에게 일할 기회를 제공하지 못한다.
㉰ 일의 대가로 임금을 받아 본인과 가족의 경제생활을 영위한다.
㉱ 인간이 직업을 구하려는 동기 중의 하나는 바로 노동의 대가, 즉 임금을 얻는 소득측면이 있다.

정답 　28. ㉮ 　29. ㉱ 　30. ㉰ 　31. ㉱ 　32. ㉯ 　33. ㉱ 　34. ㉱ 　35. ㉮ 　36. ㉰ 　37. ㉰ 　38. ㉯ 　39. ㉰ 　40. ㉯

실전모의고사  2회

제1과목 교통관련 법령 및 사고유형

01 다음중 '자동차를 정기적으로 운행하려는 구간을 정하여 여객을 운송하는 사업'은 무엇에 대한 정의인가?
㉮ 노선 여객자동차운수사업　㉯ 노선 여객자동차운송사업
㉰ 구역 여객자동차운송사업　㉱ 구역 여객자동차운수사업

02 운전자격의 취소 및 효력정지의 처분기준 중 일반기준에 대한 설명으로 틀린 것은?
㉮ 위반행위가 둘 이상인 경우로 그에 해당하는 각각의 처분기준이 다른 경우에는 두 처분기준을 합산한 기간으로 처분한다.
㉯ 위반행위의 횟수에 따른 행정처분의 기준은 최근 1년간 같은 위반행위로 행정처분을 받은 경우에 해당한다.
㉰ 자격정지처분을 받은 사람이 가중 사유가 있어 가중하는 경우 그 가중된 기간은 6개월을 초과할 수 없다.
㉱ 위반행위가 사소한 부주의나 오류가 아닌 고의나 중대한 과실에 의한 것으로 인정되는 경우는 가중사유가 된다.

03 운송종사자의 자격요건을 갖추지 아니한 사람을 운전업무에 종사하게 한 경우 과징금을 얼마인가?
㉮ 100만원　㉯ 150만원
㉰ 180만원　㉱ 250만원

04 다른 사람의 수용에 응하여 자동차를 사용하여 유상으로 여객을 운송하는 사업을 무엇이라 하는가?
㉮ 여객자동차운송사업　㉯ 철도운송사업
㉰ 항만운송사업　㉱ 항공운송사업

05 교통안전시설이 표시하는 신호 또는 지시에 우선하는 사람이 아닌 자는?
㉮ 교통정리를 하는 국가경찰공무원
㉯ 경찰공무원을 보조하는 사람
㉰ 군사훈련에 동원된 부대의 이동을 유도하는 헌병
㉱ 학교 인근에서 교통정리를 하는 녹색어머니회 회원

06 교통사고로 인해 여객이 죽거나 다쳤을 경우 운송사업자가 취해야 할 조치로 적절하지 않은 것은?
㉮ 신속한 응급수송수단을 마련하여야 한다.
㉯ 가족이나 그 밖의 연고자에게 신속하게 통지하여야 한다.
㉰ 사상자의 보호 등 필요한 조치를 하여야 한다.
㉱ 법령으로 정한 중대한 교통사고 발생시에는 가까운 경찰서에 보고한다.

07 다음 중 '차로와 차로를 구분하기 위하여 그 경계지점을 안전표지로 표시한 선'을 의미하는 것은?
㉮ 구분선　㉯ 차선
㉰ 중앙선　㉱ 연석선

08 구역여객자동차운송사업에 속하는 것은?
㉮ 전세버스운송사업　㉯ 시외버스운송사업
㉰ 마을버스운송사업　㉱ 시내버스운송사업

09 운행형태에 따른 자동차의 종류에서 시외우등고속버스의 규격은?
㉮ 고속형에 속하는 것으로서 원동기 출력이 자동차 총중량 1톤 당 20마력 이상이고 승차정원이 29인승 이하인 대형승합자동차
㉯ 고속형에 속하는 것으로서 원동기 출력이 자동차 총중량 1톤 당 30마력 이상이고 승차정원이 40인승 이하인 대형승합자동차
㉰ 저속형에 속하는 것으로서 원동기 출력이 자동차 총중량 1톤 당 20마력 이상이고 승차정원이 29인승 이하인 대형승합자동차
㉱ 저속형에 속하는 것으로서 원동기 출력이 자동차 총중량 1톤 당 30마력 이상이고 승차정원이 40인승 이하인 대형승합자동차

10 앞차를 앞지르기 하고자 할 때의 요령과 관계가 먼 것은?
㉮ 다른 차를 앞지르려면 앞차의 좌측으로 통행하여야 한다.
㉯ 반대방향의 교통과 앞차 앞쪽의 교통에도 주의를 충분히 기울여야 한다.
㉰ 앞차의 속도·진로와 그 밖의 도로상황에 따라 방향지시기·등화 또는 경음기를 사용한다.
㉱ 앞차가 다른 차를 앞지르고 있거나 앞지르려고 하는 경우에도 앞지르기 할 수 있다.

11 편도 4차로인 고속도로에서 '중·소형승합자동차'의 주행차로는?
㉮ 1차로　㉯ 2차로
㉰ 3차로　㉱ 4차로

12 보행자의 도로 횡단에 대한 설명이다. 틀린 것은?
㉮ 지하도나 육교 등의 도로 횡단시설을 이용할 수 없는 지체 장애인의 경우에는 다른 교통에 방해가 되지 아니하는 방법으로 도로 횡단시설을 이용하지 아니하고 도로를 횡단할 수 있다.
㉯ 보행자는 횡단보도가 설치되어 있지 아니한 도로에서는 가장 짧은 거리로 횡단하여야 한다.
㉰ 보행자는 신속한 횡단을 취해 차의 바로 앞이나 뒤로 횡단하여야 한다.
㉱ 보행자는 안전표지 등에 의하여 횡단이 금지되어 있는 도로의 부분에서는 그 도로를 횡단하여서는 아니 된다.

정답　제1과목　01. ㉯　02. ㉮　03. ㉰　04. ㉮　05. ㉱　06. ㉱　07. ㉯　08. ㉮　09. ㉮　10. ㉱　11. ㉯　12. ㉰

13 도로교통법상의 고속버스 운송사업용 자동차의 승차인원은 어디까지 허용되는가?

㉮ 승차정원의 11할 이내
㉯ 승차정원 이내
㉰ 출발지를 관할하는 경찰서장의 허가를 받은 경우 11할 이내
㉱ 자동차에 탑승할 수 있는 최대 한도 내

14 자동차 전용도로의 정의로 가장 적합한 것은?

㉮ 자동차만 다닐 수 있도록 설치된 도로
㉯ 보도와 차도의 구분이 없는 도로
㉰ 보도와 차도의 구분이 있는 도로
㉱ 자동차 고속주행의 교통에만 이용되는 도로

15 비보호 좌회전 교차로에서의 통행방법으로 가장 적절한 것은?

㉮ 황색신호에서 반대방향의 교통에 유의하면서 서행한다.
㉯ 황생신호에서만 좌회전할 수 있다.
㉰ 녹색신호에서 반대방향의 교통에 방해되지 않게 좌회전할 수 있다.
㉱ 녹색신호에서는 언제나 좌회전할 수 있다.

16 운전자의 준수사항과 관련하여 특히 운송사업용 자동차의 운전자가 준수해야 하는 사항은?

㉮ 자동차의 운전자가 자동차를 운전하는 때에는 좌석안전띠를 매어야 한다.
㉯ 자동차를 급히 출발시키거나 속도를 급격히 높이는 행위를 해서는 안된다.
㉰ 운행기록계가 설치되어 있지 않은 자동차를 운전해서는 안된다.
㉱ 예외가 적용되는 경우가 아닌 한 운전 중에 휴대전화를 사용해서는 안된다.

17 편도 1차로인 일반도로에 비가 내려 노면이 젖어있는 경우 자동차의 최고속도는?

㉮ 80km/h　　　　　　㉯ 60km/h
㉰ 48km/h　　　　　　㉱ 40km/h

18 제1종 대형면허로 운전할 수 없는 차는?

㉮ 승합자동차　　　　　㉯ 긴급장동차
㉰ 건설기계　　　　　　㉱ 트레일러

19 어린이 보호구역으로 지정될 수 있는 장소가 아닌 것은?

㉮ 유아교육법에 따른 유치원, 초·중등교육법에 따른 초등학교 또는 특수학교
㉯ 영유아교육법에 따른 보육시설 중 정원 100명 이상의 보육시설
㉰ 학원의 설립운영 및 과외교습에 관한 법률에 따른 학원 중 학원 수강생이 100명 이상인 학원
㉱ 대학교육법에 따른 대학교

20 노면표시 중 진로변경 제한선으로 맞는 것은?

㉮ 백색점선으로서 진로변경을 할 수 없다.
㉯ 백색실선으로서 진로변경을 할 수 없다.
㉰ 백색실선으로서 진로변경을 할 수 있다.
㉱ 황색점선으로서 진로변경을 할 수 없다.

21 1년간 벌점 또는 누산점수 몇 점 이상이 되면 운전면허가 취소되는가?

㉮ 121점　　　　　　㉯ 201점
㉰ 271점　　　　　　㉱ 351점

22 다음 보기 중 운전자에게 부과되는 범칙금액이 가장 많은 범칙행위는 (단, 승합자동차인 경우이다.)?

㉮ 60km/h를 초과하는 속도위반
㉯ 승객의 차내 소란행위 방치 운전
㉰ 운행기록계미설치 자동차운전금지 등의 위반
㉱ 승하차자 추락방지조치 위반

23 앞차가 일부 간격을 두고 우회전중인 상태에서 뒤차가 무리하게 끼어들며 진행하여 충돌한 경우에는 어느 차가 가해자인가?

㉮ 뒤차　　　　　　　㉯ 앞차
㉰ 우측 차　　　　　　㉱ 좌측 차

24 앞지르기 금지장소가 아닌 것은?

㉮ 교차로, 도로의 구부러진 곳
㉯ 버스 정류장부근, 주차금지 구역
㉰ 터널 안, 앞지르기 금지표지 설치장소
㉱ 경사로의 정상부근, 급경사로의 내리막

25 서행이란 차가 즉시 정지할 수 있는 느린 속도로 진행하는 것을 의미하는데 서행을 이행하여야 할 장소에 속하지 않는 것은?

㉮ 교차로에서 좌우 회전하는 경우
㉯ 안전지대에 보행자가 있는 경우와 차로가 설치되지 아니한 좁은 도로에서 보행자의 옆을 지나는 경우
㉰ 도로가 구부러진 부근
㉱ 고속도로를 운행하는 경우

제2과목　　자동차 관리요령 및 안전수칙

01 급핸들 등으로 인하여 차의 바퀴가 돌면서 차축과 평행하게 옆으로 미끄러진 타이어의 마모흔적을 무엇이라 하는가?

㉮ 스키드마크(Skid mark)
㉯ 요마크(Yaw mark)
㉰ 트레이드 마크(Trade mark)
㉱ 키마크(Key mark)

---

02 버스세차시기에 대한 설명이 틀린 것은?

㉮ 동결방지제(염화칼슘)를 뿌린 도로를 주행 하였을 경우
㉯ 해안지대를 주행하였을 경우
㉰ 시내 아스팔트길을 주행하였을 경우
㉱ 새의 배설물, 벌레 등이 붙어 있는 경우

03 자동차를 운행하는 중에 운전자가 지켜야할 안전수칙에 대한 설명이다. 올바르지 않은 것은?

㉮ 창문 밖으로 손이나 얼굴 등을 내밀지 않도록 주의하고 운행한다.
㉯ 운행 중에 연료를 절약하기 위하여 엔진의 시동을 끄고 운행한다.
㉰ 높이 제한이 있는 도로에서는 항상 차량의 높이에 주의하여 운행한다.
㉱ 터널 밖이나 다리 위에서는 돌풍에 주의하여 운행한다.

04 다음은 클러치가 미끄러지는 원인이다. 거리가 먼 것은?

㉮ 클러치 페달의 유격이 크다.
㉯ 클러치 디스크의 마멸이 심하다.
㉰ 클러치 디스크에 오일이 묻어 있다.
㉱ 클러치 스프링의 장력이 약하다.

05 다음은 자동차 운행 중 이상현상이 발생할 때 원인 및 조치 사항이다. 틀린 것은?

㉮ 핸들이 어느 속도에 이르면 흔들리거나 진동이 일어난다면 앞바퀴 불량이 원인일 때가 많다.
㉯ 고속으로 주행할 때 핸들이 흔들리거나 진동이 일어난다면 앞차륜 정렬(휠 얼라인먼트)이 흐트러졌다든가 바퀴 자체의 휠 밸런스가 맞지 않을 때 주로 일어난다.
㉰ 주행 중 하체 부분에서 비틀거리는 흔들림이 일어나는 경우나, 커브를 돌았을 때 휘청거리는 느낌이 들 때는 바퀴자체의 휠 밸런스가 맞지 않을 때 주로 일어난다.
㉱ 비포장도로의 울퉁불퉁한 험한 노면상을 달릴 때 '따각따각'하는 소리나 '쿵쿵'하는 소리가 날 때에는 현가장치인 쇽업쇼버의 고장으로 볼 수 있다.

06 다음은 버스운행 시 브레이크 조작요령에 대한 설명이다. 틀린 것은?

㉮ 내리막길에서 계속 풋브레이크를 작동시키면 브레이크 파열, 브레이크의 일시적인 작동불능 등의 우려가 있다.
㉯ 주행 중에 제동할 때에는 핸들을 붙잡고 기어가 들어가 있는 상태에서 제동한다.
㉰ 내리막길에서 운행할 때 기어를 중립에 두고 탄력 운행하는 것이 연료절감 측면에서 경제적이다.
㉱ 브레이크를 밟을 때 2~3회에 나누어 밟게 되면 안정된 성능을 얻을 수 있다.

07 자동차를 운행하기 전에 자동차 주위에서 점검하여야 하는 사항으로 틀린 것은?

㉮ 타이어의 공기압력 마모상태는 적절한지 점검한다.
㉯ 클러치 작동과 기어접속은 이상이 없는지 점검한다.
㉰ 반사기 및 번호판의 오염, 손상은 없는지 점검한다.
㉱ 휠 너트의 조임 상태는 양호한지 점검한다.

08 변속기의 필요성과 관계가 없는 것은?

㉮ 엔진의 회전력을 증대시키기 위하여
㉯ 엔진을 무부하 상태로 있게 하기 위하여
㉰ 자동차의 후진을 위하여
㉱ 바퀴의 회전속도를 추진축의 회전속도보다 높이기 위하여

09 다음 중 엔진이 오버히트가 발생되는 원인이 아닌 것은?

㉮ 동절기의 경우 냉각수에 부동액이 들어있지 않은 경우
㉯ 라디에이터의 용량이 클 때
㉰ 엔진 내부가 얼어 냉각수가 순환하지 않는 경우
㉱ 엔진의 냉각수가 부족한 경우

10 클러치의 필요성을 설명한 것이다. 다음 중 틀린 것은?

㉮ 엔진을 작동시킬 때 엔진을 무부하 상태로 유지하게 한다.
㉯ 변속기의 기어를 변속할 때 엔진의 동력을 일시 차단한다.
㉰ 출발 및 등판 주행시 큰 구동력을 얻기 위해 필요하다.
㉱ 관성 운전을 가능하게 한다.

11 공기식 브레이크 장치의 장점으로 틀린 것은?

㉮ 차량 중량에 제한을 받지 않는다.
㉯ 베이퍼 록의 발생이 없다.
㉰ 압축공기의 압력을 높이면 더 큰 제동력을 얻는다.
㉱ 공기 압축기 구동에 필요한 기관의 진공이 일부 사용된다.

12 다음 중 구조변경 승인 불가 항목이다. 아닌 것은?

㉮ 차량의 총중량이 증가되는 구조 또는 장치의 변경
㉯ 승차정원이 증가하는 승차장치의 변경
㉰ 자동차의 종류가 변경되는 구조 또는 장치의 변경
㉱ 변경 전 보다 성능 또는 안전도가 상승할 경우의 변경

13 노면에서 발생한 스프링의 진동을 재빨리 흡수하여 승차감을 향상시키고 동시에 스프링의 피로를 줄이기 위해 설치하는 장치는?

㉮ 판 스프링 ㉯ 토션 바 스프링
㉰ 쇽 업소버 ㉱ 스태빌라이저

14 다음은 운전자의 올바른 운전 자세를 설명한 것으로 잘못된 것은?

㉮ 핸들의 중심과 운전자 몸의 중심이 일치되도록 앉는다.
㉯ 클러치 페달과 브레이크 페달을 끝까지 밟았을 때 무릎이 약간 굽혀지도록 한다.
㉰ 손목이 핸들의 가장 가까운 곳에 닿아야 한다.
㉱ 헤드 레스트의 높이는 운전자의 귀 상단 또는 눈의 높이가 헤드 레스트 중심에 올 수 있도록 조절한다.

15 수막(Hydroplaning) 현상을 방지하는 방법이 아닌 것은?

㉮ 마모된 타이어를 사용하지 않는다.
㉯ 타이어의 공기압을 조금 높인다.
㉰ 러그형 패턴의 타이어를 사용한다.
㉱ 배수효과가 좋은 타이어를 사용한다.

정답 02. ㉰ 03. ㉯ 04. ㉮ 05. ㉰ 06. ㉰ 07. ㉯ 08. ㉱ 09. ㉯ 10. ㉰ 11. ㉱ 12. ㉱ 13. ㉰ 14. ㉰ 15. ㉰

제3과목   안전운행, 운송서비스

01 버스 교통사고의 주요 요인이 되는 특성이 아닌 것은?

㉮ 버스의 길이는 승용차의 2배 정도 길이이고, 무게는 10배 이상이 나 된다.

㉯ 버스 주위에 접근하더라도 버스의 운전석에서는 잘 볼 수 없는 부 분이 승용차 등에 비해 훨씬 넓다.

㉰ 버스의 좌우회전시의 내륜차는 승용차에 비해 훨씬 작다.

㉱ 버스의 급가속, 급제동은 승객의 안전에 영향을 바로 미친다.

02 봄철의 도로조건이 아닌 것은?

㉮ 이른 봄에는 일교차가 심해 새벽에 결빙된 도로가 발생할 수 있다.

㉯ 도로의 균열이나 낙석 위험이 적다.

㉰ 지반이 약한 도로의 가장자리를 운행할 때에는 도로변의 붕괴 등 에 주의해야 한다.

㉱ 황사현상에 의한 모래바람은 운전자 시야 장애요인이 되기도 한다.

03 야간의 안전운전 방법에 속하지 않는 것은?

㉮ 해가 지기 시작하면 곧바로 전조등을 켜 다른 운전자들에게 자신 을 알린다.

㉯ 주간보다 시야가 제한을 받지 않기 때문에 속도를 높여 운행한다.

㉰ 흑색 등 어두운 색의 옷차림을 한 보행자는 발견하기 곤란하므로 보행자의 확인에 더욱 세심한 주의를 기울인다.

㉱ 승합자동차는 야간에 운행할 때에 실내조명등을 켜고 운행한다.

04 버스의 특성과 관련된 대표적인 사고유형 중 사고빈도가 가장 높은 것은?

㉮ 승하차시 사고

㉯ 회전, 급정거 등으로 인한 차내 승객사고

㉰ 동일 방향 후미 추돌사고

㉱ 진로 변경 중 접촉사고

05 다음 용어 중 설명이 잘못된 것은?

㉮ 정지시력은 일정한 거리에서 일정한 시표를 보고 모양을 확인할 수 있는지를 가지고 측정하는 시력이다.

㉯ 동체시력은 움직이는 물체 또는 움직이면서 다른 자동차나 사람들 의 물체를 보는 시력을 말한다.

㉰ 운전면허를 취득하는데 필요한 시력 기준은 정지시력이다.

㉱ 운전면허를 취득하는데 필요한 시력 기준은 동체시력이다.

06 다음 중 앞지르기 차로를 설치할 수 있는 곳은?

㉮ 2차로 도로   ㉯ 오르막차로

㉰ 교량구간   ㉱ 터널구간

07 피로가 운전에 미치는 영향 중 신체적 영향으로 구분 되지 않는 것은?

㉮ 감각능력   ㉯ 운동능력

㉰ 의지력   ㉱ 졸음

08 차량 결함에 따른 사고의 대처방법이 아닌 것은?

㉮ 차의 앞바퀴가 터지는 경우 핸들을 단단하게 잡아 차가 한 쪽으로 쏠리는 것을 막고, 의도한 방향을 유지한 다음 속도를 줄인다.

㉯ 뒷바퀴의 바람이 빠지면 차의 앞쪽이 좌우로 흔들리는 것을 느낄 수 있다. 이때 차가 한쪽으로 미끄러지는 것을 느끼면 핸들 방향을 그 반대방향으로 틀어주며 대처한다.

㉰ 브레이크 고장 시 브레이크 페달을 반복해서 빠르고 세게 밟으면서 주차 브레이크도 세게 당기고 기어도 저단으로 바꾼다.

㉱ 브레이크를 계속 밟아 열이 발생하여 듣지 않는 페이딩 현상이 일 어나면 차를 멈추고 브레이크가 식을 때까지 기다려야 한다.

09 전방 가까운 곳을 보고 운전할 때의 징후가 아닌 것은?

㉮ 교통의 흐름에 맞지 않을 정도로 너무 느리게 차를 운전한다.

㉯ 차로의 한쪽 편으로 치우쳐서 주행한다.

㉰ 우회전, 좌회전 차량 등에 대한 인지가 늦어서 급브레이크를 밟는 다던가, 회전차량에 진로를 막혀버린다.

㉱ 우회전할 때 넓게 회전한다.

10 운전 중 보행자 보호의 주요 주의사항이 아닌 것은?

㉮ 차량신호가 녹색이라도 횡단보도가 완전히 비워 있는지를 확인하 지 않은 상태에서 진입해서는 안된다.

㉯ 어린이 보호구역에서는 특별히 주의한다.

㉰ 시각 장애인이나 장애인에게는 우선적으로 양보한다.

㉱ 신호가 바뀌었는데도 횡단하는 보행자는 앞뒤에서 경적을 울리며 압박해도 된다.

11 야간 운전 시 주의해야 할 사항이 아닌 것은?

㉮ 대향 차량의 전조등 불빛을 직접적으로 보지 않는다.

㉯ 대향 차량의 전조등 불빛에 의해 일시적으로 앞을 잘 볼 수 없다면, 속도를 줄인다.

㉰ 가파른 도로나 커브길 등에서와 같이 대향차의 전조등이 정면으로 비칠 가능성이 있는 상황에 대비해 주의한다.

㉱ 대향 차량의 전조등이 정면으로 마주치기 직전 눈을 크게 떠서 주 시하며, 속도를 높인다.

12 시선유도시설에 관한 설명으로 틀린 것은?

㉮ 시선유도시설이란 주간 또는 야간에 운전자의 시선을 유도하기 위 해 설치된 안전시설로 시선 유도표지, 갈매기표지, 표지병 등이 있다.

㉯ 시선유도표지는 직선 및 곡선 구간에서 운전자에게 전방의 도로조 건이 변화되는 상황을 반사체를 사용하여 안내해 줌으로써 안전하 고 원활한 차량주행을 유도하는 시설물이다.

㉰ 갈매기표지는 완만한 곡선 도로에서 운전자의 시선을 명확히 유도 하기 위해 곡선 정도에 따라 갈매기표지를 사용하여 운전자의 원활 한 차량주행을 유도하는 시설물이다.

㉱ 표지병은 야간 및 악천후에 운전자의 시선을 명확히 유도하기 위해 도로 표면에 설치하는 시설물이다.

정답 | 제3과목 01.㉰ 02.㉯ 03.㉯ 04.㉯ 05.㉱ 06.㉮ 07.㉰ 08.㉯ 09.㉮ 10.㉱ 11.㉱ 12.㉰

13 타이어 공기압에 대한 설명 중 틀린 것은?

㉮ 공기압이 낮으면 승차감이 좋아진다.
㉯ 공기압이 낮으면 타이어 숄더 부분에 마찰력이 집중되어 타이어 수명이 짧아진다.
㉰ 공기압이 높으면 승차감이 나빠진다.
㉱ 공기압이 높으면 트레드 중앙부분의 마모가 감소한다.

14 중앙분리대와 교통사고에 대한 설명이 잘못된 것은?

㉮ 중앙분리대는 왕복하는 차량의 정면충돌을 방지하기 위하여 도로면보다 높게 콘크리트 방호벽 또는 방호울타리를 설치하는 것을 말하며, 분리대와 측대로 구성된다.
㉯ 중앙분리대는 정면충돌사고를 차량단독사고로 변환시킴으로써 사고로 인한 위험을 감소시킨다.
㉰ 중앙분리대의 폭이 넓을수록 대향차량과의 충돌 위험은 감소한다.
㉱ 중앙분리대의 폭이 좁을수록 대향차량과의 충돌 위험은 감소한다.

15 길어깨(갓길)와 교통사고에 대한 설명으로 틀린 것은?

㉮ 길어깨는 도로를 보호하고 비상시에 이용하기 위하여 차도와 연결하여 설치하는 도로의 부분으로 갓길이라고도 한다.
㉯ 길어깨가 넓으면 차량의 이동공간이 넓고, 시계가 넓다.
㉰ 길어깨가 넓으면 고장차량을 주행차로 밖으로 이동시킬 수 있어 안전 확보가 용이하다.
㉱ 일반적으로 길어깨 폭이 좁은 곳이 교통사고가 감소한다.

16 베이퍼 록(Vapour lock) 현상이 발생하는 원인으로 틀린 것은?

㉮ 긴 내리막길에서 계속 브레이크를 사용하여 브레이크 드럼이 과열되었을 때
㉯ 타이어 공기압이 정상일 때 보다 높을 때
㉰ 불량한 브레이크오일을 사용하였을 때
㉱ 브레이크오일의 변질로 비등점이 저하되었을 때

17 진로변경 위반에 해당하는 경우가 아닌 것은?

㉮ 도로 노면에 표시된 백색 점선에서 진로를 변경하는 행위
㉯ 두 개의 차로에 걸쳐 운행하는 경우
㉰ 한 차로로 운행하지 않고 두 개 이상의 차로를 지그재그로 운행하는 행위
㉱ 여러 차로를 연속적으로 가로지르는 행위

18 다음 중 앞지르기가 금지되는 경우가 아닌 상황은?

㉮ 앞차가 좌측으로 진로를 바꾸려고 하거나 다른 차를 앞지르려고 할 때
㉯ 앞차의 우측에 다른 차가 나란히 가고 있을 때
㉰ 앞차가 교차로나 철길건널목 등에서 정지 또는 서행하고 있을 때
㉱ 어린이 통학버스가 어린이 또는 유아를 태우고 있다는 표시를 하고 도로를 통행할 때

19 국가에서 법으로 정한 음주 한계치는?

㉮ 혈중 알코올 농도 0.01% ㉯ 혈중 알코올 농도 0.02%
㉰ 혈중 알코올 농도 0.03% ㉱ 혈중 알코올 농도 0.05%

20 브레이크 고장 시 해야 할 요령이 아닌 것은?

㉮ 브레이크 페달을 반복해서 빠르고 세게 밟는다.
㉯ 주차브레이크를 세게 당긴다.
㉰ 기어는 저단으로 변경한다.
㉱ 기어를 고단으로 바꾸어 신속하게 현장을 벗어난다.

21 교통사고조사규칙에 따른 대형교통사고란?

㉮ 3명 이상이 사망 ㉯ 2명 이상이 사망
㉰ 1명 이상이 사망 ㉱ 3명 이상이 경상

22 교통사고조사규칙에 따른 교통사고의 용어로 맞은 것은?

㉮ 충돌사고 : 2대 이상의 차가 동일방향으로 주행 중 뒤차가 앞차의 후면을 충격한 것을 말한다.
㉯ 추돌사고 : 차가 반대방향 또는 측방에서 진입하여 그 차의 정면으로 다른 차의 정면 또는 측면을 충격한 것을 말한다.
㉰ 접촉사고 : 차가 주행 중 도로 또는 도로 이외의 장소에 뒤집혀 넘어진 것을 말한다.
㉱ 전도사고 : 차가 주행 중 도로 또는 도로 이외의 장소에 차체의 측면이 지면에 접하고 있는 상태를 말한다.

23 정지거리에 차이가 발생할 수 있는 요인에 속하지 않는 것은?

㉮ 운전자 요인 ㉯ 자동차 요인
㉰ 도로요인 ㉱ 안전요인

24 교통상황을 전체적으로 파악하려면 눈의 움직임이 중요한데, 시야 확보가 적은 징후가 아닌 것은?

㉮ 급·정거
㉯ 좌·우회전 등의 차량에 진로를 방해받음
㉰ 반응이 빠른 경우
㉱ 급차로 변경 등이 많을 경우

25 다음은 운전자가 삼가야 하는 행동이다. 맞지 않는 것은?

㉮ 지그재그 운전으로 다른 운전자를 불안하게 만드는 행동은 하지 않는다.
㉯ 과속으로 운행하며 급브레이크를 밟는 행위를 하지 않는다.
㉰ 도로상에서 사고가 발생할 경우 차량을 세워둔 채로 사고해결을 한다.
㉱ 운전 중에 갑자기 끼어들거나 다른 운전자에게 욕설을 하지 않는다.

26 다음 중 규모에 따른 휴게시설 종류가 아닌 것은?

㉮ 일반 휴게소 ㉯ 임시 휴게소
㉰ 간이 휴게소 ㉱ 화물차 전용휴게소

정답 13.㉱ 14.㉱ 15.㉱ 16.㉯ 17.㉮ 18.㉯ 19.㉰ 20.㉱ 21.㉮ 22.㉱ 23.㉱ 24.㉰ 25.㉰ 26.㉯

27 버스전용차로를 설치·운영하는 기관은?

㉮ 군수
㉯ 국토교통부장관
㉰ 시·도지사
㉱ 경찰청장

28 타이어 마모에 영향을 주는 요소가 아닌 것은?

㉮ 타이어 공기압
㉯ 차량의 하중
㉰ 차량의 속도
㉱ 엔진의 성능

29 교통섬이란 보행자의 안전한 횡단을 위한 대피섬과 자동차의 교통을 유도하는 분리대를 총칭하여 말한다. 교통섬을 설치하는 목적이 아닌 것은?

㉮ 도로교통의 흐름을 안전하게 유도
㉯ 보행자가 도로를 횡단할 때 대피섬 제공
㉰ 신호등, 도로표지, 안전표지, 조명 등 노상시설의 설치장소 제공
㉱ 보행자 안전지대를 설치하기 위한 장소제공

30 여객운송서비스의 특징에 대한 설명 중 틀린 것은?

㉮ 서비스는 공급자에 의해 제공됨과 동시에 승객에 의해 소비되는 성질을 가지고 있다.
㉯ 서비스는 재고가 없고, 불량서비스가 나와도 반품 및 고치거나 수리할 수 없다.
㉰ 운송서비스는 승객에 의해 생산되기 때문에 인적 의존성이 높다.
㉱ 승객과 대면하는 운전자의 태도, 복장, 말씨 등은 운송서비스에 있어 중요한 영향을 미친다.

31 다음은 인공호흡법에 대한 설명이다. 잘못된 것은?

㉮ 바닥이 부드러운 곳에 인공호흡을 할 수 있는 자세로 바로 눕힌다.
㉯ 입 속에 구토물 등 이물질이 있는 경우 머리를 옆으로 돌려 이물질을 꺼낸다.
㉰ 어깨 부위에 베개나 옷가지를 둘둘 말아 대어 머리가 완전히 뒤로 젖혀 기도가 열리도록 한다.
㉱ 공기가 새지 않도록 한 손으로 부상자의 코를 막고, 부상자의 입에 자신의 입을 밀착시킨다.

32 교통의 3대 요소인 사람, 자동차, 도로환경 등 조건이 다른 계절에 비하여 열악한 계절은?

㉮ 봄
㉯ 여름
㉰ 가을
㉱ 겨울

33 중앙버스전용차로의 위험요소가 아닌 것은?

㉮ 대기 중인 버스를 타기 위한 보행자의 횡단보도 신호위반 및 버스 정류소 부근의 무단횡단 가능성이 증가한다.
㉯ 중앙버스전용차로가 시작하는 구간 및 끝나는 구간에서 일반차량과 버스간의 충돌위험이 발생한다.
㉰ 좌회전하는 일반차량과 직진하는 버스 간의 충돌위험이 없다.
㉱ 버스전용차로가 시작하는 구간에서는 일반차량의 직진 차로수의 감소에 따른 교통 혼잡이 발생한다.

34 다음 중 잘못된 직업관에 해당되지 않는 것은?

㉮ 사회구성원으로서의 역할 지향적 직업관
㉯ 생계유지 수단적 직업관
㉰ 지위 지향적 직업관
㉱ 귀속적 직업관

35 운전자가 삼가야 하는 행동으로 옳은 것은?

㉮ 지그재그 운전으로 다른 운전자를 불안하게 만든다.
㉯ 과속으로 운행하며 급브레이크를 밟도록 한다.
㉰ 운행 중에 갑자기 끼어들거나 다른 운전자에게 욕설한다.
㉱ 도로상에서 사고가 발생한 경우 차량을 세워 둔 채로 시비, 다툼 등의 행위로 다른 차량의 통행을 방해하지 않는다

36 차량 고장 시 운전자의 조치사항에 해당되지 않는 것은?

㉮ 정차 차량의 결함이 심할 때는 비상등을 점멸시키면서 갓길에 바짝 차를 대서 정차한다.
㉯ 차에서 내릴 때에는 신속히 내린다.
㉰ 야간에는 밝은 색 옷이나 야광이 되는 옷을 착용하는 것이 좋다.
㉱ 비상전화를 하기 전에 차의 후방에 경고 반사판을 설치해야 한다.

37 다음 중 올바른 인사방법은?

㉮ 표정 : 무표정한 표정으로 인사한다.
㉯ 고개 : 턱을 쳐들거나 눈을 치켜뜨고 인사한다.
㉰ 시선 : 인사 전·후에 상대방의 눈을 정면으로 바라보며, 상대방을 진심으로 존중하는 마음을 눈빛에 담아 인사한다.
㉱ 머리와 상체 : 뒷짐을 지고 인사한다.

38 단정한 용모와 복장의 중요성에 속하지 않는 것은?

㉮ 승객이 받는 첫인상을 결정한다.
㉯ 회사의 이미지를 좌우하는 요인을 제공한다.
㉰ 하는 일의 성과에는 영향을 미치지 않는다.
㉱ 활기찬 직장 분위기 조성에 영향을 준다.

39 다음 중 승객이 싫어하는 시선이 아닌 것은?

㉮ 위로 치켜뜨는 눈
㉯ 위·아래로 훑어보는 눈
㉰ 자연스럽고 부드러운 눈
㉱ 한 곳만 응시하는 눈

40 교통사고 시 응급처치 방법 중 설명이 옳지 않은 것은?

㉮ 출혈이 심하다면 출혈부위보다 심장에 가까운 부위를 헝겊 또는 손수건 등으로 지혈 될 때까지 꽉 잡아맨다.
㉯ 출혈이 적을 때에는 거즈나 깨끗한 손수건으로 상처를 꽉 누른다.
㉰ 가슴이나 배를 강하게 부딪쳐 내출혈이 발생하였을 때에는 부상자가 입고 있는 옷의 단추를 푸는 등 옷을 헐렁하게 하고 하반신을 높게 한다.
㉱ 부상자가 춥지 않도록 모포 등을 덮어주고, 햇볕을 직접 쬐게 한다.

정답 27.㉰ 28.㉱ 29.㉱ 30.㉰ 31.㉮ 32.㉱ 33.㉰ 34.㉮ 35.㉱ 36.㉯ 37.㉰ 38.㉰ 39.㉰ 40.㉱

실전모의고사 3회

01 농어촌버스운송사업의 운행형태에 따른 구분으로 알맞지 않는 것은?
㉮ 광역급행형
㉯ 직행좌석형
㉰ 좌석형
㉱ 일반형

02 운수사업자로부터 징수한 과징금의 사용용도로 적합하지 않은 것은?
㉮ 벽지노선이나 그 밖에 수익성이 없는 노선으로 대통령령으로 정하는 노선을 운행하여 생긴 손실의 보전
㉯ 운수종사자 및 운송사업자의 복지 정책 및 산업재해 등에 대한 지원
㉰ 지방자치단체가 설치하는 터미널을 건설하는 데에 필요한 자금의 지원
㉱ 여객자동차 운수사업의 경영 개선이나 그 밖에 여객자동차 운수사업의 발전을 위하여 필요

03 노선여객자동차운송사업의 종류에 속하지 않는 것은?
㉮ 마을버스운송사업
㉯ 시내버스운송사업
㉰ 농어촌버스운송사업
㉱ 철도운송사업

04 버스운전 자격의 필기시험교시가 아닌 것은?
㉮ 교통관련 법규 및 교통사고유형
㉯ 자동차 관리 요령
㉰ 자동차 공학
㉱ 운송서비스

05 여객자동차운송사업용 자동차의 운전업무에 종사하는 사람이 사업용 자동차 안에 항상 게시하여야 하는 것은?
㉮ 운전업무에 종사하는 사람의 운전면허증
㉯ 운전업무에 종사하는 사람의 주민등록증
㉰ 운전업무에 종사하는 사람의 운전자격증명
㉱ 운전업무에 종사하는 사람의 운전자격증

06 도로교통법상 '차'에 해당되는 것은?
㉮ 자전거
㉯ 기차
㉰ 보행보조용 의자차
㉱ 케이블 카

07 다음 중 회사 또는 학교와 계약을 맺어 그 소속원 만의 통근, 통학을 목적으로 자동차를 운행하는 경우는 어느 사업에 속하는가?
㉮ 노선 여객 자동차 운송사업
㉯ 특수 여객 자동차 운송사업
㉰ 노선버스 운송사업
㉱ 전세버스 운송사업

08 다음 중 도로교통법상 '긴급자동차'의 정의에 대한 설명으로 가장 적합한 것은?
㉮ 위험물이나 독극물을 운반중인 자동차를 말한다.
㉯ 소방차 등과 같이 공적 업무를 수행하기 위한 자동차이다.
㉰ 범죄수사나 교통단속에 사용되는 차를 말한다.
㉱ 긴급자동차로써 그 본래의 긴급한 용도로 사용되고 있는 중인 자동차를 말한다.

09 안전지대를 설명한 것으로 맞는 것은?
㉮ 사고가 잦은 장소에 보행자의 안전을 위하여 설치한 장소
㉯ 버스정류장 표지가 있는 장소
㉰ 도로를 횡단하는 보행자나 통행하는 차마의 안전을 위하여 안전표지나 이와 비슷한 인공구조물로 표시한 도로의 부분
㉱ 자동차가 주차할 수 있도록 설치된 장소

10 시내버스운송사업용 승합자동차의 차령은?
㉮ 9년
㉯ 5년
㉰ 3년
㉱ 1년

11 밤에 도로에서 차를 운행하는 경우 차의 종류와 켜야 할 등화가 틀리게 연결된 것은?
㉮ 개인용 승용자동차 - 전조등, 차폭등, 미등, 번호등
㉯ 원동기장치자전거 - 전조등, 미등
㉰ 견인되는 차 - 미등, 차폭등, 번호등
㉱ 승합자동차 및 사업용 승용자동차 - 전조등, 차폭등, 미등, 번호등

12 편도 3차로인 고속도로에서 2차로가 주행차로인 차는?
㉮ 승합자동차
㉯ 화물자동차
㉰ 특수자동차
㉱ 건설기계

13 교통사고가 발생한 차의 운전자나 승무원은 경찰공무원에게 사고에 대한 내용을 지체없이 신고하여야 한다. 이때 신고해야 할 필수 사항과 거리가 먼 것은?
㉮ 사고가 일어난 곳
㉯ 사상자 수 및 부상 정도
㉰ 손괴한 물건 및 손괴 정도
㉱ 신고자 본인의 인적사항

14 신호등의 녹색 등화시 차마의 통행방법으로 틀린 것은?
㉮ 차마는 다른 교통에 방해되지 않을 때에 천천히 우회전할 수 있다.
㉯ 차마는 직진할 수 있다.
㉰ 차마는 비보호 좌회전 표시가 있는 곳에서는 언제든지 좌회전을 할 수 있다.
㉱ 차마는 좌회전을 하여서는 안된다.

15 교통사고로 처리되지 않는 경우가 아닌 것은?

㉮ 사람 사상 또는 물건 손괴 등 피해의 결과 발생
㉯ 명백한 자살이라고 인정되는 경우
㉰ 확정적인 고의 범죄에 의해 타인을 사상하거나 물건을 손괴한 경우
㉱ 건조물 등이 떨어져 운전자 또는 동승자가 사상한 경우

16 도로의 중앙이나 좌측부분을 통행할 수 있는 경우가 아닌 것은?

㉮ 도로가 일방통행인 경우
㉯ 도로의 파손, 도로공사나 그 밖의 장애 등으로 도로의 우측부분을 통행할 수 없는 경우
㉰ 안전표지 등으로 앞지르기를 금지하거나 제한하는 경우
㉱ 가파른 비탈길의 구부러진 곳에서 교통의 위험을 방지하기 위하여 지방경찰청장이 필요하다고 인정하여 구간 및 통행방법을 지정하고 있는 경우에 그 지정에 따라 통행하는 경우

17 편도 1차로인 도로를 주행하던 중 반대편 차로에 아이들을 내려주고 있는 어린이통학버스를 발견하였다. 이때 필요한 조치로 알맞은 것은?

㉮ 어린이통학버스를 지나치기 전까지 서행한다.
㉯ 어린이통학버스에 이르기 전 일시정지하여 안전을 확인한 후 서행한다.
㉰ 반대편 차로에서 아이들이 내리고 있으므로 진행하던 속도로 그대로 지나간다.
㉱ 아이들이 내리고 어린이통학버스가 출발할 때까지 정지한 상태를 유지한다.

18 다음 그림의 교통안전표시는 무엇인가?

㉮ 차간거리 최저 50m이다.
㉯ 차간거리 최고 50m이다.
㉰ 최저속도 제한표지이다.
㉱ 최고속도 제한표지이다.

19 도로교통법에 따른 차에 속하지 않는 것은?

㉮ 자동차
㉯ 건설기계
㉰ 원동기장치자전거
㉱ 유모차

20 교통정리가 없는 교차로에서의 양보운전에 대한 설명이다. 틀린 것은?

㉮ 교차로에 들어가려고 하는 차의 운전자는 이미 교차로에 들어가 있는 다른 차가 있을 때에는 그 차에 진로를 양보하여야 한다.
㉯ 교차로에 들어가려고 하는 차의 운전자는 그 차가 통행하고 있는 도로의 폭보다 교차하는 도로의 폭이 넓은 경우에는 서행하여야 한다.
㉰ 교차로에 동시에 들어가려고 하는 차의 운전자는 좌측도로의 차에 진로를 양보하여야 한다.
㉱ 좌회전하려고 하는 차의 운전자는 그 교차로에서 직진하거나 우회전하려는 다른 차가 있을 때에는 그 차에 진로를 양보하여야 한다.

21 다음 중 사고 운전자가 형사처벌을 받지 않아도 되는 경우는?

㉮ 교통사고로 사람을 사망케 한 사고의 경우
㉯ 교통사고 야기 후 도주 또는 피해자를 사고 장소로부터 옮겨 유기하고 도주한 경우
㉰ 무면허로 운전하던 중 사고를 유발하여 사람을 다치게 한 경우
㉱ 위험 회피를 위해 중앙선을 침범하여 사람을 다치게 한 경우

22 다음 중 신호위반 사고 사례가 아닌 것은?

㉮ 신호가 변경되기 전에 출발하여 인적피해를 야기한 경우
㉯ 신호등의 신호에 따라 교차로에 진입한 경우
㉰ 신호내용을 위반하고 진행하여 인적피해를 야기한 경우
㉱ 적색 차량신호에 진행하다 정지선과 횡단보도 사이에서 보행자를 충격한 경우

23 운전자가 위험을 느끼고 브레이크 페달을 밟았을 때 자동차가 제동되기 전까지 주행한 거리를 무엇이라 하는가?

㉮ 제동거리
㉯ 정지거리
㉰ 주행거리
㉱ 공주거리

24 안전거리 미확보 사고의 성립요건에서 뒤차가 안전거리를 미확보하여 앞차를 추돌한 경우 즉 앞차의 정당한 급정지 시의 운전자 과실에 속하지 않는 것은?

㉮ 앞차가 정지하거나 감속하는 것을 보고 급정지하는 경우
㉯ 전방의 돌발 상황을 보고 급정지하는 경우
㉰ 앞차의 교통사고를 보고 급정지하는 경우
㉱ 앞차가 고의로 급정지하는 경우

25 다음 중 속도에 대한 정의로 맞는 것은?

㉮ 규제속도 : 법정속도와 제한속도
㉯ 설계속도 : 정지시간을 제외한 실제 주행거리의 평균 주행속도
㉰ 주행속도 : 자동차를 제작할 때 부여된 자동차의 최고속도
㉱ 구간속도 : 정지시간을 제외한 주행거리의 최고속도

제2과목	자동차 관리요령 및 안전수칙

01 일상 점검 항목 중 운전석 점검사항이 아닌 것은?

㉮ 타이어의 공기압은 적당한지 점검한다.
㉯ 핸들의 흔들림이나 유동은 없는지 점검한다.
㉰ 변속레버의 조작이 용이한지 점검한다.
㉱ 각종계기 작동이 양호한지 점검한다.

02 다음은 타이어의 기능설명이다. 옳지 않은 것은?

㉮ 자동차의 하중을 지탱하는 기능을 말한다.
㉯ 엔진의 구동력 및 브레이크의 제동력을 차체에 전달하는 기능을 한다.
㉰ 노면으로부터 전달되는 충격을 완화시키는 기능을 한다.
㉱ 자동차의 진행방향을 전환 또는 유지시키는 기능을 한다.

03 버스 교통사고의 주요 10개 유형 중 두 번째로 사고가 많이 발생하는 '동일방향 후미 추돌사고'의 원인이 아닌 것은?

㉮ 전방 멀리까지의 교통상황 관찰 및 주의의 결여
㉯ 차간거리 유지 실패
㉰ 버스의 사각 지점에 들어 온 차량에 대한 관찰 및 주의의 결여
㉱ 빗길 및 눈길 제동 방법 및 주행방법 등에 대한 숙지의 미숙

---

04 커브길에서 자동차가 선회할 때 원심력 때문에 차체가 기울어지는 것을 감소시켜 차체가 롤링(좌우진동)하는 것을 방지하여 주는 장치는 다음 중 어느 것인가?

㉮ 코일스프링
㉯ 스태빌라이저
㉰ 쇽업소버
㉱ 공기 스프링

05 배터리가 자주 방전되는 주된 원인이 아닌 것은?

㉮ 배터리 단자의 벗겨짐, 풀림, 부식이 있다.
㉯ 팬벨트가 너무 팽팽하게 되어 있다.
㉰ 배터리액이 부족하다.
㉱ 배터리 수명이 다 되었다.

06 다음은 와이퍼 작동 시 주의 사항이다. 설명이 옳지 않은 것은?

㉮ 와셔액 탱크가 비어 있을 때 와이퍼를 작동하면 모터가 손상된다.
㉯ 와셔액이 없을 경우 엔진냉각수 또는 부동액을 대신 사용하면 된다.
㉰ 동절기에 와셔액을 사용하면 유리창에 와셔액이 얼어붙어 시야를 가릴 수 있다.
㉱ 겨울철 와이퍼가 얼어붙었을 경우 와이퍼를 모터의 힘으로 작동시키면 와이퍼 링크가 이탈되거나 모터가 손상된다.

07 자동차 보험 및 공제 미기입에 따른 과태료에 대한 설명 중 옳지 않은 것은?

㉮ 책임보험이나 책임공제에 가입하지 아니한 기간이 10일 이내인 경우 3만원
㉯ 책임보험이나 책임공제에 가입하지 아니한 기간이 10일을 초과한 경우 3만원에 1일마다 8천원을 가산한 금액
㉰ 책임보험이나 책임공제에 가입하지 아니한 기간이 10일을 초과한 경우 최고 한도금액은 자동차 1대당 100만원
㉱ 책임보험이나 책임공제에 가입하지 아니한 기간이 10일을 초과한 경우 최고한도금액은 자동차 1대당 50만원.

08 운행 중에 운전자가 유의하여야 할 사항을 설명한 것으로 옳지 않은 것은?

㉮ 제동장치는 잘 작동되며, 한쪽으로 쏠리지 않는지 유의한다.
㉯ 공기 압력은 충분하며 잘 충전되고 있는지 확인한다.
㉰ 클러치 작동은 원활하며 동력전달에 이상은 없는지 유의한다.
㉱ 각종 신호등은 정상적으로 작동하고 있는지 유의한다.

09 엔진을 시동할 때 시동 모터가 작동되지 않는 원인으로 추정되는 것은?

㉮ 엔진의 예열이 불충분 하다.
㉯ 접지 케이블이 이완되어 있다.
㉰ 오일 필터가 막혀 있다.
㉱ 연료 필터가 막혀 있다.

10 다음은 조향핸들이 한쪽으로 쏠리는 원인을 설명한 것이다. 옳지 않은 것은?

㉮ 타이어의 공기압이 불균일하다.
㉯ 앞 바퀴의 정렬 상태가 불량하다.
㉰ 조향기어 박스 내의 오일이 부족하다.
㉱ 쇽업소버의 작동상태가 불량하다.

11 다음 중 구조변경 승인 구비서류가 아닌 것은?

㉮ 인감 증명서
㉯ 구조장치변경승인 신청서
㉰ 변경 전·후 주요제원 대비표
㉱ 변경하고자 하는 구조·장치의 설계도

12 자동차를 운행하기 전에 엔진을 점검하는 사항으로 틀린 것은?

㉮ 각종벨트의 장력은 적당하며 손상된 곳은 없는지 점검한다.
㉯ 엔진 오일의 양은 적당하며 점도는 이상이 없는지 점검한다.
㉰ 배터리 액 및 청결상태를 점검한다.
㉱ 냉각수의 양은 적당하며 불순물이 섞이지는 않았는지 점검한다.

13 자동차를 운행한 후 운전자가 자동차 주위에서 점검할 사항으로 옳지 않은 것은?

㉮ 차체에 굴곡이나 손상된 곳은 없는지 점검한다.
㉯ 조향장치, 현가장치의 나사 풀림은 없는지 점검한다.
㉰ 차체에 부품이 없어진 곳은 없는지 점검한다.
㉱ 본넷트의 고리가 빠지지는 않았는지 점검한다.

14 자동차 앞바퀴를 위에서 내려다보면 양쪽 바퀴의 중심선 사이의 거리가 앞쪽이 뒤쪽보다 약간 작게 되어 있는 것을 무엇이라 하는가?

㉮ 캠버(Camber)
㉯ 캐스터(Caster)
㉰ 토인(Toe-In)
㉱ 조향축(킹핀) 경사각

15 다음은 휠 얼라인먼트에 관계되는 역할이다. 틀리는 것은?

㉮ 타이어의 이상마모를 방지한다.
㉯ 주행장치의 내구성을 부여한다.
㉰ 조향 핸들의 복원성을 준다.
㉱ 조향방향의 안전성을 준다.

제3과목 안전운행, 운송서비스

01 야간의 안전운전 방법에 속하지 않는 것은?

㉮ 선글라스를 착용하고 운전하도록 한다.
㉯ 커브 길에서는 상향등과 하향등을 적절히 사용하여 자신이 접근하고 있음을 알린다.
㉰ 대향차의 전조등을 직접 바라보지 않는다.
㉱ 자동차가 서로 마주보고 진행하는 경우에는 전조등 불빛의 방향을 아래로 향하게 한다.

02 인간에 의한 사고원인에 속하지 않는 것은?

㉮ 신체·생리적 요인
㉯ 지능요인
㉰ 사회 환경적 요인
㉱ 태도요인

정답 04. ㉯ 05. ㉯ 06. ㉯ 07. ㉱ 08. ㉯ 09. ㉯ 10. ㉰ 11. ㉮ 12. ㉰ 13. ㉯ 14. ㉰ 15. ㉯ 제3과목 01. ㉮ 02. ㉯

03 교차로에서의 방어운전 방법이 아닌 것은?

㉮ 신호가 바뀌자마자 급하게 출발한다.

㉯ 신호에 따라 진행하는 경우에도 신호를 무시하고 갑자기 달려드는 차 또는 보행자가 있다는 사실에 주의한다.

㉰ 좌·우회전할 때에는 방향신호등을 정확히 점등한다.

㉱ 성급한 우회전은 횡단하는 보행자와 충돌할 위험이 증가한다.

04 다음 중 버스운전자의 직무와 거리가 먼 것은?

㉮ 다수 승객이 쾌적하고 안전한 여행을 할 수 있도록 세심한 배려를 해야 한다.

㉯ 안전운행을 위해 버스운전자와 승객간에는 어떤 대화도 하면 안 된다.

㉰ 커브길이나 타 차량 등으로 인한 급격한 차로 변경 및 회전, 급정지를 하지 말아야 한다.

㉱ 도로교통법을 준수한다.

05 보행자의 안전한 횡단을 위해 대피섬과 자동차 교통을 유도하는 본리대를 총칭하여 무엇이라 하는가?

㉮ 교통섬　　　　　　　㉯ 상충

㉰ 도류화　　　　　　　㉱ 주·정차대

06 피로가 운전에 미치는 영향 중 정신적 피로현상이 아닌 것은?

㉮ 시계 변화가 없는 단조로운 도로를 운행하면 졸음이 온다.

㉯ 주의가 산만해지고, 집중력이 저하된다.

㉰ 긴장이나 주의력이 감소한다.

㉱ 사소한 일에도 필요 이상의 신경질적인 반응을 보인다.

07 뒤차가 바짝 붙어 오는 상황을 피하는 방법에 속하지 않는 것은?

㉮ 가능하면 뒤차가 지나갈 수 있게 차로를 변경한다.

㉯ 가능하면 속도를 약간 내서 뒤차와의 거리를 늘린다.

㉰ 가속페달을 밟아서 속도를 증가시키려는 의도를 뒤차가 알 수 있게 한다.

㉱ 정지할 공간을 확보할 수 있게 점진적으로 속도를 줄여 뒤차가 추월할 수 있게 만든다.

08 다음은 도로반사경에 대한 설명이다. 옳지 않은 설명은?

㉮ 도로반사경은 운전자의 시거 조건이 양호하지 못한 장소에서 거울 면을 통해 사물을 비추어줌으로써 운전자가 적절하게 전방의 상황을 인지하고 안전한 행동을 취할 수 있도록 하기 위해 설치하는 시설을 말한다.

㉯ 도로반사경을 교차하는 자동차, 보행자, 장애물 등을 가장 잘 확인할 수 있는 위치에 설치한다.

㉰ 단일로의 경우에는 곡선반경이 커 시거가 확보되는 장소에 설치된다.

㉱ 교차로의 경우에는 비신호 교차로에서 교차로 모서리에 장애물이 위치해 있어 운전자의 좌·우 시거가 제한되는 장소에 설치된다.

09 다음 중 타이어의 마모에 영향을 주는 요소로 보기 힘든 것은?

㉮ 공기압　　　　　　　㉯ 하중

㉰ 변속　　　　　　　　㉱ 브레이크

10 다음 중 음주운전 차량의 증후가 아닌 것은?

㉮ 경찰관이 정차 명령을 하였을 때 제대로 정차하지 못하거나 급정차하는 자동차

㉯ 야간에 아주 천천히 달리는 자동차

㉰ 지그재그 운전을 수시로 하는 자동차

㉱ 교통신호나 안전표지에 정확한 반응을 보이는 자동차

11 고속도로 운행 중 시인성에 대한 설명으로 틀린 것은?

㉮ 20~30초 전방을 탐색해서 도로주변에 차량, 장애물, 동물, 심지어는 보행자 등이 없는가를 살핀다.

㉯ 진출입로 부근의 위험이 있는지에 대해 주의한다.

㉰ 가급적이면 상향 전조등을 켜고 주행한다.

㉱ 속도를 늦추거나 앞지르기 또는 차선변경을 하고 있는지를 살피기 위해 앞 차량의 후미등을 살피도록 한다.

12 눈 또는 비가 올 때 주로 발생하는 미끄러짐 사고에 대처하는 요령으로 틀린 것은?

㉮ 다른 차량 주변으로 가깝게 다가가지 않는다.

㉯ 수시로 브레이크 페달을 작동해서 제동이 제대로 되는지를 살펴본다.

㉰ 도로상황이 나쁠 경우 속도를 높여 신속하게 현장을 벗어난다.

㉱ 제동상태가 나쁠 경우 도로 조건에 맞춰 속도를 낮춘다.

13 비상주차대를 설치하는 장소가 아닌 것은?

㉮ 고속도로에서 길어깨 폭이 2.5m 미만으로 설치되는 경우

㉯ 길어깨를 축소하여 건설되는 긴 교량의 경우

㉰ 긴 터널의 경우

㉱ 휴게시설 부근의 경우

14 주행 중에 진행 방향을 잘못 잡은 차량이 도로 밖, 대향차로 또는 보도 등으로 이탈하는 것을 방지하거나 차량이 구조물과 직접 충돌하는 것을 방지하여 탑승자의 상해 및 자동차의 파손을 최소한도로 줄이고 자동차를 정상 진행 방향으로 복귀시키도록 설치된 시설을 무엇이라고 하는가?

㉮ 방호울타리

㉯ 시선유도울타리

㉰ 주행유도울타리

㉱ 정비유도울타리

15 자동차의 정지거리는 다음 중 어느 것인가?

㉮ 반응시간 + 답체시간 + 과도제동 + 제동시간

㉯ 답체시간 + 답입시간 + 제동시간

㉰ 공주거리 + 제동거리

㉱ 답체시간 + 공주거리

정답　03. ㉮　04. ㉯　05. ㉮　06. ㉮　07. ㉰　08. ㉰　09. ㉰　10. ㉱　11. ㉰　12. ㉰　13. ㉱　14. ㉮　15. ㉰

16 중앙분리대의 기능에 속하지 않는 것은?

㉮ 상·하 차도의 교통을 분리시켜 차량의 중앙선 침범에 의한 치명적인 정면충돌 사고를 방지하고, 도로 중심축의 교통마찰을 감소시켜 원활한 교통소통을 유지한다.

㉯ 광폭분리대의 경우 사고 및 고장차량이 정지할 수 있는 여유 공간이 부족하다.

㉰ 필요에 따라 유턴 등을 방지하여 교통 혼잡이 발생하지 않도록 하여 안전성을 높인다.

㉱ 도로표지 및 기타 교통관제시설 등을 설치할 수 있는 공간을 제공한다.

17 가변차로에 대한 설명이 틀린 것은?

㉮ 가변차로는 방향별 교통량이 특정시간대에 현저하게 차이가 발생하는 도로에서 교통량이 많은 쪽으로 차로수가 확대될 수 있도록 신호기에 의하여 차로의 진행방향을 지시하는 차로를 말한다.

㉯ 가변차로는 차량의 운행속도를 저하시켜 구간 통행시간을 길게 한다.

㉰ 가변차로는 차량의 지체를 감소시켜 에너지 소비량과 배기가스 배출량의 감소 효과를 기대할 수 있다.

㉱ 가변차로를 시행할 때에는 가로변 주·정차 금지, 좌회전 통행 제한, 충분한 신호시설의 설치, 차선 도색 등 노면표시에 대한 개선이 필요하다.

18 일반도로의 교차로 통행 시 좌회전 또는 우회전 방법에 대한 설명이다. 잘못된 것은?

㉮ 회전이 허용된 차로에서만 회전하고, 회전하고자 하는 지점에 이르기 전 30m 이상의 지점에 이르렀을 때 방향지시등을 작동시킨다.

㉯ 대향차가 교차로를 통과하고 있을 때에는 완전히 통과시킨 후 좌회전한다.

㉰ 우회전할 때에는 외륜차 현상으로 인해 보도를 침범하지 않도록 주의한다.

㉱ 우회전하기 직전에는 직접 눈으로 또는 후사경으로 오른쪽 옆의 안전을 확인하여 충돌이 발생하지 않도록 주의한다.

19 올바른 서비스 제공을 위한 요소가 아닌 것은?

㉮ 단정한 용모 및 복장   ㉯ 무표정
㉰ 공손한 인사   ㉱ 따뜻한 응대

20 워터 페이드(Water fade) 현상에 대한 설명이다. 설명이 틀린 것은?

㉮ 브레이크 마찰재가 물에 젖으면 마찰계수가 작아져 브레이크의 제동력이 저하되는 현상을 말한다.

㉯ 물이 고인 도로에 자동차를 정차시켰거나 수중 주행을 하였을 때 이 현상이 일어날 수 있으며 브레이크가 전혀 작용되지 않을 수도 있다.

㉰ 워터 페이드 현상이 발생하면 마찰열에 의해 브레이크가 회복되도록 브레이크 페달을 반복해 밟으면서 천천히 주행한다.

㉱ 타이어 앞 쪽에 발생한 얇은 수막으로 노면으로부터 떨어져 제동력 및 조향력을 상실하게 되는 현상이다.

21 재난발생 시 운전자의 조치사항으로 잘못된 것은?

㉮ 운행 중 재난이 발생한 경우에는 신속하게 차량을 안전지대로 이동한 후 즉각 회사 및 유관기관에 보고한다.

㉯ 장시간 고립 시에는 유류, 비상식량, 구급환자발생 등을 즉시 신고, 한국도로공사 및 인근 유관기관 등에 협조를 요청한다.

㉰ 승객의 안전조치는 취하지 않아도 된다.

㉱ 폭설 및 폭우로 운행이 불가능하게 된 경우에는 응급환자 및 노인, 어린이 승객을 우선적으로 안전지대로 대피시키고 유관기관에 협조를 요청한다.

22 운전 중 조명시설의 주요기능과 거리가 먼 것은?

㉮ 주위가 밝아짐에 따라 교통안전에 도움이 된다.

㉯ 운전자와 보행자의 불안감을 해소한다.

㉰ 운전자의 심리적 안정감 및 쾌적감을 제공한다.

㉱ 조명시설은 운전자의 눈의 피로를 가중시킨다.

23 양보차로에 대한 설명 중 틀린 것은?

㉮ 양방향 2차로 앞지르기 금지구간에서 원활한 소통을 도모하기 위해 설치한다.

㉯ 도로 안정성을 제고하기 위해 갓길 쪽으로 설치한다.

㉰ 저속자동차로 인해 후속차량의 속도를 증대시키기 위해 설치한다.

㉱ 저속자동차를 뒤따르는 후속차량이 반대차로를 이용, 앞지르기가 불가능할 경우 설치한다.

24 경제운전에 영향을 미치는 요인으로 거리가 가장 먼 것은?

㉮ 운전습관   ㉯ 교통상황
㉰ 기상조건   ㉱ 차량의 타이어

25 다음 중 운전자가 지켜야 할 행동으로 옳지 않은 것은?

㉮ 신호등이 없는 횡단보도를 통행하고 있는 보행자가 있으면 무시하고 주행한다.

㉯ 보행자가 통행하고 있는 횡단보도내로 차가 진입하지 않도록 정지선을 지킨다.

㉰ 교차로 전방의 정체현상으로 통과하지 못할 때에는 교차로에 진입하지 않고 대기한다.

㉱ 앞 신호에 따라 진행하고 있는 차가 있는 경우에는 안전하게 통과하는 것을 확인하고 출발한다.

26 다음 중 운전상황별 방어운전 요령으로 적절치 않은 것은?

㉮ 출발할 때에는 차의 전·후·좌·우는 물론 차의 밑과 위까지 상태를 확인한다.

㉯ 주행 시 교통량이 많은 곳에서는 속도를 줄여서 주행한다.

㉰ 교통량이 많은 도로에서는 가급적 앞차와 최대한 밀착하여 교통 흐름을 원활하게 한다.

㉱ 앞지르기는 추월이 허용된 지역에서만 안전 확인 후 시행한다.

정답 | 16. ㉯ 17. ㉯ 18. ㉰ 19. ㉯ 20. ㉱ 21. ㉰ 22. ㉱ 23. ㉰ 24. ㉮ 25. ㉮ 26. ㉰

27 다음은 버스 운전자의 운행 중 주의사항이다. 옳은 것은?

㉮ 주·정차 후 출발할 때에는 차량주변의 보행자, 승·하차자 및 노상 취객 등을 확인한 후 안전하게 운행한다.

㉯ 내리막길에서는 풋브레이크를 장시간 사용하면서 안전하게 운행한다.

㉰ 보행자, 이륜차, 자전거 등과 교행 병진할 때에는 빠른 속도로 앞질러 운행한다.

㉱ 후진할 때에는 후사경에 의존하여 안전하게 후진한다.

28 베이퍼 록 현상을 방지하기 위한 운전 방법으로 옳은 것은?

㉮ 엔진브레이크를 사용한다.

㉯ 고단기어를 사용한다.

㉰ 풋 브레이크 사용을 늘린다.

㉱ 고속으로 주행한다

29 수막현상을 예방하기 위한 조치가 아닌 것은?

㉮ 타이어 공기압을 낮춘다.

㉯ 과다 마모된 타이어를 사용하지 않는다.

㉰ 공기압을 평상시보다 조금 높게 한다.

㉱ 배수효과가 좋은 타이어 패턴(리브형 타이어)을 사용한다.

30 부상자 의식 상태를 확인하는 방법으로 잘못된 것은?

㉮ 말을 걸거나 팔을 꼬집어 눈동자를 확인한 후 의식이 있으면 말로 안심시킨다.

㉯ 의식이 없다면 기도를 확보한다.

㉰ 의식이 없거나 구토할 때는 목이 오물에 막혀 질식하지 않도록 옆으로 눕힌다.

㉱ 환자의 몸을 심하게 흔들어 의식을 확인한다.

31 여객자동차 운수 사업법에 따른 중대한 교통사고에 속하지 않는 것은?

㉮ 전복사고

㉯ 사망자 1명과 중상자 3명 이상이 발생한 사고

㉰ 중상자 6명 이상이 발생한 사고

㉱ 경상자 6명 이상이 발생한 사고

32 다음은 심장마사지법에 대한 설명이다. 잘못된 것은?

㉮ 부상자의 한쪽 옆에 위치한 후 흉부를 압박할 위치와 깊이를 정한다.

㉯ 손바닥을 압박할 부위에 대고 다른 손은 그 위에 포개어 올려놓는다.

㉰ 흉부 위에 수평으로 구조자의 체중을 실리도록 한 다음 압박한다.

㉱ 구조자의 팔꿈치를 곧게 펴고 어깨와 손목이 팔과 일직선이 되도록 한다.

33 바람직한 직업관이 아닌 것은?

㉮ 소명의식을 지닌 직업관

㉯ 사회 구성원으로서의 역할 지향적 직업관

㉰ 생계유지 수단적 직업관

㉱ 미래 지향적 전문 능력 중심의 직업관

34 다음중 여름철 자동차 관리 사항으로 거리가 먼 것은?

㉮ 냉각장치 점검　　　　㉯ 서리 제거용 열선 점검

㉰ 타이어 마모 상태 점검　㉱ 와이퍼의 작동 상태 점검

35 IC카드의 종류가 아닌 것은?

㉮ 접촉식　　　　　　　㉯ 비접촉식

㉰ 하이브리드　　　　　㉱ 원격제어식

36 사고 발생 시 운전자가 보험회사 또는 경찰 등에 연락해야 할 사항이 아닌 것은?

㉮ 사고 발생 시기 및 주변상황　㉯ 부상정도 및 부상자수

㉰ 회사명　　　　　　　　　　㉱ 운전자 성명

37 운전자가 가져야 할 기본자세에 속하지 않는 것은?

㉮ 교통법규 이해와 준수　　㉯ 여유 있는 양보운전

㉰ 운전기술 과신　　　　　㉱ 추측운전 금지

38 버스에서 발생하기 쉬운 사고유형과 대책이 아닌 것은?

㉮ 버스는 불특정 다수를 대량으로 수송한다는 점과 운행거리 및 운행시간이 타 차량에 비해 긴 특성을 가지고 있어, 사고발생확률이 높으며, 실제로 더 많은 사고가 발생하고 있다.

㉯ 버스사고의 절반가량은 사람과 관련되어 발생하고 있으며, 전체 버스사고 중 약 1/3정도는 차내 전도사고이며, 주된 사고 승하차 중에도 사고가 빈발하고 있다.

㉰ 버스사고는 주행 중인 도로상, 버스정류장, 교차로 부근, 횡단보도 부근 순으로 많이 발생하고 있다.

㉱ 승객의 안락한 승차감과 사고를 예방하기 위한 안전운전습관은 무시해도 된다.

39 재난 발생 시 운전자는 승객의 안전조치를 우선적으로 취해야한다. 거리가 먼 것은?

㉮ 폭설 및 폭우로 운행이 불가능하게 된 경우에는 응급환자 및 노인, 어린이 승객을 우선적으로 안전지대로 대피시키고 유관기관에 협조를 요청한다.

㉯ 재난 시 차내에 유류확인 및 업체에 현재 위치를 알리고 도착 전까지 차 밖에서 안전하게 승객을 보호한다.

㉰ 재난 시 차량 내에 이상여부 확인한다.

㉱ 신속하게 안전지대로 차량을 대피한다.

40 이용자(승객)의 버스정보시스템의 기대효과가 아닌 것은?

㉮ 버스운행정보 제공으로 만족도 향상

㉯ 불규칙한 배차, 결행 및 무정차 통과에 의한 불편가중

㉰ 과속 및 난폭운전으로 인한 불안감 해소

㉱ 버스도착 예정시간 사전확인으로 불필요한 대기시간 감소

정답 27.㉮ 28.㉮ 29.㉮ 30.㉱ 31.㉱ 32.㉰ 33.㉰ 34.㉯ 35.㉱ 36.㉮ 37.㉰ 38.㉱ 39.㉯ 40.㉯